智慧建筑电气丛书

智慧机场航站楼建筑电气设计手册

中国勘察设计协会电气分会
中国建筑节能协会电气分会　组编
亚太建设科技信息研究院有限公司

本书内容包括总则，变电所，自备电源系统，电力配电系统，电气照明系统，电气线路及布线系统，防雷、接地及安全防护系统，火灾自动报警及消防监控系统，机电节能及管理系统，航站楼信息化系统，优秀机场航站楼建筑案例等 11 章。

本书编写原则为前瞻性、准确性、指导性和可操作性；编写要求为正确全面、有章可循、简单扼要、突出要点、实用性强和创新性强。

本书力求为政府相关部门、建设单位、设计单位、研究单位、施工单位、产品生产单位、运营单位及相关从业者提供准确全面、可引用、能决策的数据和工程案例信息，也为创新技术的推广应用提供途径，适用于电气设计人员、施工人员、运维人员等相关产业的从业电气人员，供其在进行智慧建筑的电气设计及研究时作参考之用。

图书在版编目（CIP）数据

智慧机场航站楼建筑电气设计手册 / 中国勘察设计协会电气分会，中国建筑节能协会电气分会，亚太建设科技信息研究院有限公司组编. -- 北京 : 机械工业出版社，2024. 9. -- (智慧建筑电气丛书). -- ISBN 978-7-111-76653-7

Ⅰ. TU248. 6-62

中国国家版本馆 CIP 数据核字第 2024X8J781 号

机械工业出版社（北京市百万庄大街 22 号　邮政编码 100037）

策划编辑：张　晶　　　　责任编辑：张　晶　范秋涛

责任校对：张　薇　张昕妍　　责任印制：张　博

北京雁林吉兆印刷有限公司印刷

2024 年 11 月第 1 版第 1 次印刷

148mm×210mm · 11 印张 · 312 千字

标准书号：ISBN 978-7-111-76653-7

定价：79.00 元

电话服务

客服电话：010-88361066

010-88379833

010-68326294

网络服务

机　工　官　网：www. cmpbook. com

机　工　官　博：weibo. com/cmp1952

金　　书　　网：www. golden-book. com

机工教育服务网：www. cmpedu. com

《智慧机场航站楼建筑电气设计手册》编委会

刘俊峰	正高级工程师	副总工	中国建筑东北设计研究院有限公司

编写人：

刘云强	工程师		中国建筑设计研究院有限公司
陈钟毓	正高级工程师	四院电气总监	北京市建筑设计研究院股份有限公司
张雅维	高级工程师		中国建筑设计研究院有限公司
蒋一麟	工程师		中南建筑设计院股份有限公司
徐文政	高级工程师	光环境设计中心副主任	中国建筑西北设计研究院有限公司
何　劼	高级工程师	九院电气主任工	中国建筑西南设计研究院有限公司
黄晓波	正高级工程师	公司电气副总工	华东建筑设计研究院有限公司
曾　祥	高级工程师	机电院机电所主任工	广东省设计研究院集团股份有限公司
肖　彦	高级工程师		中国建筑设计研究院有限公司
陈　湛	工程师		民航机场成都电子工程设计有限责任公司
刘亚楠	高级工程师	主任工程师	中国建筑东北设计研究院有限公司
熊文文	中级副总经理		亚太建设科技信息研究院有限公司
于　娟	中级	主任	亚太建设科技信息研究院有限公司
樊金龙	高级工程师	副总裁	中国建设科技集团股份有限公司

刘玉龙　高级工程师　　技术总监　　　　北京京能科技有限公司
刘　鹏　系统架构师　　　　　　　　　　华为技术有限公司
杜　伟　技术总工程师　　　　　　　　　科华数据股份有限公司
方　勇　技术总监　　　　　　　　　　　上海领电智能科技有限公司
张　鹏　副总经理　　　　　　　　　　　恒亦明（重庆）科技有限公司
李朝蓬　应用工程主管　　　　　　　　　重庆磐谷动力技术有限公司
李　宁　研发中心总监　高级工程师　　　中电变压器股份有限公司
李志佳　技术总监　　　　　　　　　　　深圳市泰和安科技有限公司
刘雅楠　总经理　　　　　　　　　　　　川泽电气（厦门）有限公司
许　辉　产品应用经理　　　　　　　　　施耐德电气（中国）有限公司
梁舒展　总经理　　　　　　　　　　　　深圳市科华恒盛科技有限公司
刘浩川　资深产品应用专家　　　　　　　施耐德万高（天津）电气设备有限公司
陈列芳　总经理　　　　　　　　　　　　黎德（上海）电气有限公司
马国伟　西北区销售经理　　　　　　　　百家丽（中国）照明电器有限公司
武立民　董事长　　　　　　　　　　　　欣地源材料科技（上海）有限公司
周　锋　技术服务官　　高级工程师　　　新远东电缆有限公司

伍先德	总经理	上海电科臻和智能科技有限公司
郑克林	总经理	珠海西默电气股份有限公司
桂　烜	技术总监	深圳市康必达控制技术有限公司
孙巍巍	总经理	天津市中力神盾电子科技有限公司
周顺新	董事长	湖北创全电气有限公司
谭　建	系统架构师	北京西门子西伯乐斯电子有限公司
郑仲林	研发总监	浙江台谊消防股份有限公司
张孝山	产品技术总监	深圳市康必达控制技术有限公司
郭　军	副总经理	广州市瑞立德信息系统有限公司

审查专家：

李俊民	正高级工程师	国务院政府特殊津贴专家	电气总工程师	中国建筑设计研究院有限公司
杜毅威	正高级工程师	电气总工程师	四川省勘察设计大师	中国建筑西南设计研究院有限公司

前　言

为全面研究和解析智慧机场航站楼建筑的电气设计技术，中国勘察设计协会电气分会、中国建筑节能协会电气分会联合亚太建设科技信息研究院有限公司，组织编写了“智慧建筑电气丛书”之七《智慧机场航站楼建筑电气设计手册》（以下简称“本书”），本书由全国各地在电气设计领域具有丰富一线经验的青年专家组成编委会，由全国知名电气行业专家作为审委，共同就智慧机场航站楼建筑相关政策标准、建筑电气和节能措施、数据分析、设备与新产品应用、机场航站楼建筑典型实例等内容进行了系统性梳理，旨在进一步推广新时代双碳节能建筑电气技术进步，助力智慧机场航站楼建筑建设发展新局面，为业界提供一本实用工具书和实践项目参考。

本书编写原则为前瞻性、准确性、指导性和可操作性；编写要求为正确全面、有章可循、简单扼要、突出要点、实用性强和创新性强。主要内容包括总则，变电所，自备电源系统，电力配电系统，电气照明系统，电气线路及布线系统，防雷、接地及安全防护系统，火灾自动报警及消防监控系统，机电节能及管理系统，航站楼信息化系统，优秀机场航站楼建筑案例等 11 章。

本书提出了“智慧机场航站楼建筑”的定义：根据机场航站楼建筑的标准和用户的需求，统筹土建、机电、装修、场地、运维、管理、工艺等专业，利用互联网、物联网、AI、BIM、GIS、5G、数字孪生、数字融合、系统集成等技术，进行全生命期的数据分析、互联互通、自主学习、流程再造、运行优化和智慧管理，为客户提供一个低碳环保、节能降耗、绿色健康、高效便利、成本适中、体验舒适的人性化的机场航站楼建筑。

本书提出了智慧机场航站楼建筑十大技术发展趋势：数字化导航技术、站房无人巡检技术、巴拿马电源配电技术、全站功率调配技术、人工智能照明控制技术、地面防水布线系统控制技术、智慧防雷在线监测系统控制技术、智慧火灾自动报警系统控制技术、交直流柔性互联装置创新技术、机场航站楼中台技术等。

本书提出了智慧机场航站楼建筑十大电气设计关键点：助力“四型机场”的高质量发展设计关键点，变压器及干线系数取值设计关键点，自备电源的系统方案选择设计关键点，航站楼不同负荷特性的电力配电系统设计关键点，高大、异形空间照度计算及光环境仿真设计关键点，布线系统设计关键点，电气安全防护设计关键点，构建全面、高效、协同的安全保障体系设计关键点，低碳绿色节能设计关键点，智慧运行设计关键点等。

本书力求为政府相关部门、建设单位、设计单位、研究单位、施工单位、产品生产单位、运营单位及相关从业者提供准确全面、可引用、能决策的数据和工程案例信息，也为创新技术的推广应用提供途径，适用于电气设计人员、施工人员、运维人员等相关产业的从业电气人员，以供其在进行智慧建筑的电气设计及研究时参考使用。

在编写的过程中，得到了电气分会的企业常务理事和理事单位的大力支持，对华为技术有限公司、上海领电智能科技有限公司、恒亦明（重庆）科技有限公司、重庆磐谷动力技术有限公司、中电变压器股份有限公司、深圳市泰和安科技有限公司、川泽电气（厦门）有限公司、施耐德电气（中国）有限公司、科华数据股份有限公司、深圳市科华恒盛科技有限公司、施耐德万高（天津）电气设备有限公司、黎德（上海）电气有限公司、百家丽（中国）照明电器有限公司、欣地源材料科技（上海）有限公司、新远东电缆有限公司、上海电科臻和智能科技有限公司、珠海西默电气股份有限公司、深圳市康必达控制技术有限公司、天津市中力神盾电子科技有限公司、湖北创全电气有限公司、北京西门子西伯乐斯电子有限公司、浙江台谊消防股份有限公司、广州市瑞立德信息系统有限公司等23家企业给予的大力帮助，表示衷心的感谢。

鉴于本书编写均由设计师和企业技术专家在业余时间完成，编写周期紧，技术水平有限，有些技术问题也是目前的热点、难点和疑点，争议很大，故书中内容仅供参考，有不妥之处，敬请广大读者批评指正。

中国勘察设计协会电气分会　　会长
中国建筑节能协会电气分会　　主任

目　录

第1章 总 则

1.1 总体概述

1.1.1 机场建筑分类

1. 机场定义

国际民航组织将机场（航空港）定义为：供航空器起飞、降落和地面活动而划定的一块地域或水域，包括域内各种建筑物和设备装置，主要由飞行区、旅客航站区、货运区、机务维修、供油设施、安全保卫设施、救援和消防设施、行政办公区、生活区、后勤保障设施、地面交通设施及机场空域等组成。

2. 机场分类

机场分类见表1-1-1。

表1-1-1 机场分类

<table>
<tr><th>分类</th><th colspan="2">名称</th><th>特征</th></tr>
<tr><td rowspan="3">服务对象</td><td colspan="2">军用机场</td><td>用于军事目的</td></tr>
<tr><td rowspan="2">民用机场</td><td>商业运输机场（航空港）</td><td>为大型商业航空公司运营的机场，通常拥有大型跑道、多个停机位、高水平的地面服务、设备和设施，满足同时处理多架大型民航客机和货物运输机的需要</td></tr>
<tr><td>通用航空机场</td><td>用于通用航空，为专业航空的小型飞机或直升机服务，拥有较短的跑道或限定的停机位、少量或者没有地面服务和设施</td></tr>
</table>

（续）

分类	名称		特征
航线性质	国际机场	国际定期航班机场	供国际航线定期或不定期航班飞行使用，有出入境和过境设施，并设有海关、边防检查、卫生检疫和动植物检疫等政府联检机构。一般同时供国内航线定期或不定期航班飞行
		国际不定期航班机场	
		国际定期航班备降机场	
	国内机场	国内航线机场	供国内城市间航线定期或不定期航班飞行使用的机场
		地区航线机场	我国内地城市与我国港、澳等地区之间定期或不定期航班飞行使用的机场
航线布局	枢纽机场	门户复合枢纽机场	全国航空运输网络和国际航线的枢纽机场，拥有30条以上中远程国际航线，我国内地门户复合枢纽机场仅指北京、上海、广州三地的机场。旅客吞吐量占全国总量的10%以上
		区域性枢纽机场	全国航空运输网络和国际航线的枢纽机场，如昆明、成都、西安、重庆、乌鲁木齐、郑州、沈阳和武汉八个区域为枢纽机场，旅客吞吐量占全国总量的3%～10%
	干线机场		是指各直辖市、省会、自治区首府以及一些重要城市或旅游城市（如大连、厦门、桂林、深圳等）的机场，干线机场连接枢纽机场，空运量较为集中，旅客吞吐量占全国总量的0.5%～3%
	支线机场		空运量较少，航线多为本省区内航线或临近省区支线，旅客吞吐量占全国总量的0.5%以下
所在地区的性质和地位	Ⅰ类机场		全国经济、政治、文化大城市的机场，是全国航空运输网络和国际航线的枢纽，运输业务繁忙，除承担直达客货运输外，还具有中转功能，如北京、上海、广州
	Ⅱ类机场		省会、自治区首府、直辖市和重要经济特区、开放城市、旅游城市、经济发达、人口密集城市的机场，可建立跨省、跨区域的国内航线，是区域或省区民航运输的枢纽，如西安、济南、乌鲁木齐、成都、厦门、重庆、郑州、沈阳等

（续）

分类	名称	特征
所在地区的性质和地位	Ⅲ类机场	国内经济比较发达的中小城市，或一般的对外开放和旅游城市的机场，除开辟区域和省区内支线外，可与少量跨省区中心城市建立航线，也称作次干线机场，如临沂、桂林等
	Ⅳ类机场	省、自治区内比较发达的中小城市和旅游城市，或经济欠发达，但地区交通不便的城市的机场，如海拉尔、喀纳斯等

1.1.2 航站楼的定义

1. 定义

航站楼又称航站大厦、候机楼、客运大楼等，作为安全检查和隔离管制界限的特殊建筑，为旅客提供值机、安检、候机、登机、到达等服务，起到空陆侧衔接的作用，是旅客进出港的唯一通道，也是民航运输的重要组成部分，其内部空间既包含了空侧区域又包含了陆侧区域，这也正是航站楼区别于其他功能建筑的最主要特征。

2. 航站楼的主要功能

航站楼的主要功能见表1-1-2。

表1-1-2 航站楼的主要功能

功能名称	内容
旅客服务	为旅客提供一站式服务。从购票、值机、行李托运、安检、候机、登机到达后的行李提取等，均在航站楼内完成
航空公司运营	为航空公司进行航班调度、机组人员准备、货物装载等工作提供服务场所，是航空公司运营的核心
商业活动	设有各种商业设施，如餐饮、零售店、免税店等，为旅客提供购物和餐饮服务
安全与监控	设有严格的安全检查程序，为旅客通关提供全面的安全检查，确保旅客和机场安全

3. 民用机场航站楼的等级划分

根据年客运吞吐量，民用机场航站楼可划分为六类，见表1-1-3。

表 1-1-3　民用机场航站楼等级划分

等级分类	年客运吞吐量
Ⅰ类	1000 万人次及以上
Ⅱ类	500 万~1000 万人次
Ⅲ类	100 万~500 万人次
Ⅳ类	50 万~100 万人次
Ⅴ类	10 万~50 万人次
Ⅵ类	10 万人次以下

1.1.3　术语

1. 空侧

空侧是指机场内旅客和其他公众不能自由进入的区域，受机场当局控制，主要包括飞行区、站坪及相邻地区和建筑物，为保障飞行安全，所有人员进入都要经过安全检查，航站楼内经过安全检查后的区域称为空侧。

2. 陆侧

陆侧是指为航空运输提供各种服务的区域，是公众能自由进出的场所和建筑物。在安全检查和隔离管制前的区域称为陆侧，主要包括停车场、办票区域、行李托运区域以及必要的服务区域，航站楼内是指安全管控区外的活动区域。

3. 指廊

指廊是旅客登机的重要廊道，结合候机大厅，通过优化布局，使飞机停靠的机位围绕指廊更多地布局，满足旅客直接通过登机口上下飞机。指廊因其形状类似于人的手指而得名。

4. 登机廊桥

登机廊桥又称空桥或登机桥，是连接登机口和飞机机舱门的廊桥，方便乘客进出机舱，登机桥分为活动登机桥和固定登机桥，固定登机桥用来连接航站楼登机口，活动登机桥一端连接固定登机桥，一端连接机舱门，便于对接不同机型的飞机。

5. 机场站坪

机场站坪又称机坪，是供飞机停放、上下旅客、装卸货物、对飞机进行各种地面服务（机务维修、上水、配餐、加电、清洁等）的区域。

6. 机场航站区地面交通中心（Global Translator Community，GTC）

机场航站区地面交通中心是连接城市与机场的重要环节，为旅客提供客运服务、航班信息查询、行李托运等综合负荷，包括地面交通和地下交通，如轻轨、地铁、公共交通等。

7. 机场运行指挥中心（Airport Operation Center，AOC）

机场运行指挥中心又称机场运控中心，负责航班编配、调度、监控、配载等功能，是确保航班有序运行的中枢场所。

8. 航站楼运行管理中心（Terminal Operation Center，TOC）

航站楼运行管理中心负责协调和管理机场航班起降、航空器移动、停机位分配等各项运行工作的部门。

9. 四型机场

四型机场是以“平安、绿色、智慧、人文”为核心的机场。通过全过程、全要素、全方位优化，实现安全运行保障有力、生产管理精细智能、旅客出行便捷高效、环境生态绿色和谐的目标，体现了新时代高质量发展的要求。四型机场的建设需要依靠科技进步、改革创新和协同共享，是新时代高质量发展的具体体现，智慧机场、绿色机场也正式开启了航站楼的新发展阶段，见表1-1-4。

表1-1-4　四型机场建设目标

目标	特性
平安机场	安全生产基础牢固，安全保障体系完备，安全运行平稳可控
绿色机场	在全生命周期内实现资源集约节约、低碳运行、环境友好
智慧机场	生产要素全面物联，数据共享、协同高效、智能运行

(续)

目标	特性
人文机场	秉持以人为本,富有文化底蕴,体现时代精神和当代民航精神,弘扬社会主义价值观

1.1.4 航站楼常规布局

航站楼平面布局通常采用集中航站楼加指廊构型设计，对于大型航站楼，一般为多层结构，包括出发层、到达层、行李提取区、值机区、安检区、候机区以及商业服务区等，以济南遥墙机场为例，图 1-1-1为济南机场航站楼剖面流程，可清晰表达各区域在航站楼内的关系。

出发层通常位于航站楼的上层，设有多个值机柜台，供旅客办理登机手续和行李托运，此外，出发层（或下一层）还设有多个安检通道，旅客在此完成安检后方可进入候机区。候机区位于出发层的下一层，大多在指廊区，设有多个登机口和休息区，到达层则位于航站楼的下层（一层），设有行李提取区，供旅客提取托运的行李，和交通中心接驳，航站楼与交通中心及停车楼贴临建设，以实现无缝衔接。

1.1.5 航站楼电气系统综述

航站楼电气系统具有可靠性、安全性、经济性、灵活性和具备一定可扩展性等特点，主要包括变配电系统、自备电源系统、电力配电系统、电气照明系统、线路与布线系统、防雷接地与安全防护系统、电气消防系统、机电节能管理系统、航站楼信息化系统等。

系统方案的选择应结合航站楼运行特性，充分利用物联网、云计算等智能化技术，实现楼内电气系统及设备设施的统一协调控制；在设备选型及技术应用上以绿色、低碳、智慧为主导，通过新能源利用、智能配电技术应用、信息化网络搭建等，优化电气系统的架构和运维方案，以提高系统安全、降低系统能耗、减少碳排放。

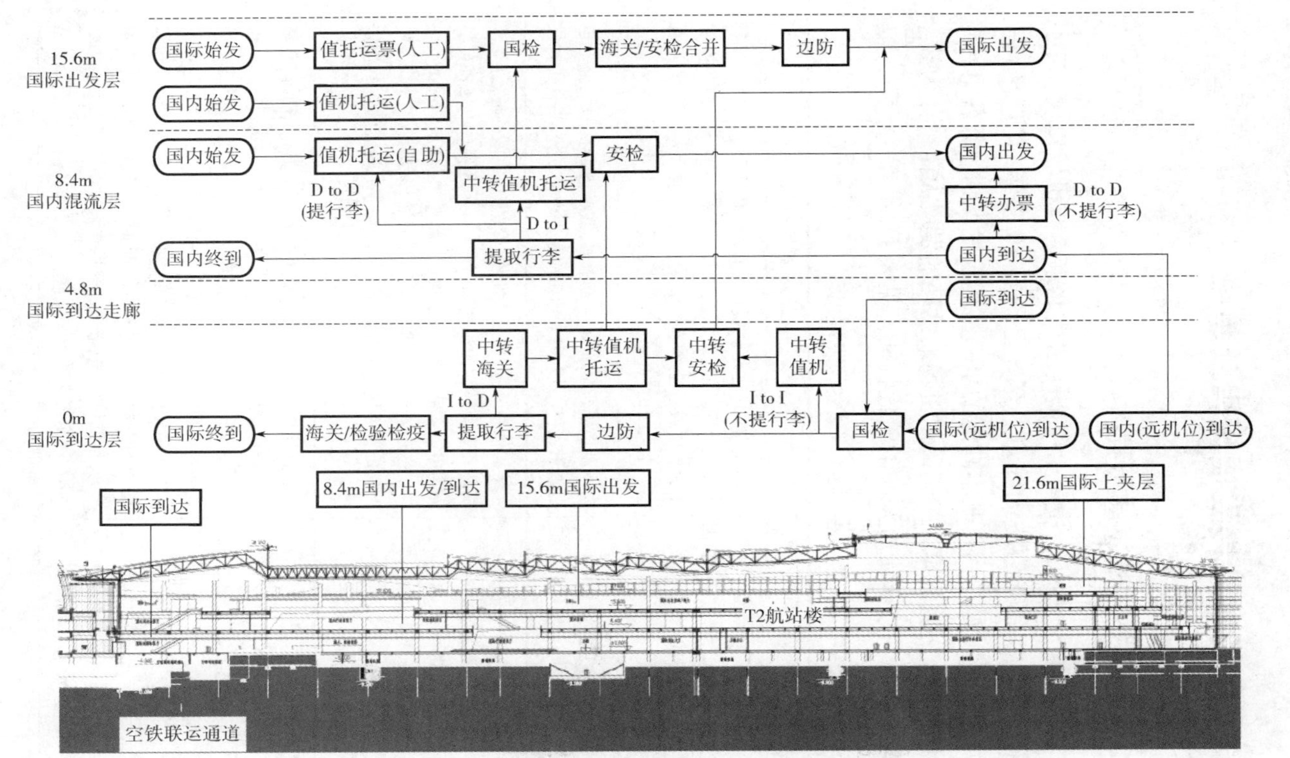

图 1-1-1 济南遥墙机场航站楼剖面流程

1.2 机场航站楼发展历程及趋势

1.2.1 航站楼的发展历程

20世纪50年代，中国第一个航站楼北京南苑机场建成，正式开启了中国民用航空史的篇章，至今已历经70多年的演变历程，航站楼建设从最初满足基本功能的单一型建筑发展到今天各具特色的大型综合交通建筑。中国民用机场航站楼的发展大体可分为五个阶段，每个阶段都带有鲜明的时代特征，见表1-2-1。

表1-2-1 航站楼发展历程

阶段划分	时间	航站楼特点
第一阶段	20世纪50年代初~70年代末	功能单一，建设规模较小（一般在几千平方米），仅具备空陆换乘功能，可满足少数人的出行需求。内部空间多为一层或一层半建筑形式，控制台均为人工处理，是真正的全人工时代
第二阶段	20世纪70年代末~90年代末	建设规模较之前有显著增加，其在内部空间划分上也更趋于完善，引入电子值机等管理设备，进入半人工时代
第三阶段	20世纪90年代末~21世纪初	结构体系外露，通过大跨度实现室内空间的通透感，玻璃幕和天窗被大面积使用，设计师开始有意识地将自然光与电光源有机结合，生态、节能理念已初现端倪 机场运营引入更多自动化系统，行李系统、安检系统、火灾报警系统进入机场航站楼，但这个阶段的航站楼依然是单一功能建筑
第四阶段	2005年~2015年	航站楼规模急剧增加，建筑面积几十万甚至近百万平方米的航站楼在国内相应建成。航空运输、陆路运输、轨道运输开始有意识地结合，形成综合性大型交通枢纽，实现空陆转换无缝衔接 在航站楼内引入商业、餐饮办公等业态，进入建筑功能多元化的时代。同时在这一时期，伴随通信网络的快速发展，自助值机、航班信息自助查询等便民功能也被广泛应用，自动化程度大幅度提升

（续）

阶段划分	时间	航站楼特点
第五阶段	2016年至今	伴随5G技术的推广、人工智能技术的发展以及物联技术的广泛应用，新型机场建设对于绿色环保产品应用、可再生能源的利用、智能化程度的提升、碳排放要求等方面都提出了更多更具体的要求。“四型机场”正式在这个时期提出，也是当代新型机场的重要考量标准，各种自动化系统冗杂，功能部分重叠，信息交互不畅通，建立统一综合管理平台，实现真正互联互通已初现端倪

1.2.2 航站楼电气技术发展趋势

随着科技的发展和旅客需求的变化，未来航站楼将持续发展和创新。“十四五”时期是民航业进入加快向高质量发展转型的建设新阶段，统筹推进“五位一体”总体布局，坚持智慧民航建设和绿色民航建设为主线，以提升机场的综合保障能力、服务能力、运维能力为导向，加快构建高水平民航科技创新体系，大力推进“四型机场”建设，为旅客提供更加高效、智能、舒适、安全和环保的旅行体验。越来越多的新技术、高科技应用到航站楼的建设及后期运维中，正在助力“四型机场”的高质量发展，见表1-2-2。

表1-2-2 航站楼电气技术十大适用创新技术

技术名称	特点
数字化导航技术	数字化导航技术取代传统的纸质登机牌和指示牌。旅客可以通过手机应用或机场内的数字显示屏获取实时航班信息、登机口变更通知、行李提取位置等信息，提升体验感
机器人巡检技术	机器人巡检代替现有人工巡检，充分发挥高可靠性、高安全性、高精度、高效率、内容广、运维成本低等优势，全面提升电力系统的运维能力
巴拿马电源配电技术	巴拿马一体化电源配电技术代替传统的中压配电、变压器、低压配电、整流模块和输出直流配电分散设置设计环节与能源转换节点，提高了电源的转换效率和可靠性

（续）

技术名称	特点
全站功率调配技术	全站功率调配技术对航站楼周边分散布置的特种车辆充电桩实施统一管理、本地化功率调配，防止充电桩专用变压器总出线开关过载跳闸，确保变压器运行的稳定性，组网形式灵活，成本低
基于人工智能算法的照明控制技术	利用人工智能技术，通过对大数据的挖掘和学习，优化航站楼照明系统的控制策略，在节能环保、保证照明质量、优化照明效果、延长灯具寿命、提高管理效率以及灵活性和可扩展性等方面具有明显优势
地面防水布线技术	地面防水布线技术代替传统埋地槽盒、穿线管，通过各部件装配式安装满足导电、防水、抗压、耐锈蚀等要求，解决传统产品防腐能力差、防护等级低、防水性能不足、抗压能力弱、安装效率低等弊端
智慧防雷在线监测技术	智慧防雷在线监测技术实时监测雷电预警、电涌保护器、直击雷、接地性能等数据，打造动态化防雷系统网络监管模式，降低运维成本，提前预警，保障航站楼内通信设备的安全运行
智慧火灾自动报警系统	智慧火灾自动报警系统采用多参数复合智能感知技术，涵盖烟、热、光、气、声（燃烧声）、图（图像识别）、数（运行数据判断）等多维度，实现火灾探测与人员感知定位的融合。趋向集成化、平台化，提供精准定位、智慧分析和预警，显著提升火灾防控、日常运维与救援效率
交直流柔性互联装置创新技术	利用多台区柔性互联技术打造电能互济系统，实现多台区间互联互供，提高区域电网灵活性，可一定程度提高台区间负荷均衡和能量优化的能力，缓解变配电升级改造的压力。节省了单台专变的备用容量，实现潮流的灵活控制，利于光伏、储能、电动汽车的集中接入
中台技术	中台技术是一套可持续让数据用起来的机制，中台技术对所需的大量数据进行采集、梳理、加工，存储为平台统一的标准数据，形成大数据资产层，根据业务需求和数据特点，将各类数据打包封装，结合定制开发的功能模块，变为各类个性化或可复用的应用，进而为平台用户提供丰富的数据服务

航站楼作为连接地面与空中的重要节点，其功能和形态将随着时代发展和技术进步不断演变。未来的航站楼可能会呈现更加多元化、智能化的特点。如无人机行李运送、虚拟现实导览、智能机器

人服务、个性化导引服务、全过程智能伴随服务等。同时，随着全球环保意识的提升，未来的航站楼将更加注重环境友好和可持续性，为旅客提供更加绿色、健康的旅行环境，带来更加便捷、舒适的旅行体验，航站楼作为能耗大户也将不断通过技术革新向低碳建筑甚至零碳建筑靠近。

1.3 设计规范标准

1.3.1 国家标准

1)《民用建筑电气设计标准》(GB 51348)。
2)《供配电系统设计规范》(GB 50052)。
3)《20kV 及以下变电所设计规范》(GB 50053)。
4)《低压配电设计规范》(GB 50054)。
5)《建筑物防雷设计规范》(GB 50057)。
6)《电力工程电缆设计标准》(GB 50217)。
7)《火灾自动报警系统设计规范》(GB 50116)。
8)《建筑物电子信息系统防雷技术规范》(GB 50343)。
9)《交流电气装置的接地设计规范》(GB/T 50065)。
10)《公共建筑节能设计标准》(GB 50189)。
11)《绿色建筑评价标准》(GB/T 50378)。
12)《建筑设计防火规范》(GB 50016)。
13)《民用机场航站楼设计防火规范》(GB 51236)。
14)《建筑照明设计标准》(GB/T 50034)。
15)《消防应急照明和疏散指示系统技术标准》(GB 51309)。
16)《建筑抗震设计规范》(GB 50011)。
17)《建筑电气与智能化通用规范》(GB 55024)。
18)《民用建筑设计统一标准》(GB 50352)。
19)《数据中心设计规范》(GB 50174)。
20)《建筑节能与可再生能源利用通用规范》(GB 55015)。
21)《建筑环境通用规范》(GB 55016)。

22)《城市综合管廊工程技术规范》(GB 50838)。

23)《阻燃和耐火电线电缆或光缆通则》(GB/T 19666)。

24)《建筑与市政工程抗震通用规范》(GB 55002)。

25)《建筑机电工程抗震设计规范》(GB 50981)。

26)《建筑与市政工程无障碍通用规范》(GB 55019)。

27)《消防设施通用规范》(GB 55036)。

28)《消防防火通用规范》(GB 55037)。

29)《城市客运交通枢纽设计标准》(GB/T 51402)。

1.3.2 行业标准

1)《交通建筑电气设计规范》(JGJ 243)。

2)《智慧建筑设计标准》(T/ASC 19)。

3)《城市电力电缆线路设计技术规定》(DL/T 5221)。

4)《民用建筑电线电缆防火设计标准》(DBJ 50/T-164)。

5)《国际民用航空公约附件 14-机场》。

6)《电控配电用电缆桥架》(JB/T 10216)。

7)《电力电缆隧道设计规程》(DL/T 5484)。

8)《城市电力电缆线路设计技术规定》(DL/T 5221)。

9)《民用运输机场信息集成系统工程设计规范》(MH/T 5018)。

10)《民用运输机场安全保卫设施》(MH 7003)。

11)《民用运输机场航站楼安防监控系统工程设计规范》(MH/T 5017)。

12)《民用机场航站楼航班信息显示系统工程设计规范》(MH/T 5015)。

13)《民用机场航站楼离港系统工程设计规范》(MH/T 5003)。

14)《民用运输机场航站楼楼宇自控系统工程设计规范》(MH/T 5009)。

15)《民用机场航站楼时钟系统工程设计规范》(MH/T 5019)。

16)《民用机场航站楼广播系统工程设计规范》(MH/T 5020)。

17)《民用机场航站楼综合布线系统工程设计规范》(MH/T 5021)。

18）《民用航空重要信息系统灾难备份与恢复管理规范》（MH/T 0026）。

19）《民用航空信息系统安全等级保护管理规范》（MH/T 0025）。

20）《民用航空运输机场安全检查信息管理系统技术规范》（MH/T 7010）。

1.4 本书的主要内容

1.4.1 总体编制原则

为进一步落实多元化高质量发展的要求，结合绿色、环保、智慧、低碳等创新理念，编制智慧机场航站楼电气设计手册，本书共分为11个章节，涵盖总则、变配电、应急电源、电力配电、照明配电、线路及布线系统、防雷接地及安全防护措施、火灾报警及联动系统、机电节能管理系统、信息化及优秀工程案例等相关内容，既阐述了传统电力系统技术路线的选择，又详细论述了各系统的技术要点和创新技术的应用。

1.4.2 各章节编制概述

序号	章节	概述内容
1	总则	整体概括本设计手册的编制思路、编制原则和编制要点，对机场、航站楼的专用术语、功能分类及发展历程进行阐述，帮助读者快速了解该类建筑的特点，手册收集了与航站楼电气设计相关的国家标准、行业标准，对航站楼电气技术发展做出展望，并提供各章节的简要编制概述，帮助读者快速锁定各章节内容
2	变电所	主要介绍航站楼供电的负荷等级、进线电源设计、为航站楼外部供电的电源设备类型，本章还介绍了高低压配电系统的架构，继电保护整定方案，高低压设备、变压器、无功补偿装置的选择方案及要求。简述了低压智能断路器、低压变配电所智能管理系统、电源管理与控制系统、电流方向保护、创新电力监控技术以及站房无人巡检等创新技术

（续）

序号	章节	概述内容
3	自备电源系统	结合不同负荷对备用电源的要求，提供柴油发电机组、UPS 和 EPS 不同应急电源独立供电或组合式供电的系统方案，重点对应急电源的类型选择、柴油发电机组和 UPS 的设备选型、性能比较、配电系统形式的选择及技术要求进行论述，并结合实际和规范要求对机房的设置原则提出建设性意见，总结相关设计要点，并根据当前应急电源的发展状况提供柴油机并网控制、蓄电池监控预警、巴拿马电源配电及大功率柴油机动力保护等新技术应用
4	电力配电系统	明确主要场所用电指标，供电方式及措施，设备选型及安装，末端计量要求及供电质量；重点介绍机场航站楼内民航智能化设备配电、广告及标识配电、商业配电、站坪充电桩配电及常用设备配电、行李系统配电、旅客安检及联检系统配电、登机桥及桥载设备配电、站坪照明及站坪机务配电等主要设备配电的设计要点及典型配电系统图；简述三项适用于机场航站楼的智慧电力配电创新技术：终端电气综合治理保护装置创新技术、物联网智能断路器创新技术、充电桩创新技术
5	电气照明系统	明确各场所环境特点和照明要求，确定目标参数，选择照明方式、光源、灯具方案，针对各类照明配电系统的供电等级、允许中断供电时间要求提出解决方案，详细阐述智能照明控制系统形式，结合环境光照、旅客活动情况、与其他业务系统联动等方式自动调节参数，提供舒适光环境，实现高效管理和节能。简述了数字可寻址调光技术的节能应用、物联网照明系统、新型室内调光技术等创新技术
6	电气线路及布线系统	重点阐述航站楼内各类线缆阻燃及燃烧性能，母线、桥架及导管特性和选择要点，电气布线系统敷设基本原则，电气线路的防火封堵、防水及抗震技术设计要点等。并结合管廊、高大空间、登机桥等航站楼内典型场所详细介绍电气布线系统方案。简述地面防水布线系统、智慧电缆预警系统、智能母线等创新技术
7	防雷、接地及安全防护系统	阐述航站楼防雷、接地及安全防护的设计理念，总结防直击雷、防侧击雷和防感应雷等设计要点，重点分析了交流电气装置的安全防护技术措施，并针对管廊、医疗隔离室、电动代步四轮车停放点和机坪高杆灯等航站楼特殊场所及设备提供电气防护设计方案；简述预放电避雷针、雷电智能预警、电涌保护器智能监控和接地电阻智能监测等创新技术

（续）

序号	章节	概述内容
8	火灾自动报警及消防监控系统	阐述航站楼火灾自动报警及消防监控系统的核心设计要点，各类消防子系统功能介绍及不同场所消防报警设备选择的技术方案。涵盖消防控制室的专业设计、火灾报警与消防联动的精细化规划、典型场所消防系统的针对性设计、其他消防电气监控系统的集成管理，简述物联网智慧消防、视频图像智慧消防和蓝牙定位智慧消防等创新技术
9	机电节能及管理系统	阐述航站楼机电节能管理系统设计和可再生能源利用，涵盖建筑设备监控系统、建筑能效监管系统方案，重点介绍航站楼内设备节能管理措施和运维；在可再生能源利用方面简要介绍太阳能光伏发电系统的特点及运行模式、直流和柔性用电系统应用等。简述智慧运维管理平台、综合能源管理平台和交直流柔性互联装置等创新技术
10	航站楼信息化系统	阐述航站楼信息化系统架构及方案，重点介绍航站楼信息化基础设施建设、生产运行平台、安全业务平台、旅客服务平台的特点、构建及功能，简述智慧面部视频分析技术、数字孪生技术、AI 技术中台、AI 技术无源光网等创新技术
11	优秀机场航站楼建筑案例	提供国内 20 家已建成或在施的大型机场航站楼案例，并重点介绍北京新机场航站楼（大兴机场）和广州白云国际机场 T2 航站楼设计特点、技术方案和低碳节能技术应用等

第2章　变 电 所

2.1　概述

2.1.1　变电所设置原则

变电所应结合航站楼建筑构型及外线进线位置合理布置，除应满足相关规范要求外，尚需遵守如下原则：

1）考虑运行维护的便利性，变电所应尽量设置在陆侧。

2）变电所内部宜依据业主维护管理需求进行分隔，不同分隔区域宜配置独立进出的门。

3）变电所室内不宜有电梯、扶梯及步道的基坑，同时不应有伸缩缝、沉降缝、防震缝。

4）按照合理的供电半径设置变电所，其中地下多层的核心区变电所不应设置在最底层且宜靠近负荷中心，指廊区变电所宜靠近负荷中心设置在首层。

5）当航站楼建筑规模较大，行李系统容量较大时，宜为行李系统独立设置变电所；当行李系统容量较少时，可由公共变电所供电，但应为独立回路并为行李系统设置独立的配电房间。

6）当航站楼规划捷运系统时，需为捷运系统设置独立的变电所。

2.1.2　本章主要内容

本章主要介绍航站楼供电的负荷等级、进线电源设计、为航站楼外部供电的电源设备类型，本章还介绍了高低压配电系统的架构，继电保护整定方案，高低压设备、变压器、无功补偿装置的选择方案及要求。本章介绍了航站楼变配电的创新技术，主要包括低压智能断路器、低压变电所智能管理系统、电源管理与控制系统、电流方向保护、创新电力监控技术以及站房无人巡检创新技术。

2.2 供电电源

2.2.1 负荷分级

1）航站楼主要用电负荷分级可按表2-2-1选定。

表2-2-1 航站楼主要用电负荷分级

负荷等级	负荷所属场所/系统	用电设备/系统名称
特级负荷	信息与智能化系统A级机房工程	计算机系统，空调和制冷设备
	边防、海关	安全检查设备
	急救室、急救站	应急救护设备
	电气防火	地下车站及区间的应急照明、火灾自动报警系统设备用电
	航空障碍标志	航空障碍标志灯
一级负荷	信息与智能化系统A级机房工程	消防与安防设备，环境和设备监控系统，给水排水设备、照明设备
	信息与智能化系统B级机房工程	计算机系统，消防与安防设备，环境和设备监控系统，空调和制冷设备、给水排水设备、照明设备
	Ⅲ级及以上航站楼的功能管理中心，驻场单位等数据主机房及监控中心，通信运营商主机房	信息与智能化系统设备，显示大屏，席位设备，会商室设备，正常照明、备用照明、值班照明
	Ⅲ级及以上航站楼的消防设备	消防用抽水泵（消火栓、喷淋、水炮等）、排烟风机、排烟补风机、正压送风机、消防排水泵、消防电梯、电动防火卷帘门、自动挡烟垂壁、电动排烟窗等

（续）

负荷等级	负荷所属场所/系统	用电设备/系统名称
一级负荷	Ⅲ级及以上航站楼的电气防火	火灾自动报警系统，水炮灭火控制系统，细水雾灭火控制系统，水喷淋灭火控制系统，可燃气体探测报警系统，电气火灾报警系统，消防应急照明系统（疏散照明、疏散指示标志、备用照明）
	Ⅲ级及以上航站楼的联检大厅、值机大厅、候机大厅、行李提取大厅、迎客大厅、进出港通道、捷运站台及旅客运输通道、换乘转换区、轨道交通站台、商业开放区等公共区域，地下货运通道及卸货区，主要通道走道及楼梯间	正常照明、备用照明、安全照明
	Ⅲ级及以上航站楼的重要设备	客梯、货梯、生活水泵、排污水泵、雨水泵
	Ⅲ级及以上航站楼的行李机房	行李处理系统，行李交运、检查控制设备
	Ⅲ级及以上航站楼贵宾休息室（VIP/CIP、高舱或高端旅客）	正常照明用电
	计时酒店、钟点客房、休息室等标准相当于四星级及以上旅馆的高级客房	正常照明用电
	医疗卫生、检验检疫	医务室、治疗室、高压氧舱、负压隔离室、医学排查室、核生化应急处置区、生物采集区、疫情防护区等所有医用相关设备
	信息与智能化系统的重要前端设备	离港（值机、登机控制）验证柜台，柜台航班显示屏、时钟，安全类引导标识，红线门电锁及附近摄像机、警卫照明
	安保、安检、安防、防疫	反恐防暴设备，安全检查系统设备，安全防范系统设备、警卫照明，疫情下新风及通风系统
	边防、海关	边检验证柜台，海关验证柜台
	航站楼近机位机坪设施	近机位高级目视停靠引导装置

（续）

负荷等级	负荷所属场所/系统	用电设备/系统名称
二级负荷	信息与智能化系统C级机房工程，驻场单位数据接入机房，通信运营商接入机房，行李控制系统接入机房	计算机系统，消防与安防设备，环境和设备监控系统，空调和制冷设备、给水排水设备、照明设备
	Ⅲ级及以上规模航站楼的功能管理中心，驻场单位等数据主机房及监控中心，通信运营商主机房	空调和制冷设备
	Ⅰ、Ⅱ级航站楼的消防设备	消防用水泵（消火栓、喷淋、水炮等）、排烟风机、排烟补风机、正压送风机、消防排水泵、消防电梯、电动防火卷帘门、自动挡烟垂壁、电动排烟窗等
	Ⅰ、Ⅱ级航站楼的电气防火	火灾自动报警系统，水炮灭火控制系统，细水雾灭火控制系统，水喷淋灭火控制系统，可燃气体探测报警系统，电气火灾报警系统，消防应急照明系统（疏散照明、疏散指示标志、备用照明）
	Ⅰ、Ⅱ级航站楼的联检大厅、值机大厅、候机大厅、行李提取大厅、迎客大厅、进出港通道、商业开放区等公共区域，主要通道走廊及楼梯间	正常照明、备用照明、安全照明
	Ⅰ、Ⅱ级航站楼的重要设备	客梯、货梯、生活水泵、排水泵、雨水泵
	Ⅰ、Ⅱ级航站楼的行李机房	行李处理系统，行李交运、检查控制设备
	Ⅲ级及以上航站楼的主要设备	空调系统设备、自动扶梯、自动人行道、自动门
	公共卫生间、母婴室、驻场单位重要办公、电信、邮政、银行、快递等特许经营网点	正常照明和插座
	信息与智能化系统的主要前端设备	售票、保险、问询等柜台，指引、信息类引导标识，重要多媒体显示屏
	登机桥及近机位机坪设施	固定登机桥正常照明和动力、登机桥转动部分、登机桥监控系统、飞机专用空调电源、GPU电源、机务用电、机坪照明、机位标记牌
	计时酒店、钟点客房、休息室等标准相当于三星级以下旅馆的高级客房	正常照明用电
	商贸、厨房	贵重物品冷藏库、生鲜食品冷藏库

（续）

负荷等级	负荷所属场所/系统	用电设备/系统名称
三级负荷	Ⅰ、Ⅱ级航站楼的主要设备	空调系统设备
	信息与智能化系统的一般前端设备	暖通、空调分集水控制器，普通房间温控器，传感器或变送器
	广告、艺术、景观	广告灯箱、显示屏、大屏、照明、插座
	租赁商业和餐饮、租赁办公、员工餐厅及厨房	厨用设备、正常照明和插座
	电动运输车辆及工具	充电设施
	普通办公、库房	正常照明和插座
	小动力	打包机、贩卖机、饮水机、充电插座、清洁插座、防护卷帘门等

2）信息与智能化系统机房工程等级划分应参照《数据中心设计规范》（GB 50174）以及民航系统相关规范和标准规定确定，或者业主对信息与智能化系统的设计要求确定。

3）驻场单位包括但不限于边防检查、海关（检验检疫）、公安、国安、安保、航空公司等。

4）部分登机桥可根据业主保障要求调整为一级负荷。

5）电动运输车辆的充电设施，可根据车辆保障等级划分不同负荷等级。

2.2.2 外部供电电源条件

1）机场航站楼供电电源可依据现行国家标准《重要电力用户供电电源及自备应急电源配置技术规范》（GB/T 29328）的相关规定，申请作为电力供电公司重要电力用户进行设计，重要等级划分可按表 2-2-2 确定。

表 2-2-2 重要电力用户等级划分

重要电力用户分级	特级	一级	二级
航站楼规模等级	Ⅴ级	Ⅲ、Ⅳ级	Ⅰ、Ⅱ级

2）特级重要电力用户应采用多电源供电，一级重要电力用户至少应采用双电源供电，二级重要电力用户至少应采用双回路供电。当任何一路或一路以上电源发生故障时，至少仍有一路电源能对保安负荷供电。

3）Ⅲ级以上航站楼电源进线宜从航站楼两个方向引入，互为备用的双电源宜配置备用电源自动投切装置，且任一路电源都能带满载负荷。

4）大型机场一般自建10kV变电站，当变电站分别在空侧及陆侧设置时需预留穿越航站楼的管廊条件，航站楼10kV电源由变电站放射多路引来。小型机场一般由试点10kV开关站多路引来。

2.2.3 空侧负荷电源条件

航站区空侧靠近航站楼区域的设备设施可由航站楼低压供电，此部分负荷的容量由相应专项设计单位提供，具体如下：

1）飞机地面空调（PCA）及飞机地面电源（GPU），电源容量根据飞机类别确定。

2）空侧机坪机务用电。

3）近机位机坪高杆灯。

4）近航站楼站坪区域设置的电动汽车充电桩。

2.3 高压（10kV）配电系统

2.3.1 高压总配电所配电系统架构

1）当航站楼设置高压总配电所及多个分变电所时，高压总配电所高压配电系统应采用单母线分段接线，分列运行方式；并依据航站楼规划预留未来改造及扩建所需的备用馈出回路。

2）重要航站楼可依据运行管理需求，设置合环转换或备自投运行条件，由用户根据自身需求选择运行方式。断路器、隔离装置以及相应的接地开关设机械与电气闭锁；合环运行和备自投运行互锁。实际运行方式选择应按供电单位最终确定的供电方案及操作规程确定。合环运行时两进线断路器先合无误后再合母联，三断路器同时闭合运行；备自投运行时进线和母联三断路器只能两个同时运行，设电气闭锁防误操作。

3）合环运行应满足“同一系统下、相位正确、电压差在5%以内”三个条件。

4）航站楼内高压配电应采用放射方式，高压电缆直接放射至各分变电所。

2.3.2 变电所高压系统架构

1）设置有高压总配电所及分变电所的航站楼，变电所两路高压电源可不设联络，仅设置进线隔离及馈出柜。

2）高压总配电所与低压变电所合室设置时，变压器可不设置独立的高压柜；除此之外其他变电所两路高压电源就地设置进线隔离及馈出柜。

2.3.3 继电保护

航站楼高压配电系统继电保护装置应依据上级接地形式及保护功能合理配置，并应满足可靠性、灵敏性、速动性和选择性的要求。继电保护应根据不同的故障类型和系统特点，设置不同的保护方式，包括过流保护、差动保护等，以提高系统的可靠性和灵活性，并应设置合理的备份保护方案，确保在主保护失效时仍能将故障限制在一定范围内。

1）高压总配电应采用计算机综合继电保护器进行配电线路保护，变压器保护可选用计算机综合继电保护器或熔断器进行保护。

2）继电保护应该根据供电部门运行方案最终确定。在设计阶段可按下述方案设置：

①高压总配电所进线断路器宜设两段三相保护，分别为定时限过流及速断保护。零序保护的设置根据接地系统形式确定，大电流接地系统宜设置两段零序定时限保护，分别为过流及速断保护，小

电流接地系统不宜设置零序保护。

②高压母联断路器宜设三相定时限过流及速断保护，不设置零序保护。

③高压总配电所馈线断路器宜设三段三相保护，分别为定时限过流、速断及反时限过流保护，零序保护的设置与进线相同。

④变压器设三段三相保护，分别为定时限过流、速断及反时限过流保护，零序定时限过流保护（同前文，是否设置视接地系统形式确定）。变压器还应增设两段温度保护及误开门操作保护，温度保护可动作为跳闸或报警，具体保护动作方式宜依据业主管理要求确定，误开门保护涉及运行安全需动作于跳闸。变压器的反时限过流保护动作曲线需与变压器损坏曲线配合。

3）继电保护动作时间需要与上级电网继电保护动作时间配合，配电系统中上下级继电保护动作时间差需要考虑动作误差，一般不宜小于0.15s。

2.3.4 高压设备与器件

高压总配电所内高压开关柜宜采用金属全封闭中置移开式开关柜，末端变电所高压柜可选用金属全封闭中置移开式开关柜或固定式气体绝缘开关柜，考虑环保要求，航站楼内宜选用充干燥空气的10kV开关柜。高压开关柜均需满足“五防”闭锁要求。

高压设备及器件的额定电压、最高运行电压、运行频率、工频耐压、雷电冲击耐压等参数需要和当地电网电压等级相适应。高压开关柜温升建议值：柜体可触摸部件≤20K，导体表面≤55K。

1）金属全封闭中置移开式开关柜上进上出线或下进下出线，柜体宽度500～800mm，需注意较窄柜体分支母线的电流受限，需要结合具体产品及自身系统方案选择。高压开关柜在结构上需保证正常运行及工作人员的安全，保证监视和维护工作能安全方便地进行。维护工作包括元件的检修和试验，故障的寻找和处理。高压开关柜需要限制电弧的燃烧时间和燃烧范围，燃烧试验需要按DL/T 404附录A中规定的条件及方法进行。高压开关柜内安装的高压电器组件均必须为绝缘型产品，满足凝露试验要求。

高压开关柜及所有安装在上面的成套设备或单个组件，都应有足够的力学强度和正确的安装方式，保证柜体在起吊、运输、存放和安装过程中不会损坏。柜体外壳防护等级不低于IP4X，断路器室门打开时IP2X，电缆进线孔应有密封措施。高压开关柜的主回路、各单元以及各组件之间连接导体的额定电流比设备额定电流高10%。高压柜中主回路的最小截面（包括电压互感器、避雷器的连接导体），除考虑额定电流值外，还要满足额定峰值耐受电流、额定短时耐受电流和额定短路持续时间的要求。

为保证维修工作人员和设备的安全，需接近的回路中所有部件都应事先接地。开关柜所有需要接地的金属部件（包括所有安装在开关柜上的继电器、仪表）外壳均应通过专用导线或金属部件与接地保护母线连接。

2）环保气体绝缘柜固定安装。环保气体绝缘柜的不锈钢气室内部充满干燥空气，所有带电部分密封在以干燥空气作为绝缘介质的气室内，气箱可靠接地，保证操作人员不会触及高压带电部件；绝缘介质状态可监视并可在现场调整；开关需具备可靠的泄弧通道并通过20kA/1s的内部燃弧试验；电缆室盖板和开关状态具有可靠的机械连锁。气箱防护等级IP67，环保气体作为灭弧介质的气箱应能耐受正常工作和瞬态故障的压力而不破损。

3）操作电源。10kV高压柜操作电源有直流操作电源与交流操作电源两种形式。直流操作电源具有可靠性高、稳定性好等优点，缺点是造价高、占地大、维护成本高。交流操作电源宜设置UPS保证可靠供电，交流操作电源较直流操作电源可靠性及稳定性差，但造价低，结构简单。操作电源形式应根据航站楼规模、重要性等多种因素进行选择；建议对于Ⅲ级以上航站楼采用直流操作电源，Ⅰ级及Ⅱ级航站楼采用交流操作电源。

直流操作电源电压一般选用DC 110V或DC 220V，采用单母线接线，带1组蓄电池和1组充电装置，蓄电池与充电装置并接，充电模块应采用$N+1$热备方式。直流系统需设置监控系统，一方面充电屏本身内置监控单元，完成对自身状态进行监控和告警；另一方面设置整个直流系统的监控，完成对充电柜、电池组及对地绝缘等全方位的监视、测量和控制。充电屏内置监控单元的运行应独立于整体监控系统，以确保直流监控系统退出运行时整个直流系统仍能可靠运行。直流操作电源设备需具备标准通信接口，通过开放的现场总线（支持 MODBUS-RTU、TCP/IP 等协议），接入电力监控系统完成监控。

交流操作电源电压可选用 AC 220V 或 AC 110V，电源取自高压 PT 或由变电所低压供电。

2.4 变压器

2.4.1 负荷计算

航站楼电力负荷计算，方案设计阶段可采用单位指标法；初步设计和施工图设计阶段，宜采用单位指标法、单位面积法和需用系数法相结合的方式，应根据负荷分类分项逐级选取需用系数和同时系数。当航站楼内不设置冷热源设备时，Ⅲ级及以上航站楼变压器装机容量可按照 130 ~ 160VA/m^2 进行估算，Ⅰ级及Ⅱ级航站楼变压器装机容量可按照 110 ~ 140VA/m^2 进行估算。变压器设计负荷率宜为 60% ~65%。

相较其他类型建筑，航站楼设有部分特殊用电设备，这些设备容量一般由相应责任单位提供，对这些设备做如下介绍：

（1）飞机地面空调（PCA）

飞机地面空调的容量可参照《飞机地面空调机组》（MH/T 6109）进行计算，以 T3 气候类型举例如下：

1）C 类机位，每台 PCA 设备额定制冷量为 154kW，电量需求为每台三相 160kW，每个 C 类机位需要配置一台 PCA 设备。

2）E 类机位，每台 PCA 设备额定制冷量为 226kW，电量需求为每台三相 200kW，每个 E 类机位需要配置两台 PCA 设备。

3）组合机位，例如“C + C 机位”，因为需要保障 E 类飞机，PCA 设备额定制冷量需要由项目责任方明确，在条件允许时建议按照满足 E 类机位的 PCA 设备配电。

4）F 类机位，PCA 设备额定制冷量为每台 336kW，电量需求为每台三相 320kW，每个 F 类机位需要配置至少两台 PCA 设备（用 E 类设施服务）。当为 F 类机位设置三个旋转平台时，需要设置第三台 PCA 设备。随着 380 机型的停产，未来 F 类机位出现的概率会大大降低。

（2）飞机地面电源装置（GPU）

飞机地面电源装置的容量可参照下述方案选取：

1）GPU 装置电量需求常见为每台三相 90kVA，每个 C 类机位需要一台 GPU 装置，每个 E 类机位可能需要四台 GPU 装置（每个登机桥两台）。

2）F 类机位，每个 F 类机位通常需要四台 GPU 装置（用 E 类设施服务）。当为 F 类机位设置三个旋转平台时，有可能需要设置额外两台 GPU 装置。

飞机地面空调及静变电源装置容量较大且同时使用率低，采用需用系数法进行负荷计算时应参照《交通建筑电气设计规范》（JGJ 243）进行。

（3）行李处理系统

航站楼行李处理系统的容量按照满足航站楼年旅客吞吐量配置，不同规模航站楼与不同的行李系统方式容量都不尽相同，需要由行李系统进行工艺专项设计单位提供准确容量。

（4）登机桥电源

登机桥电源容量约为 50kVA 且仅在飞机与登机桥活动端对接时才使用，其与 PCA 及 GPU 不同时使用且负荷容量比 PCA 及 GPU 小，因此负荷计算时可不考虑。

2.4.2 变压器选择

航站楼低压变电所内变压器应选用干式节能型配电变压器，能效等级水平不应低于 2 级，电压等级依据上级电站出口电压确定，联结组别优先选用 Dyn11。干式配电变压器可以根据不同分类标准进行分类，具体见表 2-4-1。

表 2-4-1　干式配电变压器分类

分类标准	变压器类型
铁心材质和铁心结构	三相三柱电工硅钢、三相三柱非晶合金
绝缘系统形式	敞开式(非包封式)、浇注式和包“绕”式(缠绕式)
线圈绝缘耐热等级	R级、H级、F级
线圈绝缘材质和制造工艺	真空压力浸渍式、环氧树脂浇注式
冷却方式	自冷式、强迫风冷式

为提高变压器的过负荷和防护能力，航站楼宜选用带 IP22 防护箱体、机械通风、H/H 级绝缘的干式变压器并附带温控器。温控器需接入电力监控系统进行实时监控。

根据工信部资料统计，我国输配电损耗占全国发电量的 6.6%左右，其中配电变压器损耗占到输配电损耗的 40%，因此变压器能效水平非常重要。现阶段变压器的能效限定值和技术参数可按《电力变压器能效限定值及能效等级》（GB 20052）、《干式电力变压器技术参数和要求》（GB/T 10228）和《干式非晶合金铁心配电变压器技术参数和要求》（GB/T 22072）的规定进行。根据《电力变压器能效限定值及能效等级》（GB 20052）非晶合金变压器在能耗上有非常大的优势，以 1600kVA 为例对比见表 2-4-2。

表 2-4-2　不同类型变压器能耗对比

能效等级	硅钢变压器		非晶合金变压器	
	空载损耗/W	负载损耗/W	空载损耗/W	负载损耗/W
一级能效	1415	10555	530	10555
二级能效	1665	10555	645	10555
三级能效	1960	11730	760	11730

根据上述表格同一能效等级和相同容量下，非晶合金变压器的负载损耗值和硅钢变压器相同，而空载损耗值远低于硅钢变压器。非晶合金变压器存在跨能效等级的节能优势，航站楼变压器一般均为常年不间断运行，并且航站楼大部分为二级及以上负荷，负荷率较其他建筑偏低，因此控制空载损耗值对航站楼尤为重要。

2.5 低压配电系统

2.5.1 低压配电系统架构

除行李、捷运等有特殊要求的专项供电系统外，成对设置的变压器低压侧应采用单母线分段接线，分列运行方式，设母线联络开关；自备柴油发电机组作为第三电源时，应通过 ATSE 装置分设应急电源和备用电源母线段。

设计人员应依据短路电流计算结果选择断路器、隔离开关等电器器件的短时耐受、分断和接通短路电流能力，校验缆线和电器器件的动热稳定性。配电保护设备的整定保护定值需符合选择性要求。设计人员需要将保护断路器的允通能量曲线与断路器脱扣曲线相对比，根据两曲线选定可能通过断路器的最大能量值，并以此为校验依据校验隔离开关的短时耐受电流值。

低压变电所进线断路器及母联断路器宜设两段过电流保护，分别为长延时与短延时（短路保护）；馈出断路器根据项目特点可选择三段或两段保护，分别为长延时、短延时（选配）、瞬动。断路器延时时间需要与上级 10kV 保护动作时间以及下级低压断路器保护动作时间匹配。母联断路器应设有延时自投方式，功能选择开关至少应有“自投自复”“自投手复”“自投停用”等三种位置状态，并具有电气闭锁、防误操作。当航站楼对于不停电维护检修要求高时，可选用具备合环转换的母联备自投系统，系统控制器需要对两路电源的电压、相位、频率进行检测，匹配后方可进行合环操作，并能对环流进行检测监控，较大时需立刻断开母联断路器。

2.5.2 无功补偿及电源治理

依据《电工术语 基本术语》（GB/T 2900.1），功率因数 λ 是周期状态下有功功率 P 的绝对值与视在功率 S 的比值，即 $\lambda = |P|/S$。正弦状态下功率因数是有功因数的绝对值，有功因数为相

位移角的余弦即 $\cos\Psi$。航站楼内的用电设备如 LED 灯具、变频器、高频 UPS、安检机等均内设开关电源类器件，将交流转变为直流，交直流隔离导致这些设备的电源输入端有功因数大大提高，并产生电流谐波。图 2-5-1、图 2-5-2 是某航站楼低压变电所进线电能质量检测。

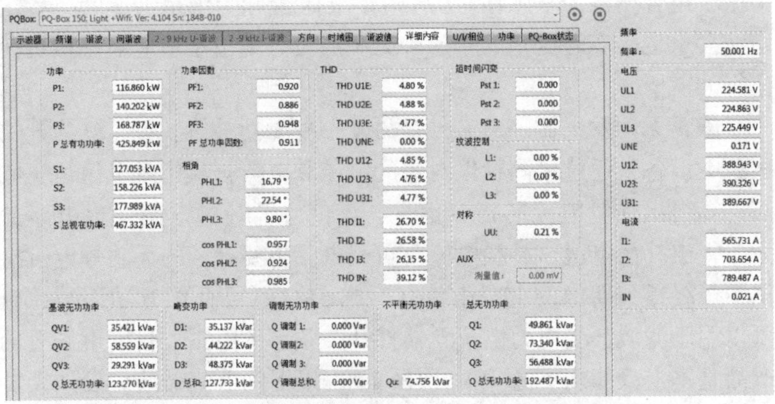

PQBox: PQ-Box 150: Light +Wifi: Ver: 4.104 Sn: 1848-010
示波器 | 频谱 | 谐波 | 间谐波 | 2-9 kHz U-谐波 | 2-9 kHz I-谐波 | 方向 | 时域图 | 谐波值 | 详细内容 | U/I/相位 | 功率 | PQ-Box状态

功率
P1: 116.860 kW
P2: 140.202 kW
P3: 168.787 kW
P 总有功功率: 425.849 kW
S1: 127.053 kVA
S2: 158.226 kVA
S3: 177.989 kVA
S 总视在功率: 467.332 kVA

功率因数
PF1: 0.920
PF2: 0.886
PF3: 0.948
PF 总功率因数: 0.911
相角
PHL1: 16.79°
PHL2: 22.54°
PHL3: 9.80°
cos PHL1: 0.957
cos PHL2: 0.924
cos PHL3: 0.985

THD
THD U1E: 4.80 %
THD U2E: 4.88 %
THD U3E: 4.77 %
THD UNE: 0.00 %
THD U12: 4.85 %
THD U23: 4.76 %
THD U31: 4.77 %
THD I1: 26.70 %
THD I2: 26.58 %
THD I3: 26.15 %
THD IN: 39.12 %

短时间闪变
Pst 1: 0.000
Pst 2: 0.000
Pst 3: 0.000
纹波控制
L1: 0.00 %
L2: 0.00 %
L3: 0.00 %
对称
UU: 0.21 %
AUX
测量值: 0.00 mV

频率
频率: 50.001 Hz
电压
UL1: 224.581 V
UL2: 224.863 V
UL3: 225.449 V
UNE: 0.171 V
U12: 388.943 V
U23: 390.326 V
U31: 389.667 V
电流
I1: 565.731 A
I2: 703.654 A
I3: 789.487 A
IN: 0.021 A

基波无功功率
QV1: 35.421 kVar
QV2: 58.559 kVar
QV3: 29.291 kVar
Q 总无功功率: 123.270 kVar

畸变功率
D1: 35.137 kVar
D2: 44.222 kVar
D3: 48.375 kVar
D 总和: 127.733 kVar

调制无功功率
Q 调制 1: 0.000 Var
Q 调制 2: 0.000 Var
Q 调制 3: 0.000 Var
Q 调制总和: 0.000 Var

不平衡无功功率
Qu: 74.756 kVar

总无功功率
Q1: 49.861 kVar
Q2: 73.340 kVar
Q3: 56.488 kVar
Q 总无功功率: 192.487 kVar

图 2-5-1 某航站楼 A 低压变电所进线电能质量检测

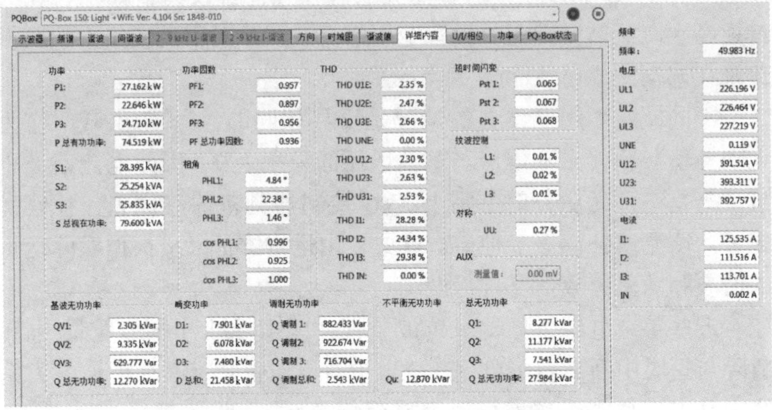

PQBox: PQ-Box 150: Light +Wifi: Ver: 4.104 Sn: 1848-010
示波器 | 频谱 | 谐波 | 间谐波 | 2-9 kHz U-谐波 | 2-9 kHz I-谐波 | 方向 | 时域图 | 谐波值 | 详细内容 | U/I/相位 | 功率 | PQ-Box状态

功率
P1: 27.162 kW
P2: 22.646 kW
P3: 24.710 kW
P 总有功功率: 74.519 kW
S1: 28.395 kVA
S2: 25.254 kVA
S3: 25.835 kVA
S 总视在功率: 79.600 kVA

功率因数
PF1: 0.957
PF2: 0.897
PF3: 0.956
PF 总功率因数: 0.936
相角
PHL1: 4.84°
PHL2: 22.38°
PHL3: 1.46°
cos PHL1: 0.996
cos PHL2: 0.925
cos PHL3: 1.000

THD
THD U1E: 2.35 %
THD U2E: 2.47 %
THD U3E: 2.66 %
THD UNE: 0.00 %
THD U12: 2.30 %
THD U23: 2.63 %
THD U31: 2.53 %
THD I1: 28.28 %
THD I2: 24.34 %
THD I3: 29.38 %
THD IN: 0.00 %

短时间闪变
Pst 1: 0.065
Pst 2: 0.067
Pst 3: 0.068
纹波控制
L1: 0.01 %
L2: 0.02 %
L3: 0.01 %
对称
UU: 0.27 %
AUX
测量值: 0.00 mV

频率
频率: 49.983 Hz
电压
UL1: 226.196 V
UL2: 226.464 V
UL3: 227.219 V
UNE: 0.119 V
U12: 391.514 V
U23: 393.311 V
U31: 392.757 V
电流
I1: 125.535 A
I2: 111.516 A
I3: 113.701 A
IN: 0.002 A

基波无功功率
QV1: 2.305 kVar
QV2: 9.335 kVar
QV3: 629.777 Var
Q 总无功功率: 12.270 kVar

畸变功率
D1: 7.901 kVar
D2: 6.078 kVar
D3: 7.480 kVar
D 总和: 21.458 kVar

调制无功功率
Q 调制 1: 882.433 Var
Q 调制 2: 922.674 Var
Q 调制 3: 716.704 Var
Q 调制总和: 2.543 kVar

不平衡无功功率
Qu: 12.870 kVar

总无功功率
Q1: 8.277 kVar
Q2: 11.177 kVar
Q3: 7.541 kVar
Q 总无功功率: 27.984 kVar

图 2-5-2 某航站楼 B 低压变电所进线电能质量检测

上图中 A 变电室主要负荷设备为变频类设备，B 变电所主要负荷设备为照明及信息类设备。被检测的两个低压配电所功率因数及有功因数均很高，谐波电压很低但谐波电流很高，且有功因数均高于功率因数。目前常用的无功补偿设备有两种，其一为电容加电抗器组，其二为静止无功发生器（SVG）。电容加电抗器组只能对有功因数进行补偿，而根据上述监测情况，有功因数均很高，无需补偿。电容加电抗器组也可用于电流谐波的滤除，此时利用的是电容的过载能力，要求电容 + 电抗的组对谐波呈低阻抗状态（为避免谐振，组合整体需呈感性），航站楼负荷运行变化是迅速的，各次谐波含量也是实时变化的，这种无源滤波方式很难适应航站楼负荷运行的需要。

静止无功发生器（SVG）是另外一种无功补偿装置，其为开关电源类设备，通过检测补偿对象的电压和电流，经指令电流运算电路计算得出补偿电流的指令信号，该信号经补偿电流发生电路放大，得出补偿电流，补偿电流与负载电流中要补偿的无功等电流抵消，最终得到期望的电源电流。因此 SVG 既可补偿有功因数，也可以用于滤波，受电力电子元器件开关频率的限制，目前市场上的产品基本上只能用于滤除 11 次及 11 次以下的电流谐波。设计人员进行航站楼设计时需要对负荷设备进行分析，如果主要谐波电流在 11 次以下，则可以利用 SVG 做无功补偿兼滤波设备，如果存在大量更高次电流谐波则需要设置专用的滤波器。对于谐波集中的区域建议在末端完成谐波滤除。

不同航站楼用电设备的情况是不尽相同的，当采用 SVG 作为无功补偿装置（谐波电流与基波电压的乘积为 0，因此电流谐波也可认为是一种无功）时，需要 SVG 控制器具备滤波优先、补偿优先、均衡滤波补偿等多种运行模式，由运行维护人员根据实际运行的谐波和功率因数情况自行设定。

近些年来电压暂降越来越被重视，国家标准《电能质量 电压暂降与短时中断》（GB/T 30137）中对电压暂降定义如下：电力系统中某点工频电压方均根值突然降低至 0.1 ~ 0.9p. u.，并在短暂持续 10ms ~ 1min 后恢复正常的现象。电压暂降主要由三方面原因产生：

1）雷电干扰高压进线。

2）临近配电回路有高感抗负载启动。

3）临近配电回路有短路故障产生。

电子信息设备、变频器和接触器，这三种设备都需要一个持续稳定的电压才能持续工作，一旦出现供电电压中断并超过一定时长，将造成设备停运（宕机），且一般会经历长时间后才能重新工作（自动重启程序自检时间长、人工手动重启时间长），从而影响航站楼内的电梯、扶梯、自动步道、空调、冷水机组、水泵、风机、安检设备的稳定运行。但并非发生电压暂降时上述设备一定会停运，这是由于不同设备抗电压暂降的能力不同，每次发生电压暂降的严重程度也不尽相同，只有在电压暂降的深度或长度大于设备抵抗能力时，才会发生停运事故。解决电压暂降的底层逻辑就是用另一个电源把暂降时的电压“补”回来，在电子信息设备、变频器、接触器等“未感知”电压下降的时候（一般认为是20ms内），把供电电压恢复到额定值。负责“补电压”的另一个电源可以是：①另一路市电；②UPS不间断电源的蓄电池；③DVR电压暂降抑制器（常采用超级电容）。对于第一种方式需要一种能快速切换的双电源转换装置，其能在20ms完成动作转换，可以采用STS或机械式快速转换开关；另外两种方式补偿电压是瞬间完成的。对比三种方式，第一种只能在两路电源中一路发生暂降时才能起作用，其余两种则无此弊端；但第一种方式投资低，仅需更换普通ATS开关为快速转换开关，无须占用土建房间面积；其余两种方式投资高同时需要占用更大土建房间面积。具体选择哪种方式需要根据航站楼投资情况、重要程度、地区电网电压暂降严重程度等多方面因素综合考虑。

2.5.3 低压设备与器件

航站楼低压变电所低压开关柜可选用组装模数化抽屉式开关柜，也可选用固定分隔式低压柜。开关柜的柜架应采用垂直地面安装的自撑式结构，柜体具备足够的机械和电气强度，能承受运输、安装等外力和事故短路时电动力的影响而不损坏。低压配电柜应提供便于起吊的吊环。抽屉单元连接电缆截面的能力需要和选用的电缆规格匹配。低压开关柜（功能单元）应提供必需的电气和机械连锁装置，以防止误操作，保证人身和设备的安全，即有必要的措施和装置防止人体触及带电小室内的带电部件，防止断路器闭合情况下被推至工作位置（即带负荷推入断路器），及防止断路闭合情况下被拉出（即带负荷拉出断路器）。主母线和分支母线应由螺栓连接的高导电率的铜排制成，必须符合规定的载流量。垂直母线载流量须满足整面柜各功能单元的需求。

ACB 框架式断路器、MCCB 塑壳式断路器应配置电子式脱扣器，为便于与下级断路器的整定配合，宜要求电子脱扣器每段整定值均连续可调。母联及主进三断路器自投控制宜采用专用控制器完成控制，减少人工接线，提高备自投可靠性。

2.6 智慧变配电创新技术

2.6.1 智能配电的创新技术

1. 智能低压断路器

智能低压断路器应符合 GB/T 14048.2 的规定，配置智能脱扣器、执行机构、合理的人机界面和其他附加设施，具有电气测量及报警、状态感知、诊断维护及健康状态指示、故障及历史记录等功能，能进行本地和/或远程监控，并具有物联网云平台连接能力，可直接或间接接入物联网云平台，且需符合网络安全要求。智能低压断路器集保护、测量、诊断和维护、事件管理、通信为一体，具有一个由被保护线路能量产生的自生电源，保证断路器基本保护功能正常工作。智能低压断路器具备故障远程复位、自复位和手动复位功能，支持有线、无线互联互通功能。智能低压断路器内置监测、管理和控制模块，可对设备数据进行采集、存储、转发、分析处理和控制，一般能做到下述内容：

1）采集和调整长延时、短延时、瞬时等保护整定值。

2）测量电流、电压、频率、功率、负载率和能耗等实时电气运行参数。

3）断路器的分闸位置、合闸位置、正常状态和故障状态等设备运行信息。

4）电气回路的功率因数和总谐波畸变率等电能质量参数。

5）断路器触头磨损率、运行时间、断路器分闸、合闸次数、脱扣次数、断路器分闸电流、不同负载率运行时长等设备维护和健康状态信息。

6）读取设备整定参数、设备内部的固件版本、设备型号、序列号和铭牌等信息。

7）通过可编程触点、模块进行本地或远程输出超限、报警和故障状态。

8）故障录波和故障记录，上传最近 10 次脱扣记录数据，包括脱扣时间、断路器状态和脱扣时故障电流值。框架断路器宜具备故障脱扣前后波形捕捉功能，并记录和上传。

9）控制功能可以通过 I/O 和通信实现，且能够根据现场需要关断通信控制功能。

10）电气参数越限预报警管理。

智能低压断路器采集了低压断路器本身固有的整定值、触头磨损、分合闸情况等参数，这些参数能更好地对断路器进行全生命周期管理及故障预警。因此低压智能断路器不但整合了智能电表功能，节约了配电柜内的空间，而且制造商将断路器本身的物理参数提取出来丰富了监控数据，提升了供电可靠性。

2. 低压变电所智能管理系统

航站楼一般设置电力监控系统完成对变电所及末端电气设备的监控，大型航站楼独立设置电力监控中心，小型航站楼可与其他功能中心合建。低压变电所智能管理系统是电力监控系统的一部分，相对独立地完成对变电所的监控。低压变电所智能管理系统有两层网络架构，由设备感知层、监视和控制层组成。变电所智能管理系统可独立控制、独立运行，一方面完成对低压变电所的就地监视和控制，另一方面具备标准的网络接口支持标准通信协议，可将自身监控功能集成到上层应用系统，系统如图 2-6-1 所示。

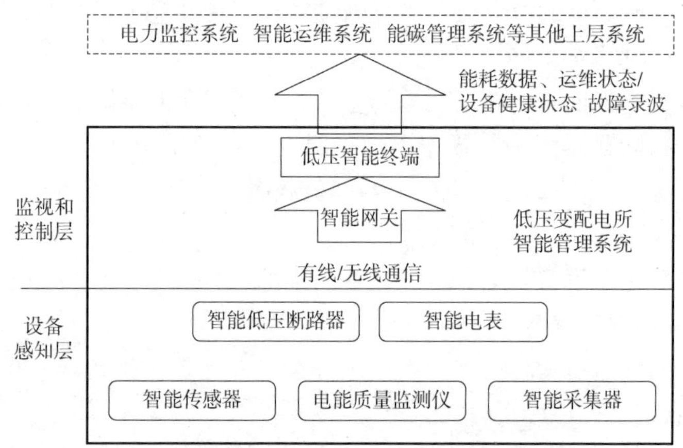

图 2-6-1　低压变电所智能管理系统

设备感知层由智能低压断路器、智能电表、智能传感器、智能传感器、电能质量监测仪和智能采集器等构成。现场感知层设备具备 RS485 或 RJ45 等标准通信接口，可直接通过网线接入低压智能终端，或通过 IP 网关将总线接口转换为以太网接口接入智能终端。通信协议采用供配电系统标准通信协议，如 Modbus RTU、Modbus TCP 等，数据传输可通过有线或无线方式进行。

3. 电源管理与控制系统（电源转换）

航站楼低压变电所内一般设两路市电电源，一路柴油机电源。变电所设置母联备自投装置控制三台断路器的分合，从而实现两路市电的转换，设置 ATSE 完成市电与油机电源的转换。现在产品制造商创新地将市电备自投装置与 ATSE 进行融合，产生了电源管理与控制系统，实现对低压不同电源的统一管理与控制，对低压负荷在不同工况下进行智能管理，满足各种工况下用电自动化的需求，同时利用数字化显示装置辅助运营管理。电源管理与控制系统由控制器的显示单元、控制器、与断路器对应的配电终端单元、执行断路器组成。

4. 电流方向保护

随着光伏发电系统越来越广泛的应用，光伏作为独立的电源引入了低压配电系统内，当短路点发生在光伏与市电之间时，流过断路器的电流存在两种方向，配电系统设计时应考虑电流方向性保护，此时应该选用带电流方向保护的断路器。

2.6.2 电力监控系统的创新技术

电力监控（Power Supervisory Control And Data Acquisition）由变电站智能终端、智能通信网络设备、计算机系统三大部分组成。电力监控系统诞生于20世纪90年代，随着智能终端技术、通信技术、计算机技术的高速发展，每一次设备技术的升级，都给电力监控带来质的飞跃。随着大数据、人工智能、互联网技术的发展，跨行业的新技术应用，给传统的电力监控系统设计带来了新的思路，围绕着无人值守的终极目标，改善现有的监控不足，电力监控系统有了多种创新应用。

1. 系统架构的技术创新

为适应无人值守的终极目标的实现，电力监控范围需在现有的基础上，完善电气设备的监控范围，增加包含无线测温、电能质量仪、楼层间的配电箱、UPS、有源滤波器等设备接入，同时还需完成变电所的动力环境（门禁、温湿度、消防、安防、漏水、空调、照明）监控，为无人值守奠定基础。为打破各子系统的数据壁垒，便捷运维，分步建设，易于扩展，电力监控平台需采用分布式架构、功能模块化原则进行设计，打造电气综合一体化监控平台；采用统一的SCADA数据库实现各系统数据的采集及存储，有利于实现不同子系统的数据联动，实现极简运维。系统架构如图2-6-2所示。

2. 数据存储及传输的技术创新

电力监控系统中需要存储的历史数据，包含模拟量数据、开关量数据、报警SOE事件、操作事件、系统运行日志等。目前电力监控系统均采用关系型数据库来存储，如Oracle、SQL Server、MYSQL等，存在存储效率低下、查询响应慢等特点，而且采用定周期存储（分钟级）会导致历史数据失真的问题。采用时序库+关系数据打造全息数据库，事件类历史数据由于涉及多维度信息，采用关系数据库存储，变化数据类主要与时间相关，可采用时间序

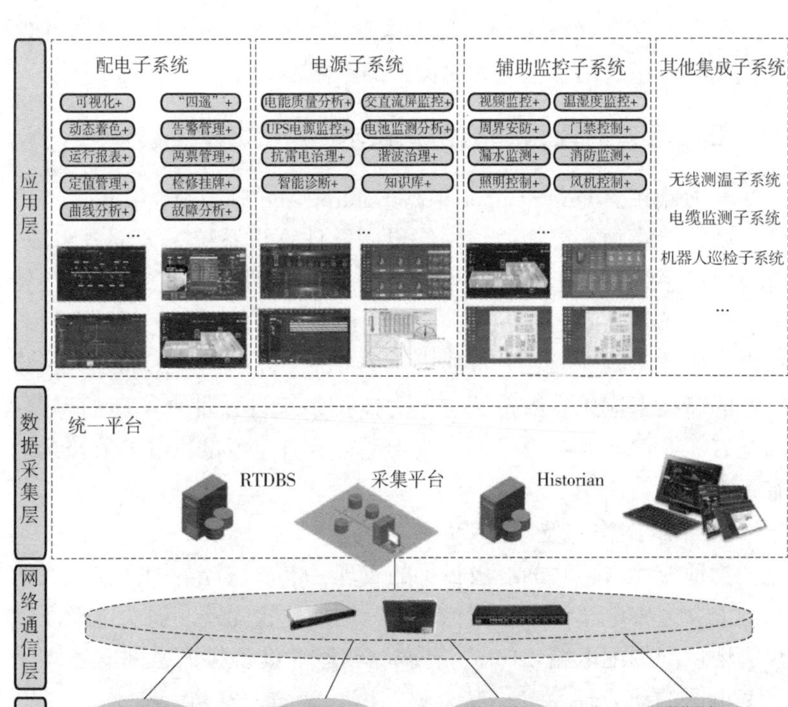

图 2-6-2　电力监控系统架构

列数据库（Time Serial Database，TSDB）进行存储，二者有效地结合，能够实现重要数据的变化存储，不丢失数据特征值，保证历史数据真实性，全息数据库同时具备高压缩率，能提升磁盘利用率。

航站楼电力监控系统数据传输依赖航站楼计算机网络系统，在通信出现故障时，中心平台的历史数据存在缺失，对大数据挖掘分析及智能运维造成影响，手动的补录也会存在工作量大、错误概率高的问题。将网络中断故障识别（包含故障发生到故障恢复）、子站系统的数据缓存、历史数据自动上传补录的三种技术结合，应用于当前的电力监控中，利用消息总线技术，实现中断期间的历史数据自动维护功能，保证中心历史数据的完整性及准确性。子站数据缓存技术可应用于就地计算机或前置通信管理机中，适应不同的子站监控结构。

3. 设备生命周期预警技术

随着智能终端技术的发展，新型传感器及在线检测技术的应用（如无线测温传感器、局放监测传感器、断路器机械特性在线监测等），低压智能断路器的应用让电力监控系统采集的与设备生命周期相关参数越来越丰富，历史数据存储的颗粒度越来越细。大数据的人工智能算法应用于电力监控系统，建立单体设备健康管理模型（如断路器健康模型、变压器健康模型、电动机健康模型、UPS 健康模型、电缆健康模型等），基于大量历史数据的持续模型训练，自动优化，提升预测准确率，实现对设备故障的预警，达到故障前的早期干预，避免突发设备故障引起的停电事故发生。

4. 智能运维技术创新

（1）异常工况的快速定位及极简操作

异常工况包含了电力故障、电网供电质量异常，故障处理过程相对比较繁琐，需要经历告警上报、故障分析确认、处理方案制定、操作票生成及审核、操作过程归档等多个环节。目前主要靠经验丰富的工程师、运维人员来实现。未来电力监控系统将结合智能告警的收敛算法（自动上传源头告警，解决多报警信息干扰）、视频摄像头或巡检机器人的联动控制（实时图像的传输关联，规避现场确认的过程环节）、基于专家库的故障处理预案的自动生成（智能协同）、工单移动端自动推送（移动运维，摆脱固定值班的限制）等功能，缩短故障处理时间，降低运维人员的专业需求，达到无人值守的目的。

（2）经济运行技术创新

航站楼供电系统越来越多地涉及充电桩、光伏、储能等新能源的应用，电力监控需要支持光储充的经济运行策略寻优算法，结合大数据的预测算法，融合需量控制技术、峰平谷经济运行控制技术、新能源发电调节技术、充电桩的柔性供电控制，实现供配电系统的经济运行，减少碳排放。

5. 信息安全的国产化适配

目前电力监控采用 X86 架构的合资品牌服务器，芯片大多为 INTEL、AMD，操作系统采用 Windows、Linux，数据库采用 Oracle、SQL Server、MYSQL 等国外数据库。为了规避国际供应链风险，满足国家信创要求，电力监控需要做国产化适配，服务器支持国产品牌，芯片采用海光、兆芯、鲲鹏等国产芯片；操作系统支持银河麒麟、华为欧拉等国产系统，数据库支持高斯、人大金仓等国产数据库。

2.6.3　站房无人巡检创新技术

1. 需求分析

随着社会发展水平的不断进步，变电所自动化水平也在不断提高，无人值守的场景也越来越普遍，与此同时变电所作为电力系统的关键所在，其安全性对人们的生产和生活都有着十分重要的影响，其安全巡检工作一直是重中之重。随着国家推广力度的增加，智能巡检装置的应用也越来越广泛，无人巡检也是未来变电所主要用到的巡检方式。

2. 技术方案介绍

变电所建设的智能巡检系统可以根据预先设定的巡检内容、时间、周期、路线等参数信息，自主启动完成例行巡检任务；可以根据报警级别、事项来源等分类存储并实现智能告警，有效地减轻运维人员工作量，提高巡检效率。

智能巡检装置根据现场环境可选择地面自主行走装置、挂轨式装置。智能巡检系统搭载高清摄像机，采用激光导航或 RFID（轨道式）定位技术，定时自动开始巡检，按照设定的路线行走，在各个监控点采集表计读数、设备工作温度，实时处理分析后反馈至客户端软件，并对装置自身状态进行实时监测并反馈。智能巡检系统可对全站设备及环境进行检测，进行全天候巡检、局放监测、状态判别、智能读表、图像识别、视频监控、环境监测、红外测温、数据报表分析、异常预警及联动处置，在发生异常紧急情况时，智能巡检装置可作为移动式智能物联终端，代替人工及时发现和查明设备故障，降低人员的安全风险。

3. 系统构成

（1）系统架构

智能巡检系统架构如图 2-6-3 所示。

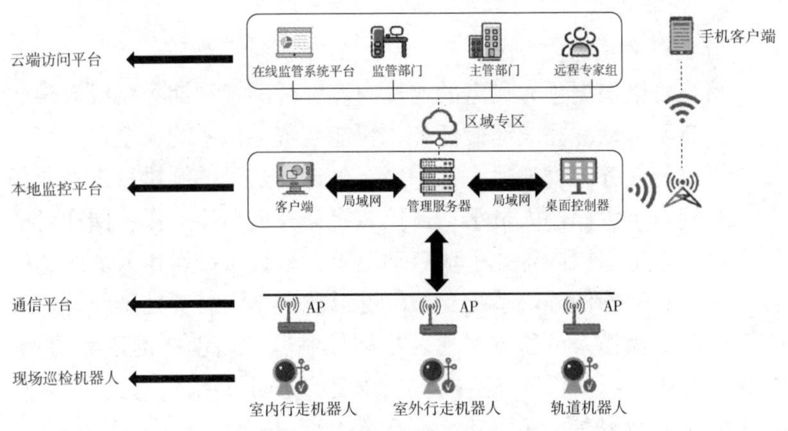

图 2-6-3　智能巡检系统架构

（2）现场巡检装置

室内行走装置采用双差速轮驱动，配以四个万向轮辅助支撑。机身配有云台升降装置，云台内装备高清摄像机、高灵敏度红外热成像仪，还可搭载不同类型的传感器设备。

室外行走装置采用四轮驱动系统，充分适用室外行走路面环境。机身整体巡视功能与室内行走装置保持一致。

轨道式行走装置采用精密齿轮与安装在导轨上的齿轮带配合行走，精准定位，机身配有伸缩支臂。机身整体功能与室内行走装置保持一致。

（3）通信平台

通信系统由无线通信网络和有线通信网络组成。室内主要以无线 AP 为主要设备建立无线网络环境，无线 AP 采用有线连接的方式接入本地局域网。装置通过自身携带的内置天线接入该无线网络，与后台服务、本地监控平台、远程集控平台等系统通信。

（4）监控平台

监控平台可以本地部署也可基于云端部署，具体需要根据用户需求确定。应该注意对于云端部署可能涉及生产商的云平台服务，会对数据保密、后期运维带来一定风险。

4. 功能概述

（1）任务巡检

系统可以根据预先设定的巡检内容、时间、周期、路线等参数信息，自主启动并完成巡检任务，智能装置巡检系统在全自主巡检模式下执行任务时，如遇人工干预，可选择是否继续执行未完成任务。系统也可由操作人员手动遥控装置，完成巡检工作；同样可由操作人员选定巡检内容并手动启动巡检，系统可按操作人员所选内容自主完成巡检任务。系统支持一键返航，不论装置处于何种巡检状态，只要操作人员通过本地客户端控制软件启动一键返航功能，装置立即中止当前任务，并按预先设定的策略返回。

（2）检测功能

智能巡检装置自身搭载高清摄像机，当装置到达检测点时，控制云台的升降、旋转，可实现近距离观察或拍摄柜体表面各种开关分合状态及指针式仪表、数字式仪表、工作指示灯等数据信息，同时支持实时视频的录像与回放。

智能巡检装置一般搭载红外检测设备，采用非接触式柜外测温，通过一段时间对柜外测量数据的积累和分析，可自主学习柜外温度与柜内温度的关联度，计算出柜内相对准确的实际温度。如遇柜内异常升温会自动报警。

智能巡检装置的局放检测一般有两种方式，分别为暂态地电压TEV传感器与超声波传感器方式。TEV传感器可检测出柜内局部电气设备接地外壳中激励的频率为3～100MHz的放电信号，特点是受外界干扰小，可以提高设备局放检测的可靠性，灵敏度高。超声波传感器方式可检测出局部放电时产生的频率在20kHz以上人耳听不到的声波，可有效定位放电源，特点是不受电气干扰，但易受周围环境、设备机械振动的影响。两种检测方法可同时选用，通过对检测数据的分析，判断柜内局放情况。

智能巡检装置支持温湿度、气体、噪声等环境传感器接入，实现对变电所内不同区间和位置的气体实时分析，实现对变电所内不同区间和位置的温湿度的测量，分辨出环境噪声的音量大小和环境噪声的频率成分，从而实现对设备故障异响进行分析和定位。

智能巡检装置需与用户电力监控系统进行集成，将自身监控数据上传电力监控系统，辅助电力监控系统判断故障，提示运维值班人员决策。智能巡检装置需能接收电力监控系统命令，在电力监控系统检测到故障或异常情况时驱动巡检装置到相应的设备前，通过搭载的各种传感器对故障情况进行复核和定位，从而替代人工进行现场复核检查，最终实现变电所的无人值守。

智能巡检装置可通过图像及人脸识别技术，识别和警告外来入侵人员，及时进行语音驱赶并上报监控中心。对现场作业人员的操作进行监控，及时发现违规行为，根据结果上报监控中心并记录违规行为视频等数据，达到整体增加变电所安全性的目的。

巡检装置搭载高清视觉摄像头和多种环境传感器，通过实时监测墙壁、顶棚及风管不同区域、点位的温湿度变化和 AI 智能识别，可监测变电所的漏水和积水情况。

第3章　自备电源系统

3.1　概述

3.1.1　自备电源的原则、种类及选择

根据《重要电力用户供电电源及自备应急电源配置技术规范》（GB/T 29328）的有关规定，国际航空枢纽、地区性枢纽机场及一些普通小型机场等民用运输机场均属于重要电力用户的范围，其供电电源应包括主供电源和备用电源，自备应急电源类型见表3-1-1。

表3-1-1　自备应急电源类型

序号	自备电源分类	电源名称
1	自备电厂	
2	发动机驱动发电机组	1）柴油发动机发电机组 2）汽油发动机发电机组 3）燃气发动机发电机组
3	静态储能装置	1）UPS 2）EPS 3）蓄电池 4）超级电容
4	动态储能装置	
5	移动发电设备	1）装有电源装置的专用车辆 2）小型移动式发电机

目前航站楼内自备应急电源主要采用柴油发电机组、UPS 电源和 EPS 电源。在配置应急电源时，应根据航站楼的规模大小和负荷特点选用其中一种自备电源独立使用，或多种自备电源配合使用。根据不同负荷对供电电源中断时间要求不同，应选择相应的应急电源，详见表 3-1-2。

表 3-1-2　不同负荷的应急电源选择

<table>
<tr><th colspan="2">负荷等级</th><th>供电措施</th><th>应急电源分级</th><th>负荷名称</th></tr>
<tr><td colspan="2">特级负荷</td><td>由 UPS 和柴油发电机作为应急电源，双重电源供电，末端互投，两路电源来自两台变压器的不同低压母线段，其中一个母线段为应急母线段</td><td>0 级</td><td>安防等防灾用电设备；信息及弱电系统；信息弱电主机房(PCR)、弱电汇聚机房、弱电间、航站楼运控中心内设备；离港系统工作台(值机岛)、登机口工作台、旅检系统工作台、航班信息显示及时钟系统、边防、海关的安全检测设备、信息弱电主机房专用空调、行李控制系统</td></tr>
<tr><td rowspan="4">一级负荷</td><td rowspan="4">消防负荷</td><td>由 UPS + 柴油发电机组作为备用电源，双重电源供电，末端互投，两路电源来自两台变压器的不同低压母线段，其中一个母线段为消防备用电源母线段</td><td>0 级</td><td>与消防有关的各监控系统用电(火灾自动报警及联动系统、消防电源监控、防火门监控系统、预压监控、电气火灾监控等)</td></tr>
<tr><td rowspan="2">由集中蓄电池 EPS 和柴油发电机组作为备用电源，双重电源供电，末端互投，两路电源来自两台变压器的不同母线段，其中一个母线段为消防备用电源母线段</td><td>0.15 级</td><td>人员密集场所的消防应急照明及疏散指示系统</td></tr>
<tr><td>0.5 级</td><td>办公区、机房区的消防应急照明及疏散指示系统</td></tr>
<tr><td>由柴油发电机作为备用电源</td><td>15 级</td><td>消防水泵(消火栓泵、喷洒泵、大空间灭火泵、稳压泵)；消防风机(排烟风机、补风机)；电动排烟窗；防火卷帘、电动挡烟垂壁；消防电梯等</td></tr>
</table>

（续）

负荷等级		供电措施	应急电源分级	负荷名称
一级负荷	非消防负荷（需要提供备用电源的）	由柴油发电机作为备用电源，双重电源供电，末端互投，两路电源来自两台变压器的不同母线段，其中一个母线段为非消防备用电源母线段	15 级	VIP/CIP 照明用电；海关大厅、行李大厅、值机大厅、出站大厅、候机厅、行李处理区的备用照明负荷（正常照明的 20%）；行李分检控制室；变电所所用电源；航空障碍照明；旅客用电梯（直梯）；活动登机桥电源、机坪机务用电；机坪高杆照明；部分行李系统

3.1.2 本章主要内容

本章重点阐述航站楼内常用的几种自备应急电源即柴油发电机组、UPS 和 EPS 的选择、配置及技术要求，针对不同的负荷类型提供多种应急电源的组合方案，并介绍部分应急电源的创新技术。

3.2 柴油发电机系统

3.2.1 机组选型

柴油发电机机组作为一种可靠的备用电源设备，能够在主电源故障时迅速启动，确保关键设施和服务的连续运行，在航站楼设计中被广泛应用。柴油发电机组的选择，应充分考虑负荷特性、容量需求、运维成本、柴油获取途径、配电系统方案及运维管理等因素，选择相应的柴油发电机组及应急供电方案。

1. 根据性能等级选择

柴油发电机组的性能等级划分是基于其对电压、频率和波形特性的要求来划分的，以满足不同类型负荷的需求。根据《往复式内燃机驱动的交流发电机组》（GB/T 2820.1）规定，对柴油机组性能等级划分为四级，见表 3-2-1。

表 3-2-1　柴油发电机组性能等级

性能等级	适用的发电机组用途	负荷类别
G1	只需规定其基本的电压和频率参数的连接负载	一般用途(照明和其他简单的电气负载)
G2	对电压特性与公用电力系统有相同要求的负载。当负载发生变化时，能有暂时的然而是允许的电压和频率的偏差	照明系统;泵、风机和卷扬机
G3	连接的设备对发电机组的稳定性、频率、电压和波形特性有严格的要求	电信负载和晶闸管控制的负载
G4	对发电机组的稳定性、频率、电压和波形特性有特别严格要求的负载	数据处理设备或计算机系统

根据表 3-1-2 可知，航站楼中需要由柴油机供电的负荷类别可参见表 3-2-2。

表 3-2-2　航站楼柴油机供电负荷类别

负荷分类		设备举例
非消防负荷	晶闸管控制的负载、电信负载	LED 航显屏、LED 标识、TOC 监控中心、通信机房
	数据处理设备或计算机系统	IDF 间、汇聚机房、PCR 机房、行李监控系统
	照明系统、电动机类	LED 备用照明、行李系统①、活动桥旋转电源、客梯
消防负荷	电动机类	风机、水泵、消防电梯、卷帘门、排烟窗
	晶闸管控制的负载	应急疏散照明
	计算机系统	火灾报警系统

①当行李系统用电负荷计入柴油发电机容量时，不应按行李系统全部负荷计入柴油机容量，应结合行李系统工艺设计和业主运营需求，在市电失电时，确保机场基本运营条件下，行李系统的最小运行负荷，并将此部分负荷计入柴油机容量，一般为行李系统设备容量的 50% ~60%。

根据表 3-2-2，当柴油发电机所带负荷以照明和电动机类负荷为主时，选用G2级柴油发电机，所带负荷以晶闸管控制的负载或电信负载为主时，选用G3级，为数据机房配置的柴油发电机应选用G4级柴油发电机。当所带负荷包括G2级和G3级的负载类型时，应根据不同等级负载容量的大小，经济比较后确定，当选择较低的G2级时，为满足G3级负荷对电压、频率稳定性的要求，宜配置稳压设备，如UPS电源。

2. 根据柴油发电机组的容量选择

（1）容量计算

在不同设计阶段，柴油发电机容量可根据《民用建筑电气设计标准》（GB 51348）的规定进行选择。结合航站楼负荷特点，柴油发电机组除为特级负荷提供应急电源外，还需为保障机场基本运营负荷提供备用电源，因此在方案和初步设计阶段，航站楼柴油发电机组容量可按配电变压器总容量的10%～20%进行估算；当负荷中含有大容量电动机负载，且允许发动机端电压瞬时压降为20%时，发电机组直接启动异步电动机的能力应按每1kW电动机功率需要5kW柴油发电机组功率校核，当电动机降压启动或软启动时，由于启动电流减小，柴油发电机容量也按比例相应减小。在施工图设计阶段，可根据特级负荷、运营保障负荷、消防负荷（有些地区要求消防负荷接入柴油发电机），按下述方法计算并选择其中容量最大者：

1）按稳定负荷计算发电机容量：

$$S_{G1}=\frac{P_{\Sigma}}{\eta_{\Sigma}\cos\phi} \tag{3-2-1}$$

式中 S_{G1}——按稳定负荷计算的发电机视在功率（kVA）；

P_{Σ}——发电机总负荷计算功率（kW）；

η_{Σ}——所带负荷的综合效率，一般取$\eta_{\Sigma}=0.82\sim0.88$；

$\cos\phi$——发电机额定功率因数，一般取$\cos\phi=0.8$。

2）按尖峰负荷计算发电机容量：

$$S_{G2}=\frac{K_J}{K_G}S_M=\frac{K_J}{K_G}\sqrt{P_M^2+Q_M^2} \tag{3-2-2}$$

式中 S_{G2}——按尖峰负荷计算的发电机视在功率（kVA）；

K_J ——因尖峰负荷造成电压、频率降低而导致电动机功率下降的系数，一般取 $K_J=0.9\sim0.95$；

K_G ——发电机允许短时过载系数，一般取 $K_G=1.4\sim1.6$；

S_M ——最大的单台电动机或成组电动机的启动容量（kVA）；

P_M —— S_M 的有功功率（kW）；

Q_M —— S_M 的无功功率（kvar）。

3）按发电机母线允许压降计算发电机容量：

$$S_{G3}=\frac{1-\Delta U}{\Delta U}X_d'S_{st\Delta} \tag{3-2-3}$$

式中 S_{G3} ——按母线允许压降计算的发电机视在功率（kVA）；

ΔU ——发电机母线允许电压降，一般取 $\Delta U=0.2$；

X_d' ——发电机瞬态电抗，一般取 $X_d'=0.2$；

$S_{st\Delta}$ ——导致发电机最大电压降的电动机的最大启动容量（kVA）。

（2）根据计算容量选择柴油发电机组功率

柴油发电机组的功率定额是指在额定频率、功率因数 $\cos\phi$ 为 0.8（滞后）下用千瓦（kW）表示的功率。根据《往复式内燃机驱动的交流发电机组》（GB/T 2820.1）的定义，柴油发电机组共有六种功率定额种类，分别为持续功率（COP）、基本功率（PRP）、限时运行功率（LTP）、应急备用功率（ESP）、数据中心功率（DCP）和小功率发电机组的最大功率（MAX），见表 3-2-3。

表 3-2-3　机组的功率定额种类及定义

功率定额种类	定义
持续功率（COP）	在商定的运行条件下并按制造商规定的维修间隔和方法实施维护保养，发电机组每年运行时间不受限制地为恒定负载持续供电的最大功率
基本功率（PRP）	在商定的运行条件下并按制造商规定的维修间隔和方法实施维护保养，发电机组每年运行时间不受限制地为可变负载持续供电的最大功率。注：除非往复式内燃（RIC）机制造商另有规定，在 24h 周期内的允许平均功率输出 P_{pp} 应不大于 PRP 的 70%

（续）

功率定额种类	定义
限时运行功率（LTP）	在商定的运行条件下并按制造商规定的维修间隔和方法实施维护保养，发电机组每年供电达500h的最大功率。注：按100%限时运行功率（LTP）每年运行时间最多不超过500h
应急备用功率（ESP）	在商定的运行条件下并按制造商规定的维修间隔和方法实施维护保养，当公共电网出现故障或在试验条件下，发电机组每年运行达200h的某一可变功率系列中的最大功率
数据中心功率（DCP）	在无限制运行时间的条件下，发电机组能为可变或连续电力负载提供的最大功率。根据供应地点和可靠市电的供应情况，发电机组制造商有责任确定他能够提供何种功率水平来满足这一要求，包括硬件或软件或维护计划的调整
小功率发电机组的最大功率（MAX）	通过发电机组输出电流和电压相乘而得出的功率，在此功率下发电机组至少可输出5min。规定的输出电压应在额定电压的±10%以内，规定的输出频率应在额定频率的±8%以内。功率额定值（COP）和最大功率（MAX）之间的最小比率应为$P_{额定}/P_{最大} \geqslant 0.75$

柴油发电机功率选择均以持续功率（COP）为基础功率，其余功率为在此基础上的强化功率，通过限制使用时间、平均负载、降低寿命和可靠性来提高最大输出功率。

3. 柴油发电机组的输出电压选择

柴油发电机组输出电压常见的有0.4kV、6.6kV和10kV，在航站楼的设计中，输出电压为0.4kV的柴油发电机较为常见，也有部分航站楼采用了10kV电压等级供电；在航站楼运控中心因数据机房负荷容量大且集中，通常选用输出电压为10kV的柴油发电机组供电，由柴油发电机供电的负荷可参见表3-2-2。

高压机组和低压机组的发电原理基本相同，区别主要在于出口电压和电流。相同功率的发电机组，高压机组出口电流小，所需的电缆截面小，但所有配电装置均采用高压系统，还需单独设置接地系统，造价略高，更适合于大容量的系统。低压机组出口电流大，电压低，配电系统更为简单，但供电距离较短，线路电压损失明显，适用与单机或小容量的系统。高、低压机组配电系统特性比较可参见表3-2-4。

表 3-2-4　高、低压机组配电系统特性比较

类别	低压油机应急电源系统	高压油机应急电源系统	
		低压联络	高压联络
单机容量	不宜超过 1600kW	不宜超过 2400kW	不宜超过 2400kW
系统特点	分区设置 0.4kV 柴油发电机组，系统简单可靠，机房分散，相应的进排风口、排烟口较多，维护量大，运维成本高	集中设置 1～2 处高压柴油机房，每个变电所设置应急电源变压器，在低压侧与正常电源互投。系统复杂，增加高压柜、高压电缆、变压器等设备，配电级数增加，系统可靠性降低，对运维人员要求高，机组故障影响面积大	集中设置 1～2 处高压柴油机房，每个变电所设置高压应急母线段，在高压侧与正常电源互投。系统相对简单，但需要征得供电部门同意，增加高压电缆，可以满足柴油机的冗余配置，提高供电可靠性，对运维人员要求高，机组故障影响面积大
供电距离	受电压波动限制，一般不宜超过 400m	可长距离输电	可长距离输电
线路损耗	线路损耗大，即使在放大线缆截面后也不一定理想	线路损耗小	线路损耗小
接地系统	不需要单独设置；只有单台机组时，发电机中心点应直接接地；多台机组并列运行时，每台机组中心点均应经刀开关或接触器接地	需单独设置；宜采用中性点经低电阻接地或不接地方式；经低电阻接地的系统中，多台发电机组并列运行时，每台机组均宜配置接地电阻	需单独设置；宜采用中性点经低电阻接地或不接地方式；经低电阻接地的系统中，多台发电机组并列运行时，每台机组均宜配置接地电阻
配电系统及电源切换	断路器和 ATS 均为低压产品，技术成熟，切换点位多，因低压断路器额定电流的限值，柴油发电机容量不宜过大	需配置高压柜，在变电所配置变压器，电源切换仍在低压侧完成，断路器和 ATS 均为低压产品，技术成熟，切换点位多，柴油机启动条件复杂	断路器、转换开关均为高压产品，在高压配电室做集中切换，需要设置综保系统或 PLC 控制系统，切换点位少
启动时间	应在 30s 内供电	应在 60s 内供电	应在 60s 内供电

（续）

类别	低压油机应急电源系统	高压油机应急电源系统	
		低压联络	高压联络
并机运行	并机后总容量不宜超过3000kW。应急柴油发电机组并机台数不宜超过4台，备用柴油发电机组并机台数不宜超过7台	应急柴油发电机组并机台数不宜超过4台，备用柴油发电机组并机台数不宜超过7台	应急柴油发电机组并机台数不宜超过4台，备用柴油发电机组并机台数不宜超过7台
后期维护	流程相比高压机组简单，但建筑面积越大，机房设置数量越多，维护成本越大	有高压设备和低压设备，维护流程复杂，但机房位置相对集中，数量少，配电级数增加，可靠性降低	均为高压设备，对维护要求高，需持证上岗，但机房位置更为集中，数量少，整体工作量较少
服务范围	受供电距离限制，服务范围有限，当建筑设置多处柴油发电机组时，每一处故障时对整体影响小	供电范围大，当柴油发电机机组和高压线路故障时，影响范围大	供电范围大，当柴油发电机机组和高压线路故障时，影响范围大
适用场所	需要保障的用电负荷设置分散，容量小，集中设置柴油机组供电半径过长，柴油发电机不需要考虑冗余的场所	较少使用，不推荐	保障性负荷容量大，且集中，对柴油发电机有冗余要求的场所

3.2.2 柴油发电机组配电系统形式

1. 0.4kV 柴油发电机组应急电源系统

0.4kV 柴油发电机组的应急电源系统形式比较常见，根据负荷的容量和特性可以设置一个或多个应急母线，也可以同时为多个变电所供电。当柴油发电机组在双重 10kV 电源都失效时，可以为特级负荷提供应急电源，也可以为消防负荷或运营要求的负荷提供备用电源。柴油发电机与市电切换的位置可视容量大小和负荷性质决定，当保障负荷集中且容量较大时（如 PCR 机房），柴油机与市电可在变压器低压总进线处切换，详见图 3-2-1；当保障负荷设置分散且容量较小，可在低压侧设置应急母线段，并在母线段电源进线处进行切换，详见图 3-2-2。

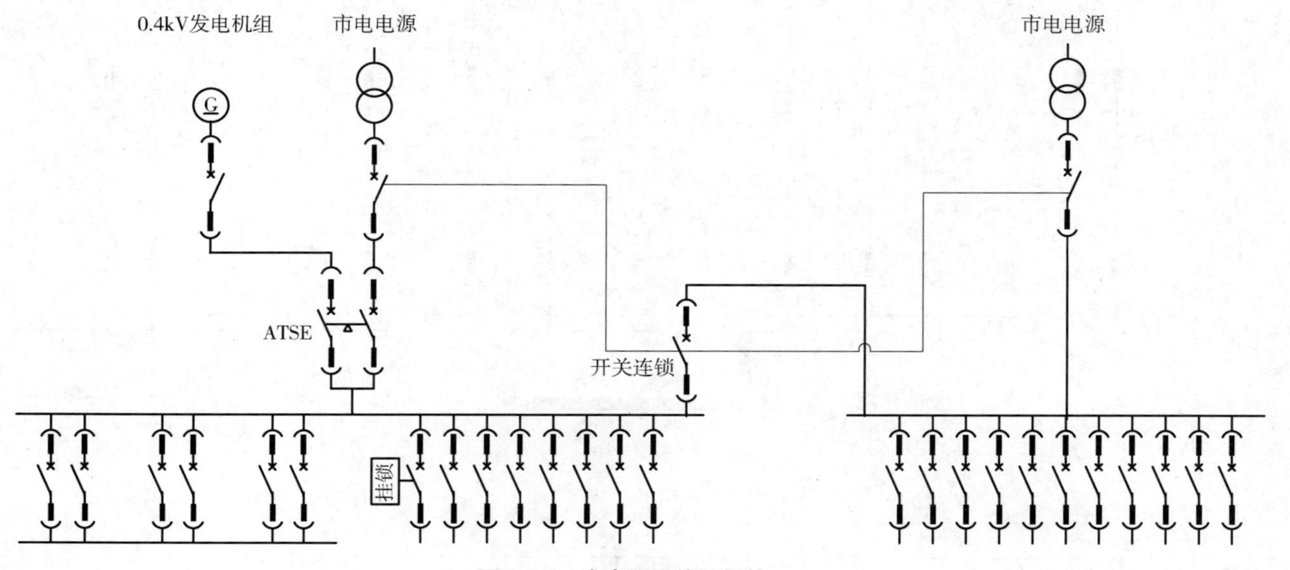

图3-2-1　在电源进线处切换

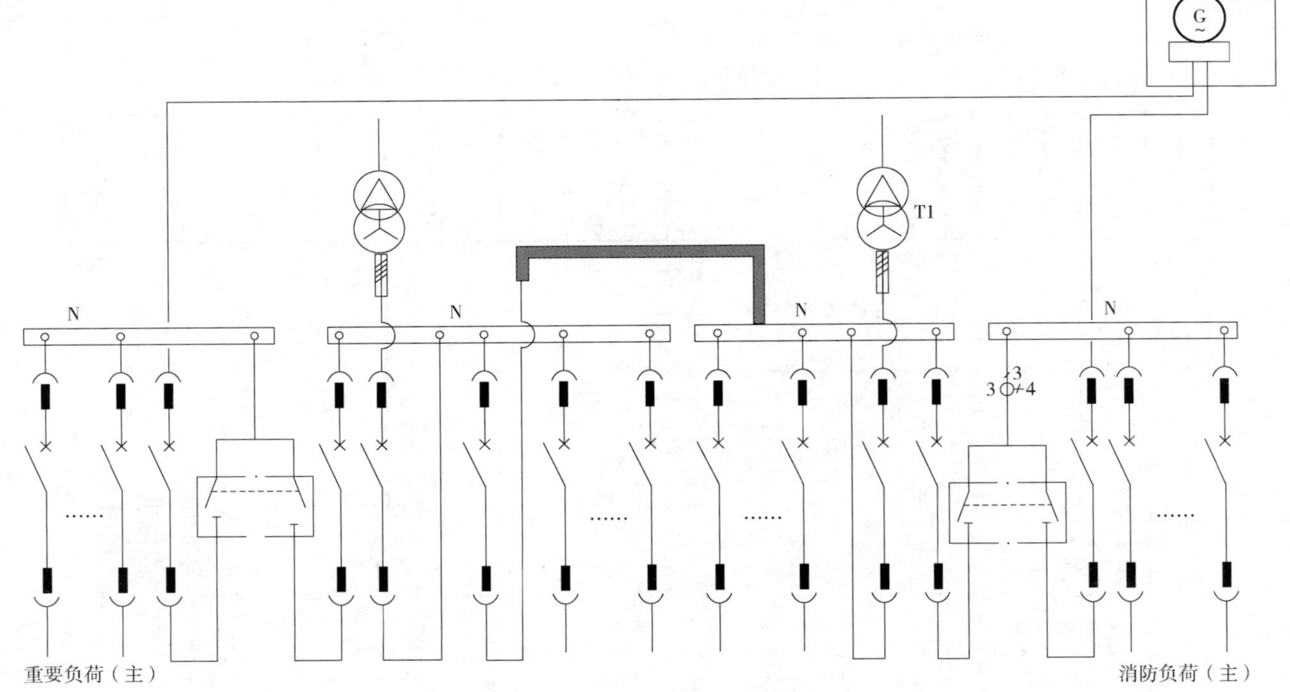

图3-2-2　在应急母线处切换

由于1600kW及以上柴油发电机组大都是进口机组，价格较高，选用两台小容量柴油发电机组，既能满足规范中功率不宜超过1600kW的要求，也可以提高供电电源的可靠性。在运行的经济性上，采用并机系统比单机系统使用更为灵活，具有一定的冗余性。当负荷容量小时，可以通过控制器只启动一台柴油机组，避免大容量机组低负荷运行，也可以杜绝两台柴油机组同时启动低负载运行的情况，提高柴油机组的使用效率，详见图3-2-3。多台机组并机总电流不宜大于5000A，并应选择型号、规格和特性相同的机组与配套设备，当容量大于2200kW时，应与高压油机做经济比选。

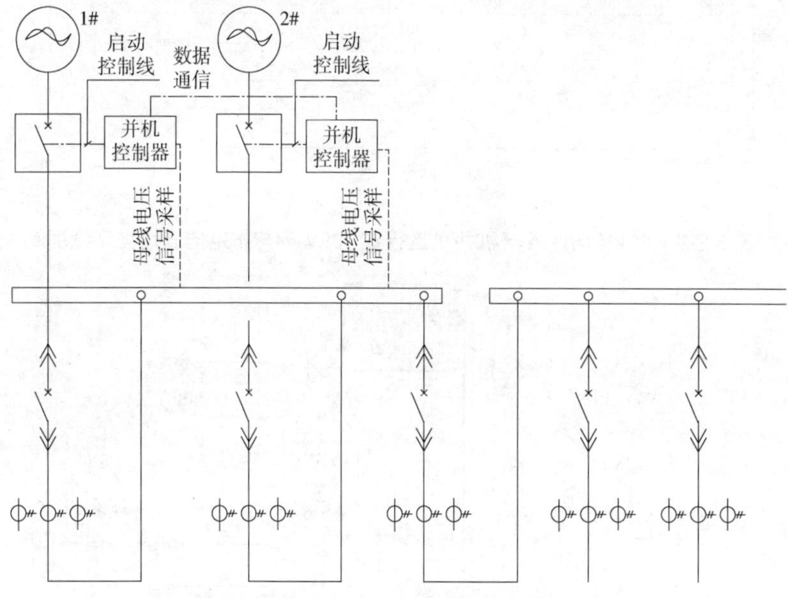

图3-2-3　两台柴油发电机并机运行示意图

2. 10kV柴油发电机组应急电源系统

当采用低压柴油发电机组经济性不佳时，应采用10kV高压柴油发电机组作为备用电源。当保障负荷集中设置时，如大型数据机房，10kV柴油发电机组提供的10kV备用电源可以在10kV开关站接入高压系统，如图3-2-4所示；当应急电源相对集中，设置在多处时，可采用10kV柴油发电机组并机，在各变电所设置应急变压器，如图3-2-5所示。

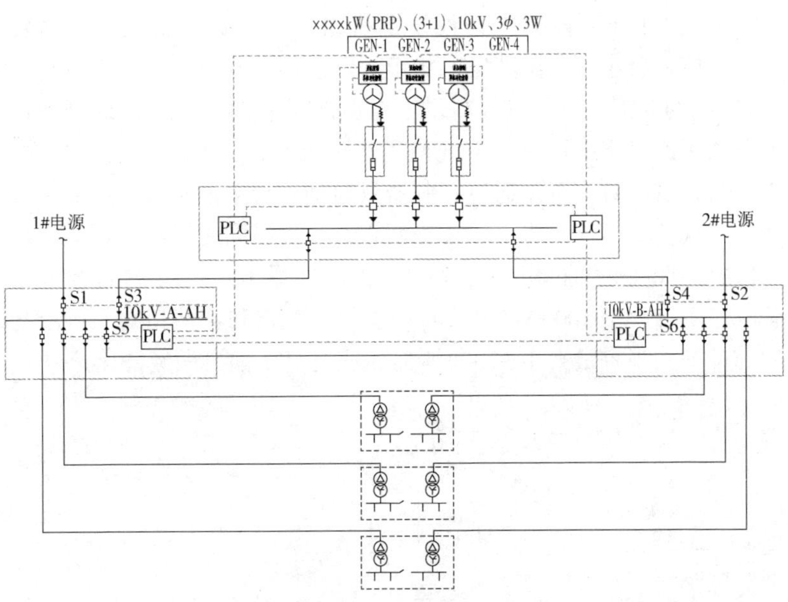

图 3-2-4　10kV 柴油发电机并机运行在 10kV 侧与市电电源切换示意图

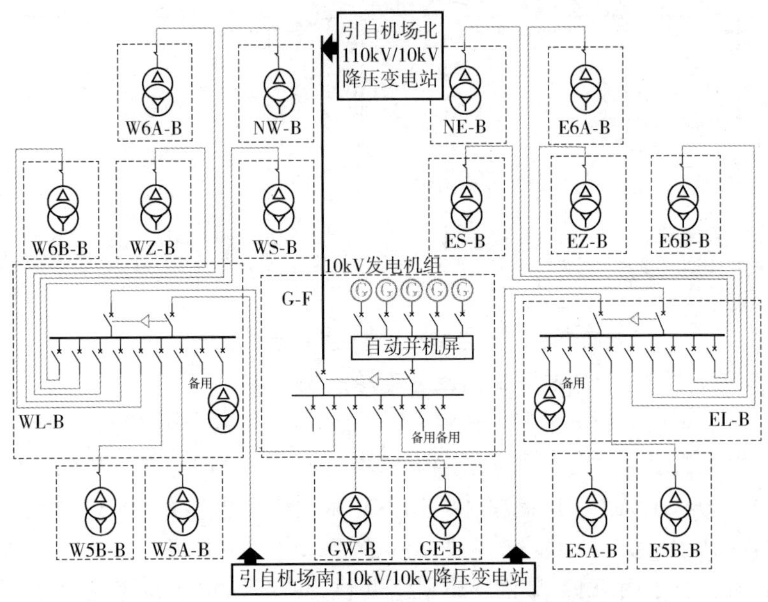

图 3-2-5　10kV 柴油机供电设置专用应急变压器接线示意图

3. 柴油发电机的启动、停机条件

1）柴油发电机启动信号取自相关变电所应急母线段接驳的两台变压器低压侧总进线处的电压信号，当正常供电电源中有一路中断供电时，信号延时 0～10s（可调），应能自动启动发电机组，低压柴油发电机组在 30s 内达到额定转速、电压、频率，高压柴油发电机组在 60s 内达到额定转速、电压、频率，当正常电源全部中断供电后，柴油发电机投入运行。

2）柴油发电机电源与市电电源之间应采取防止并列运行的措施，当市电恢复 30～60s（可调）后，自动恢复市电供电，柴油发电机组经冷却延时后，自动停机。为保证供电系统的可靠性，供给应急母线段上的 ATS 转换开关宜采用自投不自复功能，即当 ATS 由市电端切换至油机电源端后，柴油发电机正式投入使用，在柴油发电机投入运行使用中，即便市电电源恢复正常，ATS 也不会自动切换，避免二次停电带来的危害，从而提高应急供电系统的可靠性，若需切换至市电端时，可通过手动转换功能实现。

3）柴油发电机组在火灾状态下供电时，应能自动切除该柴油发电机组所带的非消防负荷。

4）柴油发电机馈电线路连接后，两端的相序与原供电系统的相序应保持一致。

5）火灾状态下柴油发电机组应能保证 3h 供电，为特级负荷供电时，应能保证特级负荷持续运行的时间要求，为满足运营要求提供备用电源时，应根据运营要求确定供电时间，当日用油箱不能满足运行时间的要求，应由外部供油车供油，并具备储油量低位报警和显示功能。

6）多台柴油机并机运行时，应选择型号、规格和特性相同的机组和配套设备。

7）发电机组需配备发动机启动电动机，发动机由 24V 直流运转，可手动或自动启动，并配置切断开关。发电机启动控制设备应能将供电的电池充电器切断，以免启动时过载。启动电动机需具有足够的功率，且为非滞留型。启动设备需配置可自动断开启动电动机的启动失败装置。当发动机在预定时间不能启动时，可自动断开，避免电池组不适当放电。

8）柴油发电机标称功率为主用功率时，应能满足最大运行负荷满载运行。

9）应急柴油发电机组与正常电源之间，应采取可靠的防止并列运行的措施，即采用“先断后合”方式。

10）柴油发电机组宜选用快速启动型，采用转速为1500r/min高速机组。

11）柴油发电机组可设置全数字化电子监控管理系统，保证发电机控制精度满足要求，实现启动、负载突变状态下迅速响应。

3.2.3 柴油发电机房设置原则

1）柴油发电机房设置在航站楼内时，宜设置在空侧首层，并靠近变电所。

2）柴油发电机房应尽量避免设置在人员密集场所正下方或与其贴临，当无法避开时，应采取隔离、减振、降噪等措施。

3）进排风、排烟条件：进排风百叶面积应根据所选机组功率确定，热风管出口的面积不宜小于柴油机散热器面积的1.5倍；进风口面积不宜小于柴油机散热器面积的1.8倍；进风百叶和排风百叶之间的距离应满足暖通专业的最小要求。柴油发电机设置在空侧时，排烟管道在机房内经过处理后经侧墙直接排向空侧，并满足环保要求，烟囱温度在350～550℃，为防止烫伤和减少辐射热，烟囱管宜进行保温处理，通常安装高度不小于3m，如图3-2-6所示。

图3-2-6　送排风、排烟条件

4）储油设施：由于航站楼内柴油发电机房大都设置在空侧区域，鉴于飞行区的安全和空间条件限值，通常柴油发电机组都采用在室内设置 $1m^3$ 储油间，在外墙预留注油孔的方式，由柴油车提供后续柴油，设计阶段应规划柴油车的运输路径，运输通道上安检口的位置尺寸。

5）与其他专业的关系：

①建筑：应采用耐火极限不低于 2.00h 的防火隔墙和 1.50h 的不燃性楼板与其他部位分隔，门应采用甲级防火门。储油间应采用耐火极限不低于 3.00h 的防火隔墙与发电机间分隔，确需在防火隔墙上开门时，应设置甲级防火门。

②结构：运输路径的荷载需提供给结构专业。当设有运输吊装孔时，吊装孔上方要有足够的吊装设备空间，如设有吊钩需满足最终设备吊装荷载要求。

③设备专业：设置火灾报警装置；设置灭火设施；每台柴油发电机的排烟管单独引至排烟道，在机房内架空敷设，排烟管与柴油机排烟口连接处装设弹性波纹管，非增压柴油机在排烟管装设消声器。两台柴油机组不共用一个消声器，消声器应单独固定。

6）设备运输条件：要满足最大电气设备的运输要求，运输通道尺寸参考柴油机最大不可拆卸部件宽度加 0.3m，高度加 0.5m 考虑，且应留有设备转弯空间。受限时也可采用预留安装洞的方式。机房高度按机组安装或检修时，利用预留吊钩用手动葫芦起吊活塞、连杆、曲轴所需高度选择。

7）外接条件预留：在一层外墙设置快速输油接油口，距地 1300mm 安装；储油间预留输油管、透气管引出室外，具体规格结合实际工程确定。输油管做好接地和防静电措施。需要预留外接柴油发电车条件时，在负载端预留电缆连接端口，柴油车自带电缆长度为 50～100m，柴油车端采用快速插头连接。

3.2.4 设计要点

1）柴油发电机应根据负荷特点确定机组输出电压等级和柴油发电机机房位置，必要时应对安全性和经济性进行柴油发电机系统方案必选。

2）因柴油发电机组有爆炸风险，在选择柴油发电机机房位置时，应避免将柴油发电机机房设置在候机大厅、安检大厅、到达大厅等人员密集场所的正下方或隔壁房间。选用低压机组时，机房应结合建筑设置，且柴油发电机组位置需要尽量靠近变电所。选择高压机组时，应结合具体情况，合理确定柴油发电机机房设置位置，既可以与建筑合并设置，也可以远离建筑单独设置，减少柴油发电机机房对建筑主体的影响，但应规划柴油发电机高压电缆敷设路由并确保路由的可靠性。

3）施工图阶段需要根据设置方案进行深化设计，同时需要复核机房上方有无卫生间、厨房、空调机房、水泵房等有水房间。

4）对应急母线段路由应进行详细规划，尽量缩短线路长度，在满足供电要求的同时，减小对走道、公共区域空间高度的影响。

5）当柴油发电机机房内仅设置 $1m^3$ 储油间时，应在机房外设置注油口和柴油发电车停靠位置，并提前规划柴油发电车在空侧的行车路线。

3.3 不间断电源系统（UPS、EPS）

3.3.1 UPS 功能及选型

1. UPS 电源系统的功能

不间断电源系统（Uninterruptible Power Supply，UPS）是一套含有电源切换装置、储能装置的供电电源系统，它主要用于为部分对电源稳定性要求较高的设备提供不间断电源。因航站楼内含有大量对电源持续供电要求高的保障性负荷，因此 UPS 被广泛应用。UPS 的主要功能包括以下几个方面：

（1）瞬时应急电源转换功能

瞬时应急电源转换功能是 UPS 最主要的功能。当市电输入正常时，UPS 将市电稳压后供给负载使用，此时的 UPS 既是一台电源稳压器，又为电池充电。当市电中断时，UPS 将电池的直流电通过逆变器转换为交流电向负载持续供电，使负载不受电源突然中断的影响，维持正常工作状态，并保护其不受损坏。

（2）稳定输出电压功能

UPS 的另一个主要功能是稳压功能，因其自带电压调节功能和滤波器，UPS 能够消除市电输入中的电压波动、噪声和浪涌，以确保设备得到稳定的输出电压，避免对电压波动敏感的设备，如计算机、服务器、通信设备等受到电压不稳定造成的损坏。

（3）短时功率输出功能

UPS 电源系统因配置有蓄电池，因此具备市电中断后一段时间内（通常为几分钟至数小时）的功率输出能力。市电中断后，UPS 立即切换至电池逆变输出模式，为用户提供足够的时间进行备份数据、完成当前操作等，避免数据丢失，造成无法挽回的损失。UPS 的功率、蓄电池的容量和放电时间可根据系统要求和用户需求配置。

（4）改善供电电源质量

由于 UPS 内置的滤波器和稳压器，可有效减少电力干扰，改善电源品质，为精密电子设备的正常运行提供可靠的电源保证。

（5）具有远程控制管理功能

大多数 UPS 都具备远程控制管理功能，用户可以通过网络或其他远程控制方式监控和管理 UPS 状态。

2. UPS 分类

UPS 分类见表 3-3-1。

表 3-3-1　UPS 分类

分类	类别		特点
储能方式	动态 UPS	1）在线双变换式飞轮 UPS 2）旋转在线式飞轮 UPS 3）在线互动式飞轮 UPS	动态 UPS 的不间断供电是通过旋转部件释放动能。在线双变换式飞轮 UPS 的抗干扰能力最强的，但必须搭配传统 UPS 进行使用，应用比较局限，目前国内应用最多的是在线互动式飞轮 UPS
	静态 UPS	1）后备式 UPS 2）在线互动式 UPS 3）delta 变换式 UPS 4）双在线转换式 UPS	静态 UPS 以蓄电池为储能工具。目前应用最多的是双在线转换式 UPS，这种 UPS 可以为负载提供完美的保护，滤除电网中大部分的干扰和谐波，可靠性最高，缺点是架构复杂，成本高

（续）

分类	类别		特点
结构类型	工频机	由整流器、逆变器、静态旁路和工频输出隔离变压器组成，整流器可分为可控硅SCR整流器和IGBT整流器两种方案，其中可控硅SCR整流器按整流器晶闸管数量不同分为6脉冲整流和12脉冲整流。由于其标配的输出隔离变压器，工作频率均为工频50Hz，因此得名工频UPS	工频机输出标配工频隔离变压器，在恶劣的电网环境条件下耐抗性能较强，可靠性及稳定性均比高频UPS强，主要特点如下： 1）塔机功率密度合适，安全距离足够，可适用于高盐雾、粉尘、温湿度不稳定的应用环境，尤其是早期入场粉尘大，正常运行不封闭的场合 2）UPS内置隔离变压器具有更好的抗负载冲击性能、短路能力更强，可靠性更高 3）内置输出隔离变压器，实现输入/输出的电气隔离，重构纯净电源，抑制谐波，隔离故障，保护负载设备用电安全 4）IGBT整流工频机同时也具备了高频机的高输入功率因数、低电流谐波的特点，能够更好地适应电网的波动和污染 5）由于内置输出隔离变压器，设备成本略高，体积略大 工频UPS具有优异的可靠性、环境适应性和负载适应性，适用于恶劣环境、感性和容性组合型的负载类型，适用于各类负载
	高频机	（1）塔式UPS 通常呈立式结构，需要单独放置，占地面积较大，不适合安装在标准机柜内 （2）模块化UPS（简称模块机） 由多个独立模块组成，每个模块包含功率模块和电池模块，可以并联工作，实现系统模块的热插拔，更	高频机是利用高频开关技术，以高频开关元件替代整流器和逆变器中笨重的工频变压器的UPS，俗称高频机。高频UPS通常不带隔离变压器，其输出零线存在高频电流，主要来自市电电网的谐波干扰、UPS整流器和高频逆变器脉动电流、负载的谐波干扰等。高频机体积小、效率高，成本相对工频机较低，效率较高，是节能环保的机型。主要特点如下： 1）由于高频UPS不需要输出隔离变压器，设备的成本略低，体积和重量相对略小 2）高频UPS的能量转换效率略高 3）高输入功率因数、低电流谐波的特点，能够更好地适应电网的波动和污染 4）由于输出缺少隔离变压器，高频UPS的输出可能含有一定的直流分量，当逆变器出现故障时，存在直流高压直接输出至负载侧，导致负载设备过热和加速老化的风险

（续）

分类	类别		特点
结构类型	高频机	好地处理了系统模块独立运行，相互协作，和平转换的关系	5）高频 UPS 在恶劣的电网及环境条件下耐受能力较差，不适宜在恶劣环境中使用 高频机适用于：电网稳定且环境条件良好的场所，不接发电机，负载稳定，一般只限于计算机负载 6）塔式机特点：具有固定的功率容量，扩展性较差，如果需要增加容量，需要添加单独的 UPS 设备，维护和维修成本较高 7）模块机特点： ①优点：节省占地面积与空间，便于安装、使用及维护，通过减少关键设备与负载间的故障点，提高整个 UPS 系统的可用性，扩容方便，节约投资 ②缺点：需要更换整个功率单元，更换成本更高。若模块机仅更换功率单元中的某个器件，由于功率单元密度大，器件多，维护速度和便捷性还有待验证；模块化设备的平均无故障时间（MTBF）是与模块数量正相关，模块机的 MTBF 相比塔式机略高

3. UPS 的选择

1）UPS 的选择首先应根据设备的总功率和 UPS 的输出功率因数确定其容量，见式（3-3-1）

$$S_u = \frac{P_e}{(0.5 \sim 0.8)\cos\phi} \tag{3-3-1}$$

式中 S_u——UPS 容量（kVA）；

P_e——设备总功率（kW），设备总功率指的是需要接入 UPS 保护的所有设备的总计算功率；

$\cos\phi$——UPS 输出功率因数，需对照产品厂家提供的设计参数，如无法获得时，通常取 0.7 或 0.8；

0.5～0.8——UPS 的负载能力，通常 UPS 在 50%～80% 负载率之间处于最佳运行状态，能够保证设备得到稳定供电，还能避免能源浪费和过载风险。

2）UPS 适用于电容性和电阻性负荷，当为电感性负荷供电时，应选择负载功率因数自动适应不降容的不间断电流装置。

3）负荷的最大冲击电流不应大于 UPS 设备的额定电流的150%。

4）UPS 应能在额定条件下，在海拔 1000m 及以下的高度正常运行，当海拔超过 1000m 时，应降容使用，降容系数参见表 3-3-2。

表 3-3-2　海拔 1000m 以上使用的降容系数

序号	海拔/m	降容系数
1	1000	1.0
2	1500	0.98
3	2000	0.91
4	2500	0.88
5	3000	0.82
6	3500	0.78
7	4000	0.74
8	4500	0.7
9	5000	0.67

5）当 UPS 装置的输入电源为柴油机直接供电时，与柴油机容量的配比不宜小于 1∶1.2。

6）UPS 设备应急供电时间，应按下列条件选择：

①为保证用电设备按操作顺序进行停机时，其蓄电池的额定放电时间可按停机所需最长时间确定，一般取 8～15min。

②当有备用电源时，为保证供电连续性，UPS 供电时间按等待备用电源投入的时间设置，一般取 10～30min，当备用电源为柴油发电机时，UPS 的供电时间可以适当缩短，满足发电机稳定投入运行的时间即可。

7）UPS 设备的本体噪声，在运行时不应超过 75dB，小型 UPS 设备不应超过 65dB。

8）UPS 交流输入端宜配置输入滤波器，输出电压波形应为连续的正弦波，电压畸变率应满足规范要求。

9）UPS 容量较大时，宜在电源侧设置有源滤波装置移至高次谐波。

10）大容量 UPS 应具有标准通信接口，且具有电池监测功能。

3.3.2 UPS 配电系统类型及应用

航站楼内特级负荷或一级负荷对电源切换时间为 0 级时，应采用 UPS 不间断电源。UPS 的配电系统方案应结合弱电机房等级、系统或负荷特性以及市电电源接入条件选择。

航站楼 UPS 设置根据负荷分布情况及容量按以下区域设置：

1）航站楼监控中心（TOC）、核心机房（PCR），通常为 A 级数据机房，根据《数据中心设计规范》（GB 50174）要求需集中配备 2N 型不间断冗余供电系统，以提高不间断供电系统的可靠性。

2）航站楼内的汇聚机房通常定义为 B 级机房，根据《数据中心设计规范》（GB 50174）中的要求采用 $N+X$ 型冗余供电系统，既满足系统冗余要求，又可降低投资费用。

3）分散设置在航站楼各个区域的 IDF 间，通常按 C 级机房配置，根据《数据中心设计规范》（GB 50174）中的要求采用 N 型不带冗余的供电系统。为便于管理和维护，在航站楼设计时，IDF 间的 UPS 电源也会相对集中设置。

4）不同供电电源和 UPS 的冗余配置可以组合多种不间断电源系统的架构。UPS 不同类型供电系统构架方案见表 3-3-3。

对于单回路不间断供电构架，不间断供电设备常采用 1+1 并机供电、N 并机扩容、$N+1$ 并机供电、$N+X$ 并机供电等方式。

3.3.3 蓄电池的设置要求

1. 蓄电池的分类

1）蓄电池分类见表 3-3-4。

表 3-3-3　UPS 不同类型供电系统构架方案

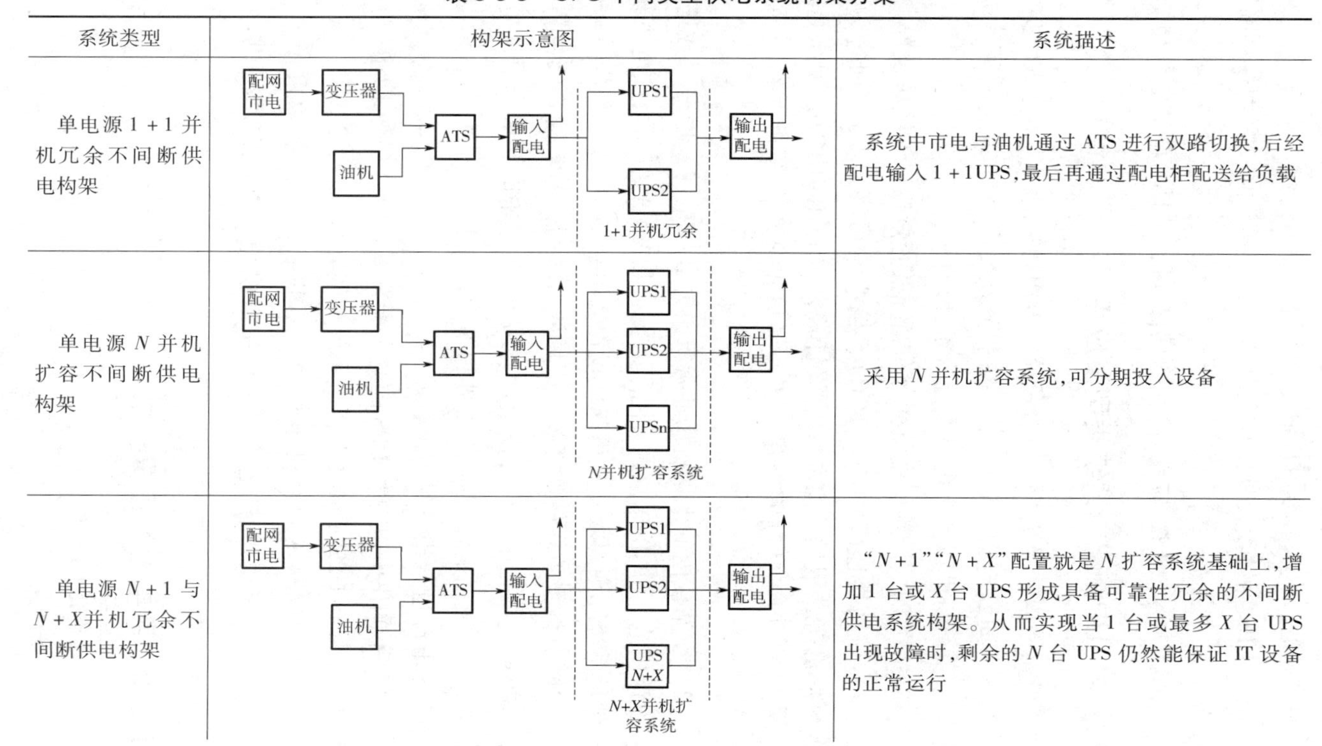

系统类型	构架示意图	系统描述
单电源 1 + 1 并机冗余不间断供电构架	1+1并机冗余	系统中市电与油机通过 ATS 进行双路切换，后经配电输入 1 + 1UPS，最后再通过配电柜配送给负载
单电源 N 并机扩容不间断供电构架	N并机扩容系统	采用 N 并机扩容系统，可分期投入设备
单电源 $N+1$ 与 $N+X$并机冗余不间断供电构架	$N+X$并机扩容系统	“$N+1$”“$N+X$”配置就是 N 扩容系统基础上，增加 1 台或 X 台 UPS 形成具备可靠性冗余的不间断供电系统构架。从而实现当 1 台或最多 X 台 UPS 出现故障时，剩余的 N 台 UPS 仍然能保证 IT 设备的正常运行

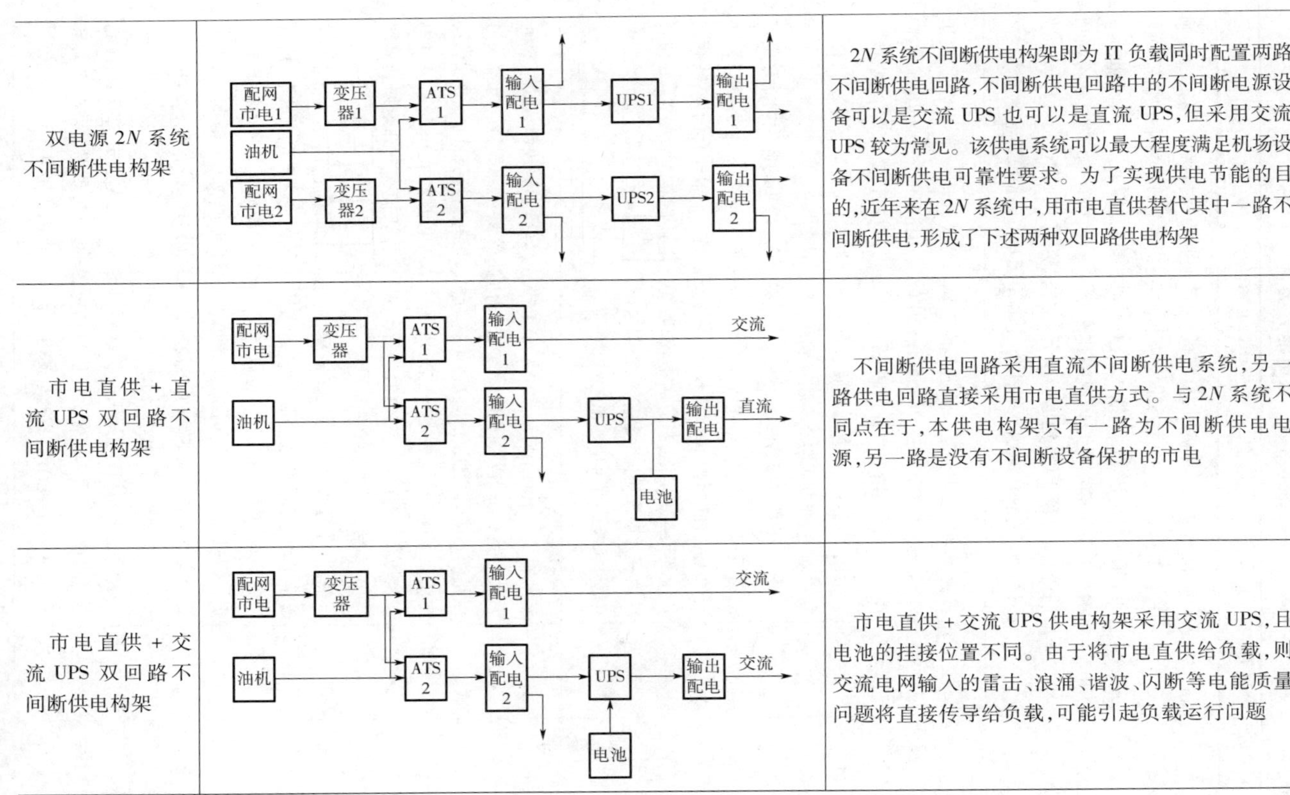

双电源 2N 系统不间断供电构架	2N 系统不间断供电构架即为 IT 负载同时配置两路不间断供电回路，不间断供电回路中的不间断电源设备可以是交流 UPS 也可以是直流 UPS，但采用交流 UPS 较为常见。该供电系统可以最大程度满足机场设备不间断供电可靠性要求。为了实现供电节能的目的，近年来在 2N 系统中，用市电直供替代其中一路不间断供电，形成了下述两种双回路供电构架
市电直供 + 直流 UPS 双回路不间断供电构架	不间断供电回路采用直流不间断供电系统，另一路供电回路直接采用市电直供方式。与 2N 系统不同点在于，本供电构架只有一路为不间断供电电源，另一路是没有不间断设备保护的市电
市电直供 + 交流 UPS 双回路不间断供电构架	市电直供 + 交流 UPS 供电构架采用交流 UPS，且电池的挂接位置不同。由于将市电直供给负载，则交流电网输入的雷击、浪涌、谐波、闪断等电能质量问题将直接传导给负载，可能引起负载运行问题

表 3-3-4　蓄电池分类

类别	名称	特点及用途
按机构特征分类	铅酸蓄电池	铅酸蓄电池由正极板、负极板、电解液和隔离板组成。特点：①制造成本相对较低；②技术非常成熟；③在适当的维护下表现出很高的可靠性；④由于铅的密度大，电池相对较重；⑤需要定期检查电解液的水平并补充蒸馏水，以保持其性能；⑥自放电率高，即使在不使用的情况下，铅酸蓄电池也会逐渐失去电量；⑦回收不当，对环境会造成污染。目前民航领域中，UPS 电源系统基本以铅酸蓄电池为主
	磷酸铁锂蓄电池	磷酸铁锂蓄电池是一种近年来受到广泛关注的新型蓄电池，属于锂离子电池家族中的一员，具有高比能量和稳定的放电电压，磷酸铁锂蓄电池采用磷酸铁锂（$LiFePO_4$）作为正极材料，碳作为负极材料，并使用有机溶剂作为电解液。在充放电过程中，锂离子在正负极之间移动，实现电能的储存和释放 特点：①具有较高的能量密度，能够在相对较小的体积内储存更多的电能；②具有较长的循环寿命，能够满足长时间使用的需求；③在充放电过程中产生的热量较低，不易发生热失控等安全问题；④相比传统的铅酸蓄电池，制造成本较高；⑤充电速度相对较慢，需要较长的时间才能充满电。磷酸铁锂蓄电池广泛应用于电动车蓄电池、太阳能、风能等可再生能源的储能设备
	超级蓄电池	超级蓄电池的结构通常由两个电极、电解质和隔膜组成。电极通常使用具有高比表面积的碳材料，如活性炭、碳纳米管等。电解质可以是液态或固态，用于提供离子移动的通道。当超级蓄电池充电时，电解质中的离子会在电场的作用下移动到电极表面，并与电极材料发生电荷储存反应。放电时，离子会从电极表面释放并返回到电解质中，释放出储存的电能 特点：①具有较高的储能密度，能够在短时间内储存大量电能；②充放电速度非常快，可以在数秒至数分钟内完成充电或放电过程；③寿命长，循环寿命较长，可以经受大量次的充放电循环而性能不衰退；④使用过程中几乎不需要维护，减少了维护成本和时间；⑤相比传统蓄电池制造成本高；⑥电池工作电压相对较低，需要多个单体串联才能达到较高的电压要求 这是一种当内燃机配用的传统蓄电池失效而无法实施启动时，能通过快速储能后向内燃机提供启动电源的装置，多用于汽车启动系统，还可以作为储能设备，平衡电网负荷和提供备用电源

（续）

类别	名称	特点及用途
按用途分类	启动型蓄电池	主要用于启动内燃机，如发电机等，通常具有较高的放电电流能力，能在短时间内提供大量电能
	动力型蓄电池	主要用于提供持续稳定的电能，如电动车、电动工具、UPS 电源等，通常具有较高的能量密度和较长的使用寿命
	储能型蓄电池	主要用于储存电能，以便在需要时提供电力。例如，太阳能储能系统、风力发电储能系统等，通常具有较高的充放电效率和较长的循环寿命
	备用型蓄电池	主要用于在停电或故障时提供紧急电力，如医院、数据中心、电信基站等，需要具有较高的可靠性和稳定性，以确保在关键时刻能够提供电力
按维护方式分类	免维护蓄电池	在正常使用过程中不需要添加电解液或进行其他维护操作，使用寿命较长，适用于一些对维护要求较高的场合
	维护型蓄电池	在使用过程中需要定期添加电解液、检查液位等维护工作，以确保其正常运行

2）磷酸铁锂电池与铅酸电池的性能比较见表 3-3-5。

表 3-3-5　磷酸铁锂电池与铅酸电池的性能比较

性能参数	磷酸铁锂电池	铅酸电池
工作电压/V	3.2	2
质量比能/(Wh/kg)	150	40
循环寿命/次	2000 次循环后容量不低于 80%	400
可工作温度范围/℃	−10～55	5～35
最佳工作温度范围/℃	5～50	25
自放电率(28d)(%)	<10	<10
充电倍率	可高于 2C	小于 0.2C
环保性	生产过程无毒，所用原料无毒	生产过程有污染物产生，需要大量的铅，退役电池和报废电池处理过程繁琐
安全性	优	良

2. **典型蓄电池配置方案**

合理配备蓄电池容量，是 UPS 对负载设备实现不间断供电以及系统经济型的重要保障。容量配置过大，蓄电池不能被充分利用，浪费了蓄电池的资源，也存在蓄电池充电不足过早报废的风险。容量配置过小，又不能满足系统对电源后备时间的需求，存在不间断电源提前断电的风险。

因铅酸蓄电池在 UPS 系统中应用最为广泛，故重点介绍铅酸蓄电池的三种计算方法，分别是恒功率算法、恒电流算法和容量算法。恒功率、恒电流算法是依据电池厂家实际放电测试，记录数据进行查表比对，选择满足要求的电池容量。容量算法是依据 GB 51194 标准中的给定公式，查询对应参数，计算所需的电池容量，选择满足要求的电池容量。

（1）恒功率算法

$$P_{单体}=\frac{S\cos\Phi}{\mu nN} \tag{3-3-2}$$

式中 $P_{单体}$——满足后备时间要求，在对应放电时间里，每电池单体所能提供的放电功率；

S——主机视在功率；

$\cos\Phi$——主机输出功率因数（也称为输出 PF 值）；

μ——主机逆变效率；

n——主机蓄电池节数（每节蓄电池为 12V，所需的串联节数）；

N——每节蓄电池所含单体个数（若采用 12V 蓄电池，$N=6$；若采用 6V 蓄电池，$N=3$；若采用 2V 蓄电池，$N=1$）。

（2）恒电流算法

$$I=\frac{S\cos\Phi}{\mu nNu} \tag{3-3-3}$$

式中 I——蓄电池最大放电电流；

S——主机视在功率；

$\cos\Phi$——主机输出功率因数（也称为输出 PF 值）；

μ——主机逆变效率；

n——主机蓄电池节数（每节蓄电池为12V，所需的串联节数）；

N——每节蓄电池所含单体个数（若采用12V 蓄电池，$N=6$；若采用6V 蓄电池，$N=3$；若采用2V 蓄电池，$N=1$）；

u——蓄电池单体终止电压。

（3）容量算法

容量算法引用《通信电源设备安装工程设计规范》（GB 51194）标准中的算法。

1）蓄电池总容量 Q：

$$Q=\frac{KIT}{\eta[1+\alpha(t-25)]} \tag{3-3-4}$$

式中 Q——蓄电池总容量（Ah）；

K——安全系数，取1.25；

I——蓄电池放电负荷电流（A）；

T——放电小时数（h）；

η——电池放电容量系数，见表3-3-6；

t——实际电池所在地最低环境温度数值，所在地有采暖设备时，按15℃考虑，无采暖设备时，按5℃考虑；

α——电池温度系数（1/℃），当放电小时率≥10 时，取 $\alpha=0.006$；当 10 > 放电小时率≥1 时，取 $\alpha=0.008$；当放电小时率 < 1 时，取 $\alpha=0.01$（放电小时率根据实际放电小时数 T 进行取值）。

表3-3-6　电池放电容量系数（η）

电池放电小时数/h		0.5			1			2	3	4	6	8	10	≥20
放电终止电压/V		1.65	1.70	1.75	1.70	1.75	1.80	1.80	1.80	1.80	1.80	1.80	1.80	≥1.85
放电容量系数	防酸电池	0.38	0.35	0.30	0.53	0.50	0.40	0.61	0.75	0.79	0.88	0.94	1.00	1.00
	阀控电池	0.48	0.45	0.40	0.58	0.55	0.45	0.61	0.75	0.79	0.88	0.94	1.00	1.00

2）蓄电池计算放电电流 I：

$$I = \frac{S\cos\Phi}{\mu U} \tag{3-3-5}$$

式中 I——蓄电池放电负荷电流（A）；

S——主机视在功率；

$\cos\Phi$——主机输出功率因数（也称为输出 PF 值）；

μ——主机逆变效率；

U——蓄电池组放电时逆变器的输入电压（V），单体电池放电电压取 1.85V。

（4）电池配置方案

基于以往蓄电池应用经验和系统可靠性的考虑，UPS 电源系统配套电池应有串联型和并联型两种方案，具体如下：

1）串联型电池系统。串联型电池系统中，以电池进行串联至 UPS 的额定电池节数，根据 UPS 的额定电压计算出一簇电池组所需串联数量，最终将电池簇通过高压插箱直挂在 UPS 的直流母线，具体系统单线图如图 3-3-1 所示。

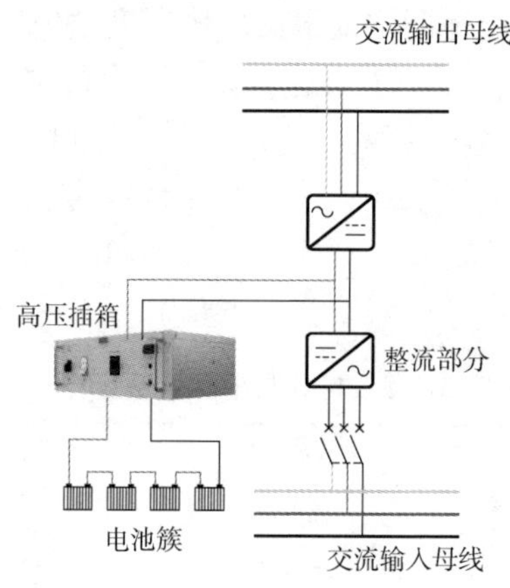

图 3-3-1　串联型电池系统单线图

串联型电池系统特点：

①需要以组进行冗余，单电池组中只要有一个电芯失效，整簇电池组将无法向负载供电。

②单个电池维护工作量大，蓄电池运维中若发现劣化蓄电池，需将单只蓄电池从整组蓄电池中脱离出来，维护工作量大。

③串联型直流电源系统对蓄电池组的一致性要求较高，蓄电池的一致性欠佳，导致蓄电池出现过充欠充等现象，影响蓄电池的使用寿命。

UPS 电源系统需配置三级 BMS 管理系统，从电池模块级监控、柜级监控和系统级监控构建三层 BMS 架构，实现精细化高安全设计，层层保障系统安全，并支持云平台、手机 APP 等监控系统，具体系统架构图如图 3-3-2 所示。

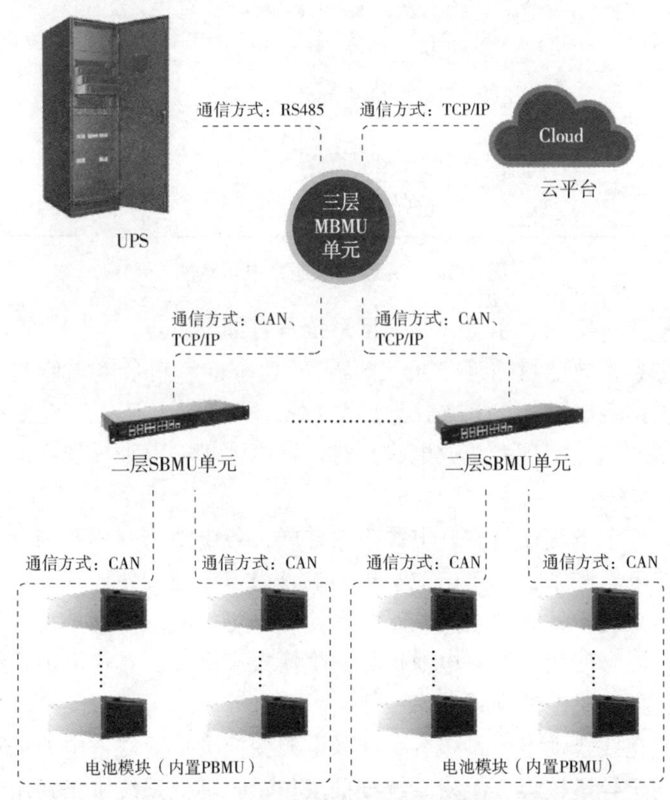

图 3-3-2 UPS 电源管理监控系统架构图

2）并联型电池系统。蓄电池并联直流电源系统主要是采用改变电池的连接方式解决传统直流电源系统的缺点，将单节电池通过隔离型 DC/DC 升压模块，将单节电池电压升压至 UPS 的直流母线电压。同时，可根据 UPS 的负载功率和后备时间，选择并联模块数量，然后将各个模块并联至直流母线，系统示意图如图 3-3-3 所示。

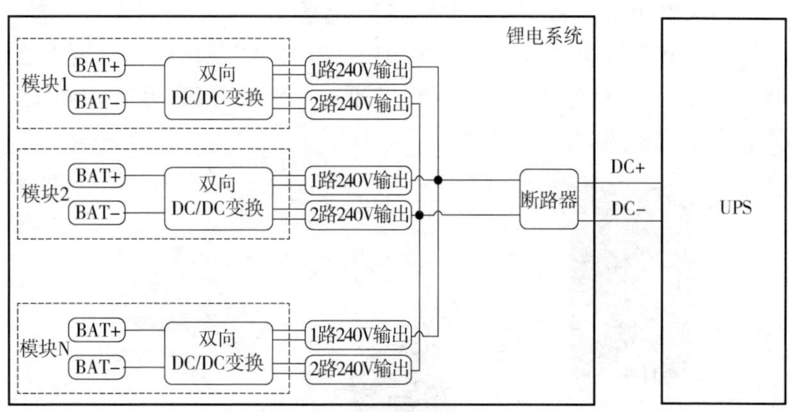

图 3-3-3　并联型电池系统示意图

相比于串联型系统，并联型系统具有如下特点：

①具备放电自适应 SOC（State of Charge）剩余电量管理，系统可根据各电池柜 SOC 情况分配负载，实现对电池柜、电池模块的功率调度，实现系统放电终止时，各电池柜、电池模块间的 SOC 差值≤5%。

②单个电池通过并联电源模块并联，各电池之间相互独立，无直接的电气联系，单个电池不再影响整组蓄电池的使用。

③系统中各电池之间相互独立使用，可以实现不同类型、新旧电池的混合使用，单只电池损坏只更换报废电池，其他电池可继续使用，提高电池的使用效率。

④在线自动全容量核容。并联电源变换模块可对蓄电池进行在线自动全容量核容，减少系统维护工作量，降低系统维护费用。

⑤电池模块可支持在线插拔，当电池模块发生异常时，故障模块可自动退出，不影响其他电池模块的正常使用，不影响系统供

电。可在线更换故障模块，免下电维护，实现分钟级的快速更换。

3. 蓄电池布置及维护要求

由于航站楼内 UPS 基本采用相对集中设置的方案，因此容量较大，蓄电池的布置也应设置在专用房间内，与 UPS 配电房贴临，并采取防爆措施。蓄电池布置应遵循安全、可靠、适用的原则，便于安装、操作、搬运、检修和调试。户内布置的储能系统应有防止凝露引起事故的安全措施。储能系统设备可采用标准柜式，也可采用框架式，站内电池柜/架尺寸宜保持一致，具体布置应满足下列要求：

1）电池架/柜四周或一侧应设置维护通道，净宽不小于1.2m。

2）电池架/柜布置应保持水平，排列整齐，采用柜式结构多排布置时，维护通道宽度宜满足表 3-3-7 要求。

表 3-3-7 柜式布置维护通道宽度

部位	宽度/mm	
	一般	最小
柜正面-柜正面	1800	1400
柜正面-柜背面	1500	1200
柜背面-柜背面	1500	1000
柜正面-墙	1500	1200
柜背面-墙	1200	1000
边柜-墙	1200	800
主要通道	1600～2000	1400

3）电池布置应满足防火、防爆、通风散热要求。

4）通风系统应独立设置，确保蓄电池室的空气流通。

5）蓄电池应定期进行充放电试验，且每年必须进行不少于两次充放电，尽可能满负荷放电。充放电过程中，实时监视每只蓄电池的电压是否有异常变化，以便于及时更换坏/废电池。

3.3.4 EPS 功能及应用

EPS 由充电器、蓄电池、逆变器、控制器、转换开关和保护装置组成，是静态无公害免维护无人值守的安全可靠的集中供电式应急电源设备，其工作原理与 UPS 类似，但转换时间长于 UPS，从正常运行方式转换到逆变应急运行方式的转换时间一般为 0.1～0.25s，EPS 应急电源作为应急照明系统的备用电源时，根据不同的照明要求采用不同的转换时间，见表 3-3-8。

表 3-3-8　应急照明 EPS 电源转换时间要求

应急照明类别	转换时间
安全照明	不应大于 0.25s
应急疏散照明	不应大于 5s
备用照明	不应大于 5s
金融、商业交易场所	不应大于 1.5s

EPS 在额定输出功率下，供电时间一般为 30min、60min、90min、120min、180min 五种规格，且 EPS 初装容量应保证应急时间不小于 90min。

EPS 的额定输出功率一般为 0.5kW～1MW，选用时应满足以下条件：

1）应能满足当过载 120% 时，EPS 可长期工作，过载 150% 时，能至少工作 30s。

2）EPS 容量应是所供负载中同时工作容量总和的 1.1 倍以上。

3.4　智慧自备电源创新技术

3.4.1　柴油发电机并机并网控制系统

柴油发电机组并机系统采用控制与并机一体进行设计，每套系统设置一只主控屏，系统还可配置一套（HMI）人机界面，显示系统并机状态、负载分配状态和各台发电机组的参数等。系统采用分布式控制方式，可提供机组多次（1～60 次可设）自启动、高水温、低油压、超速、低速、超频、高频、低发电机电压、高发电机电压、过载等保护功能，可根据用户的需求设定机组故障保护的动作，提供声光报警，确保机组运行安全。系统处于自动模式下，柴油发电机并机并网控制器接收到系统启动信号时，控制器会进入预启动时间，预启动时间过后，控制器发出打开油阀信号，出盘车信号，当发动机进入盘车 3 ~ 8s 后启动成功脱开启动电动机，发动机进入怠速或额定转速运行状态，此时进入稳定时间计时期，发电机组进入运行中。控制系统具有启动失败报警功能和机组功率管理功能。

当多台柴油机并机运行时，控制器可通过 CAN 通信线实现负载分配，包括有功和无功，调整各机组的分配均衡度和精度，如图 3-4-1 所示。多台机组同时启动，最先启动成功并稳定运行的发电机组先合闸，其余发电机组稳定后自动同步合闸。系统可根据负载的大小，自动判断机组的运行数量，当负荷容量小于当前机组容量的 30% 时，系统自动退出一台柴油发电机，依此类推，当总容量小于 2 台机组群功率的 20% 时，系统通过功率管理器，根据优先等级停掉等级低的一台机组。当负载大于系统负载 80% 时，系统可自动启动下一台优先等级高的发电机组，待机组稳定运行后，与在线运行发电机组实现负载分配。

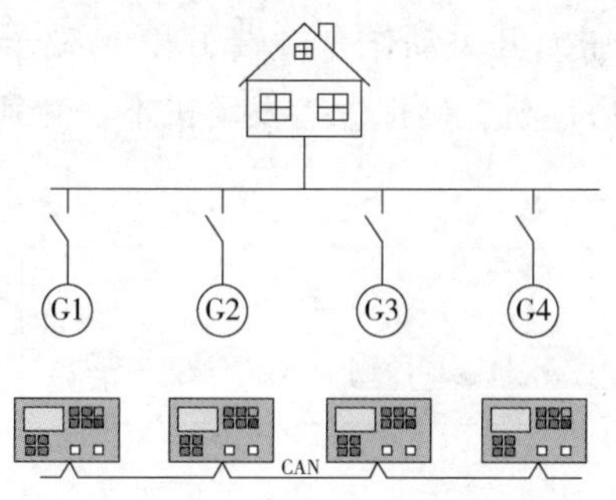

图 3-4-1　并机并网控制系统

3.4.2　高速大功率柴油发电机组废气保护装置

废气保护装置应用于大功率柴油发电机在高功率连续工作状态下的保护。该装置可提供防止柴油发电机在高速运行状态下，发生严重机械故障（如拉缸、烧瓦等）时，因不能及时停机引起的动力部分报废，甚至人员受伤等情况。

1. 主要组成

1）压差开关：用于检测发动机曲轴箱里的废气压力，当压力值大于设定值时，压差开关会动作，常开触点闭合，触点连接导线后可形成回路，将信号传递给控制器。

2）过滤器：过滤通往压差开关废气中的杂质，避免压差开关失效。

3）废气管路：将过滤过后的废气引入压差开关。

2. 工作原理

当动力部分出现严重故障时，通过压差开关的无源信号迅速传送至控制器，控制器发出降速、断电停机指令，避免电动机在故障状态下仍高速旋转运行对机组造成二次连锁破坏，起到保护动力部分的作用，降低后续维修成本。

3. 废气保护装置的工作方式

1）电路控制部分：如果机组控制器上有多余的开关量输入端口，压差开关 1#端子接电池负极，3#端子接控制器开关量输入端口（无源），此端口设置为报警停机功能，以实现当曲轴箱废气压力超过设定值时压差开关动作，1#端子和 3#端子接通，控制器接收到开关量信号后停机，确保保护发动机不会受到更大的损伤，如图 3-4-2 所示。

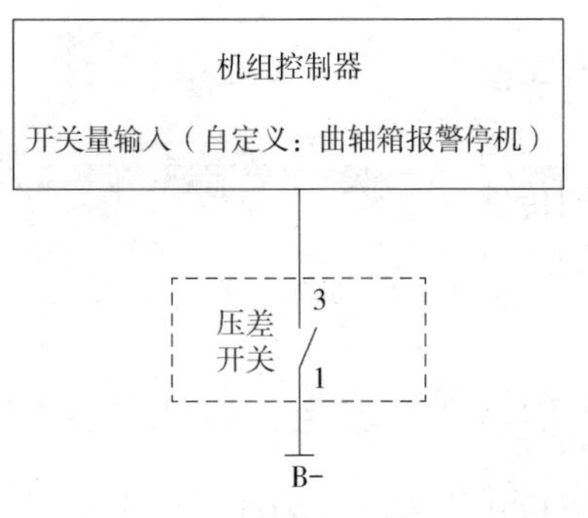

图 3-4-2　电路控制

2）压差开关管路连接图如图 3-4-3 所示。

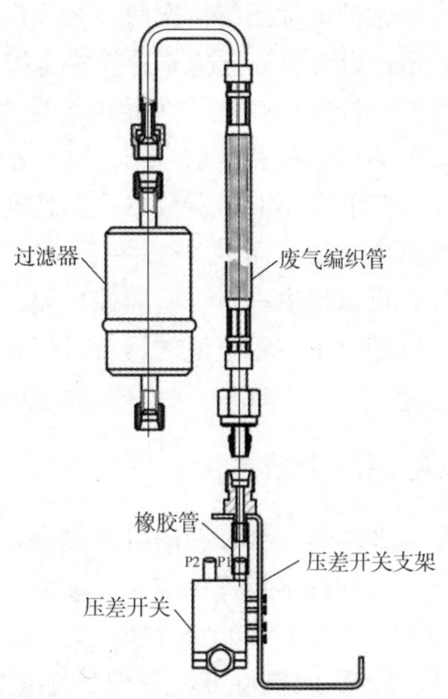

图 3-4-3　压差开关管路连接图

3.4.3　蓄电池监控预警系统

蓄电池监控预警系统是一种用于监控和维护蓄电池性能的系统，可以帮助用户实现对蓄电池的全面监控和维护，确保蓄电池的稳定运行，提高机房监控的工作效率，降低企业运营成本，从而为用户带来更好的使用体验和经济效益。

系统通过采用传感器模块、汇聚模块和显控模块等组件，实现对蓄电池组中每个单电池的内阻、电压、温度等关键参数的实时在线采集和监测。传感器模块负责完成对单电池的各项参数进行实时采集，并将数据传送给汇聚模块。汇聚模块则通过总线控制传感器模块的工作，收集传感器模块采集的数据，并检测电池充放电电流。同时，汇聚模块还具有通信、存储和查询功能，可以实现对蓄电池组中每个单电池的监测管理数据的处理。数据还可通过 MODBUS 协议远传到显控模块或机房的计算机监控终端。系统具有现场操作和远程监控的功能，可实时提取、显示数据，并对数据进行智能分析，当发现异常的电池运行情况时系统发出报警，还可将数据通过 TCP/IP 或 MODBUS 协议远传至计算机监控终端。

蓄电池监控预警系统的作用在于为蓄电池电源电池提供方便、安全、简单、无限的多向监控和维护系统。这种系统不仅提高了机房监控的工作效率，降低了企业运营成本，而且能够确保蓄电池的稳定运行，避免因蓄电池故障而引发的系统停机等问题。此外，蓄电池监控预警系统还可以提供一对一的监控页面，数据齐全，管理方便，使得用户可以随时了解蓄电池的运行状态，及时发现并解决问题。

3.4.4 巴拿马电源配电技术

巴拿马电源配电技术是一种创新的电源解决方案，主要用于数据中心和通信机房。这种技术将传统的中压配电、变压器、低压配电、整流模块和输出直流配电部分整合在一起，将输入的中压交流电直接转换为 240V/336V 的直流电。这种一体化的设计缩短了中间变换环节，提高了电源的效率和可靠性。

巴拿马电源配电技术的优势主要体现在以下几个方面：

1）高效率：巴拿马电源采用了先进的电路和磁路融合创新技术，实现了从中压 10kV AC 直接转换到 240V DC（或 336V DC）的高效转换，功率模块效率高达 98.5%，相比传统供电方案能够减少 40% 的设备数量，降低了能耗和维护成本。

2）高可靠性：由于减少了中间环节，巴拿马电源具有更高的可靠性。此外，其模块化设计使得电源可以方便地进行扩容和维护，进一步提高了其可靠性。

3）高功率密度和容量：巴拿马电源采用模块化设计，单套系统容量可达 2.5MW 以上，满足了未来数据中心对高功率密度和高功率容量的需求。

4）智慧化：巴拿马电源可以通过智能化的管理系统进行远程监控和控制，实现了电源管理的智能化。

总的来说，巴拿马电源配电技术是一种创新的电源解决方案，具有高效率、高可靠性、高功率密度和高功率容量等特点。

第4章　电力配电系统

4.1　概述

4.1.1　电力配电系统的特点和设计原则

1. 航站楼供电设计技术特点

航站楼供电设计技术特点总结见表4-1-1。

表4-1-1　航站楼供电设计技术特点总结

电源等级高，形式多样化	根据《交通建筑电气设计规范》(JGJ 243)，Ⅲ类以上机场航站楼内部用电负荷最低为二级，包含大量一级及一级中特别重要负荷，需求高可靠性供电。除双路市政电源外，还需设置多种应急电源
装机容量大，电源回路多	航站楼变压器装机单位指标通常为120～190VA/m^2(不含冷源)，并需考虑行李处理系统自动化、车辆电动化、登机桥数量、商业餐饮占比及气候条件、地理位置对用电容量的影响
负荷分散、供电半径长	针对特大型航站楼的设计条件，其占地面积庞大，往往逼近甚至超过1000m×1000m的范围。在这种环境中，由于建筑结构的特殊性，机电竖井的设置受到诸多限制。航站楼内的桥载设备、值机台、安检通道和登机设备遍布于各个功能分区，其中桥载设备尤为显著，不仅容量巨大而且分布零散，给供电设计带来了巨大的挑战，如何合理布局并确保线路的稳定运行是一项重要的技术难题
系统多，工艺性强	航站楼作为机场运行的核心，需为不同客户提供服务，如旅客、航空公司、地面服务公司及交通运输公司等。各客户需求虽各有侧重，但信息却相互关联。通过适当的信息共享和系统协同，能确保机场运转高效可靠，提升整体服务水平

（续）

耗能高	航站楼电能消耗多样，空调系统是主力，照明、行李处理、桥载设备也占据一定份额。电能传输中的损耗，特别是三相不平衡和变压器低负荷运行，同样不容忽视。大面积玻璃幕墙、宽敞空间、室内照明与传送设备产生的热量，以及设备运行中产生的温升，均加剧了空调负荷，进而推高了整体电力消耗
人员间歇性密集场所	航站楼作为间歇性人员密集场所，其人员聚集程度受航班进出港密度影响，而非持续性高密度人流。如到达大厅和行李提取区，仅在航班抵达时呈现人员聚集现象。针对这一特点，需精细调控照明、空调等设备，以实现能源的有效利用和舒适环境的营造
多业态、多种交通方式融合	现代化机场航站楼正迈向多元化功能定位，不仅作为陆空交通的核心枢纽，更是多种交通模式（如航空、城际高铁、地铁、长途巴士）的无缝连接点。同时，航站楼积极拓展附加功能，融合购物、餐饮与休闲娱乐体验，旨在为旅客打造一站式的服务体验。作为航空公司的重要合作伙伴，航站楼也致力于提升地面服务水平，以吸引更多航空公司入驻，共同推动机场的繁荣发展

2. 航站楼主要用电负荷分析

当前航站楼建筑常见用电负荷为：各类照明插座、空调通风水泵、电梯、弱电机房、商业餐饮、站坪用电。据统计航站楼建筑中空调通风水泵类负荷占整体负荷的30%，商业餐饮占15%，站坪用电占10%左右。表4-1-2为《民用建筑电气设计标准》（GB 51348）中对航站楼用电负荷等级要求。

表4-1-2　航站楼用电负荷等级要求

航站楼用电负荷名称	负荷级别
航空管制、导航、通信、气象、助航灯光系统设施和台站用电；边防、海关的安全检查设备用电；航班信息、显示及时钟系统用电；航站楼、外航住机场办事处中不允许中断供电的重要场所的用电	一级
Ⅲ类及以上民用机场航站楼中的公共区域照明、电梯、送排风系统设备、排污泵、生活水泵、行李处理系统用电；航站楼、外航住机场航站楼办事处、机场宾馆内与机场航班信息相关的系统用电、综合监控系统及其他信息系统；站坪照明、站坪机务；飞行区内雨水泵站等用电	一级

（续）

航站楼用电负荷名称	负荷级别
航站楼内除一级负荷以外的其他主要负荷，包括公共场所空调系统设备、自动扶梯、自动人行道用电；Ⅳ类及以下民用机场航站楼的公共区域照明、电梯、送排风系统设备、排水泵、生活水泵等用电	二级

3. 供电设计一般要求

供电设计一般要求为可靠性、经济性、安全性、利于检修、利于远期发展。

航站楼建筑内低压配电系统的设计原则，除了满足一般民用建筑的供电可靠性、安全性、经济性以外，还需具有以下特点：

1）便于使用与维护：电气管线路由的选择、配电房间的选址、配电箱的安装均应利于机场管理单位的日常维护，并且应尽量减少维护作业对旅客出行的干扰。电气管线路由设计需紧密结合给水排水、暖通、智能化专业的路由设计，并合理利用 BIM 技术，进行合理的管综排布。对于检修可能性较大的电气线管路由，应放置在利于检修的通道中。平面布局设计时，电气管井（配电间、电井）应尽量避开旅客人流量大的区域，避免直接开门对着公共区域。建议与其他机电专业配合，多专业设备间集中，设置检修走道，仅检修走道向公共区域开设一扇门，避免多个设备间向公共区域开门。配电箱的安装需与精装修专业密切配合，通常情况下，大部分配电箱安装在配电间中。但是也有特殊情况需安装在公共区域，比如商铺配电箱、工艺设备配电箱。此类配电箱与配电箱进线电缆需合理配合精装、工艺等二次深化专业，做到既隐蔽又方便使用。

2）利于管理与计量：航站楼建筑内的用电负荷种类繁多，使用部门众多，为方便机场管理单位计费、管理。电气设计时要综合考虑用电区域、负荷类型、使用单位，将负荷合理归类，合理设置总配电箱。除了在变电所低压出线回路设置计量外，其他租赁和特殊经营区域需设置末端计量，计量的仪表宜设置在配电竖井或配电间的配电总箱内，仪表应带远传接口，符合主流通信协议，接入 BA 系统或机场能源管理系统。

3）可持续发展：航站楼的电力设计应具有足够的灵活性和扩展性，以适应航站楼未来的发展需求。随着航空业的快速发展和航班量的增加，航站楼电力负荷也会相应增长。因此，电力设计应预留足够的容量和扩展空间，确保电力系统的稳定性和可靠性。桥架、埋管需适当留有余量，为远期改造预留电缆安装空间。在航站楼电力设计中，应积极考虑可再生能源的利用，如太阳能、风能等。通过安装太阳能光伏板、风力发电设备等，将可再生能源转化为电力供应，减少对传统能源的依赖，航站楼电力设计应预留可再生能源接入点，以及相应管线安装空间。

4.1.2 电力配电系统干线

1. 低压系统供电方式

各负荷等级设备供电措施，特级负荷：除双重电源供电外，增设应急电源供电。一级负荷：应由双重电源的两个低压回路在末端配电箱处切换供电。二级负荷：宜双回路供电，在末端配电箱处切换。三级负荷：可采用单回路单电源供电。低压配电系统干线以树干式和放射式供电为主。

2. 配电间选址与配电设备安装

1）电气竖井、配电小间宜设置在负荷中心区域，并靠近电源侧。要综合考虑防火分区、供电半径、使用单位需求等因素，确定电气竖井、配电小间的数量、位置与面积。电气房间应考虑箱柜布置、桥架安装、散热检修等因素，合理选择房间大小、开门方向。需注意电气房间上方不可有用水房间。

2）配电箱柜不应安装在走道、门厅等旅客易触碰的场所。当需要安装在公共区域时，应配合精装专业对配电箱进行隐藏处理。为保证配电房、配电间的工作环境，所有配电间需配套空调通风措施，以保证配电间环境温度不大于30℃，湿度不高于60%。当配电间与卫生间等潮湿场所相邻时，需由建筑专业对相邻部位做防水防潮处理。厨房、泵房、室外等位置安装的配电设备应有足够防水防尘等级。

3）由配电室至电井干线电缆和电井内干线电缆均采用密闭型

电缆桥架敷设。消防配电线路应与其他配电线路分开敷设在不同的电缆桥架内，确有困难需敷设在同一电缆井内时，应分设在电缆井的两侧且消防配电线路应采用矿物绝缘不燃电缆。从配电房引出后应敷设在不同桥架上。同桥架上敷设的向同一负荷供电的双路电源电缆，应用防火金属隔板隔开。所有线缆若不敷设在桥架上，应穿钢管敷设。

4）消防负荷应与非消防负荷的电线电缆分槽敷设，沿海地区线缆桥架应采取防盐雾措施，公共区域敷设的封闭母线，当上方有水管或喷洒时，其防护等级不小于P65。

4.1.3 本章主要内容

根据机场航站楼电力配电系统的特点和供电原则，详细介绍机场航站楼内民航智能化设备配电、广告及标识配电、商业配电、站坪充电桩配电及常用设备配电、行李系统配电、旅客安检及联检系统配电、登机桥及桥载设备配电、站坪照明及站坪机务配电等主要设备配电的设计要点及典型配电；简述三项适用于机场航站楼的智慧电力配电创新技术：终端电气综合治理保护装置创新技术、物联网智能断路器创新技术、充电桩创新技术。

4.2 机场航站楼配电

4.2.1 民航智能化设备配电

1. 民航智能化系统负荷分类

智能化系统负荷分类见表4-2-1。

表4-2-1 智能化系统负荷分类

系统名称	系统内容	供电方式
安全防范系统	视频监控、出入口管理、隐蔽报警、安全信息管理系统、安检分层管理系统、综合安防管理平台。机柜位于弱电机房中，末端点位位于航站楼各处	双电源给机房供电，机房配置独立的UPS，由UPS给末端设备供电

（续）

系统名称	系统内容	供电方式
信息设施系统	旅客通信上网、公共广播、有线电视、地面服务管理系统、商业管理系统、内部通信办公系统、数字无线集群通信系统、有线电视及卫星电视接收系统，综合布线系统、时钟系统、地理信息系统、数据容灾系统、安检信息管理系统、应急救援指挥系统、IT 运维管理、信息集成系统。机柜位于弱电机房中，末端点位位于航站楼各处	双电源给机房供电，机房配置独立的 UPS，由 UPS 给末端设备供电
航班信息显示系统	信息显示装置、信息发布系统。引导出港旅客办理乘机、中转、候机、登机手续，引导到港旅客提取行李和帮助接送旅客的人员获得相关航班信息等。机柜位于弱电机房中，在值机大厅、值机柜台、中转柜台、登机口、候机大厅、餐饮商业区、行李提取大厅、行李分拣大厅、接客大厅等区域设置显示屏，显示相关动态航班信息	双电源给机房供电，机房配置独立的 UPS，由 UPS 给末端设备供电
旅客自助服务系统	值机、行李托运、安检、登机等自助设备设置、信息与控制	末端设备由所在防火分区配电箱供电
离港系统	又称为旅客值机系统（CKI）；值机、航班控制、旅客信息显示、飞机配载平衡、行李查询等	双电源给机房供电，机房配置独立的 UPS，由 UPS 给末端弱电设备供电。部分末端由所在防火分区配电箱供电
航站区运行指挥中心 TOC，航空运行指挥中心 AOC	航站区运行指挥中心是航空机场的核心部分，负责协调和管理机场的各项运行活动。主要用电设备为显示控制设备、通信设备、计算机设备	双电源给机房供电，机房配置独立的 UPS，由 UPS 给末端弱电设备供电

2. 民航智能化机房分类简介

国内航站楼主要弱电设备机房包括弱电主机房 PCR、汇聚机房 DCR、楼层弱电间 SCR、航站区运行指挥中心 TOC、航空运行指挥中心 AOC、安检、边检、海关机房等。弱电机房的供电电源均按一级负荷中特别重要的负荷供电。除两路市电供电（满足一级负荷供电条件）外，还配置柴油发电机组提供备用电源，同时在各类机房配置 UPS 电源。

3. 民航智能化设备配电分析

（1）航站楼弱电机房整体供电概况

航站楼内通信系统用电、边防海关的安全检查设备用电、航班信息显示及时钟系统设备用电等负荷、弱电 UPS 用电属于一级负荷中的特别重要负荷。上级变电所需两路独立 10kV 作为主供电源，并设置柴油发电机组。为保证弱电专业的通信、信息化系统，安全防范系统，BA 系统等建筑物智能化系统的供电满足不间断供电的时间要求，在该类系统的主机房（电源室）都配置了独立的 UPS 配电系统。

（2）弱电主机房 PCR-供电设计分析

1）机房供电：由两个不同变压器低压柜直接引来两路电源。机房单独设置 UPS 电源。

2）末端设计：配套设置机房照明、插座、机房空调、排风机。就近应急照明箱引来气体灭火主机 220V 电源，如图 4-2-1、图 4-2-2 所示。

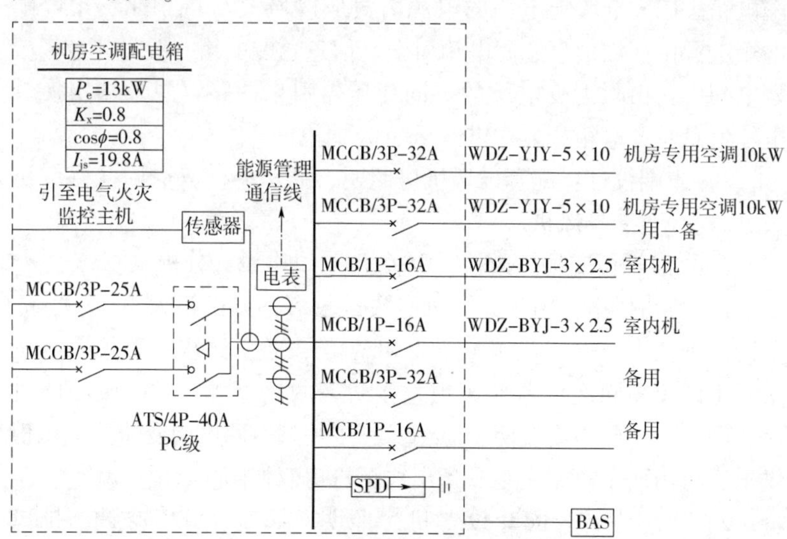

图 4-2-1　弱电主机房配电箱系统图

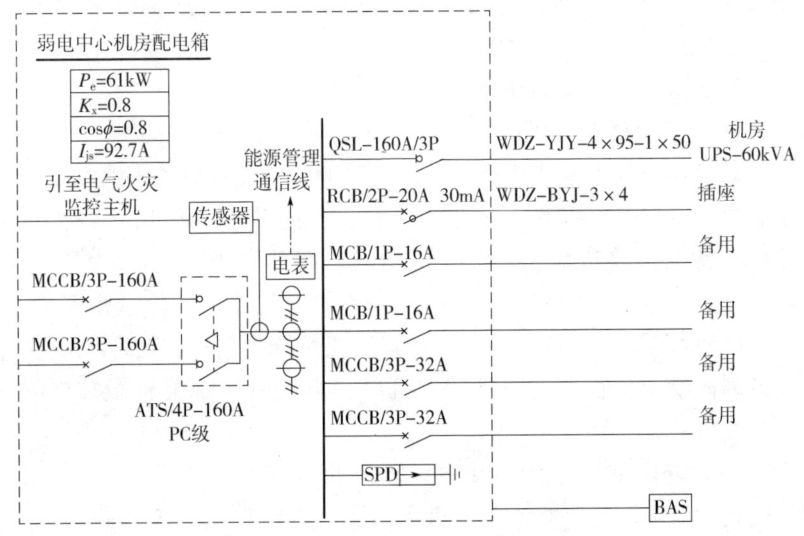

图 4-2-2 弱电主机房空调配电箱系统图

（3）航站楼楼层弱电间 SCR-供电设计分析

1）机房供电：弱电间内设置一个 UPS 电源配电箱和一个市电配电箱。UPS 电源配电箱的电源由对应区域 UPS 间引来；市电配电箱电源由区域信息总配电箱引来。信息总配电箱一般安装在楼层配电间中，由附近变电所的不同变压器引来两路电源末端切换供电，信息总配电箱放射式供电至 SCR 弱电间。

2）末端设计：配套设置机房照明、插座、机房空调（多联机或分体空调）、排风机。

（4）航站楼安检、边检、海关机房-供电设计分析

1）机房供电：由于此类机房数量较多，且面积大小不一，故分为两种供电方式。对于大于 100kW 的安检、边检、海关弱电机房，由两个不同变压器低压柜直接引来两路电源。对于较小的机房，则在负荷中心设置两个总箱，一主一备由两不同变压器低压柜供电，再由两个总箱一主一备出线至机房双切箱。

2）末端设计：配套设置机房照明、插座、机房空调、排风机。就近应急照明箱引来气体灭火主机 220V 电源。

4.2.2 广告及标识配电

1. 广告标识设备分类

（1）广告

广告负荷主要为广告灯箱、广告投影灯、翻转式广告幕布、广告 LED 显示屏。主要分布在旅客通行的各个公共区域。广告负荷基本可归结为照明负荷的一种。其位置较为分散，且遍布整个航站楼公共区域。

（2）标识

标识主要分为民航标识和非民航标识，民航标识主要为航班信息发布、功能区域指示标牌、时间显示等。非民航标识一般是指其他功能区域的信息发布、区域标识（如卫生间、吸烟室、商业标识）。

2. 广告标识设备配电设计

1）广告负荷为三级负荷，通常广告牌等有特殊照明要求的对象的照明，电力设计设计文件预留用电配电箱及其容量；广告及标牌照明设计由后续设计配套完成。航站楼电力设计中，在每个公共区域配电间中预留约 20kW 广告照明配电箱，多个广告照明配电箱采用树干式方式供电，或由位于负荷中心区域配电间的总配电箱放射式供电，如图 4-2-3 所示。每个配电箱内宜预留足够照明回路，并预留 BA 系统接口。

2）航班信息显示及时钟系统设备用电等负荷、弱电 UPS 用电属于一级负荷中的特别重要负荷，由弱电机房 UPS 电源直接供电，电力设计需保证满足弱电机房一级负荷中的特别重要负荷的供电要求。

除此之外的标识供电，可按二级负荷供电。例如：非民航标识的警卫室标识、咨询台标识、问询台引导标识、卫生间标识等一般为 LED 发光灯箱，单个标牌用电功率为 200～800W，可多个标牌共用一个配电回路，该类灯箱可就近接入公共区域照明配电箱。

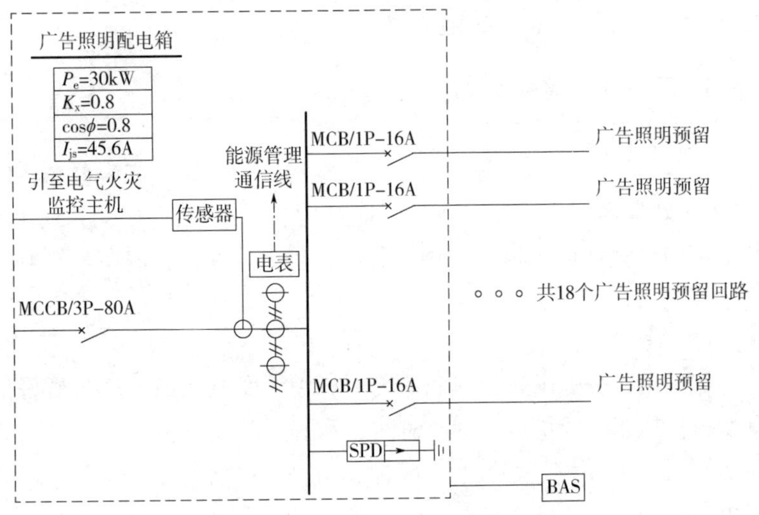

图 4-2-3　广告照明配电箱系统图

4.2.3　商业配电

随着时代的进步，人民生活水平日益提升，商业消费需求也随之不断演变。人们对于体验型消费的需求逐渐增强，使得餐饮型和体验型商业消费在整体商业消费中的比重持续上升。因此，对于航空港建筑的商业用电规划设计，必须紧密结合时代的发展，进行科学合理的布局，以满足日益增长的商业消费需求。

1. 售卖型商业配电设计分析

航站楼售卖型商业功率密度见表 4-2-2。

表 4-2-2　航站楼售卖型商业功率密度

名称	W/m^2	商铺示例
副食,茶叶,烟酒	250	良品铺子、老酒行
服饰,箱包,电子产品	300	小米之家、无印良品
化妆品	200	兰蔻

由于店铺招商过程的滞后性，商铺电力设计应提前预留用电容量。

2. 餐饮型商业配电设计分析

航站楼餐饮型商业功率密度见表4-2-3。

表4-2-3　航站楼餐饮型商业功率密度

名称	无燃气/(W/m^2)	有燃气/(W/m^2)
中式快餐	800	350
咖啡、简餐、便利店	1000	400
西式快餐	1200	500

餐饮用电还有以下特点：

1）如麦当劳、肯德基等标准化西式快餐，后台厨房设备标准化较强，无需燃气，使用纯电设备，但用电需求较大，每间达到150～250kW。设计阶段需在餐饮商业区域配电箱中预留足够容量，如图4-2-4所示。例如某航站楼二层麦当劳餐厅，厨房区域建筑面积45.76m^2，餐厅、点餐区域建筑面积117.04m^2。配电箱容量150kW，功率密度920W/m^2。

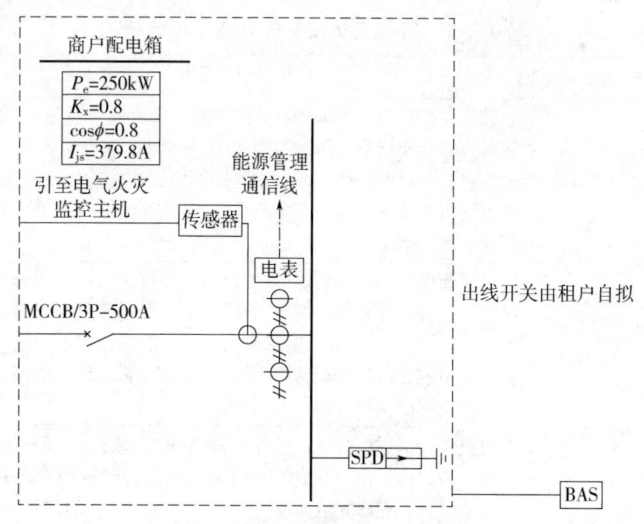

图4-2-4　商业配电箱系统图

2）经过与多个餐饮公司沟通交流得知：由于餐饮设备的工作特性，大部分情况下，单个餐饮设备的实际运行功率小于其额定功率；由于厨房区域运行的特性，多个餐饮设备的同时利用系数较低。厨房配电箱实际利用系数较低，实际用电功率均大幅低于签约时用电功率。电力设计时，若能配合招标餐饮进行深化设计，需合理考虑总箱与分箱的利用系数。例如航站楼二层商业配电箱，根据总箱管理的商铺数量与种类，利用系数在0.7～0.8取值。

3. 商业电力安装设计

商业区域还需注意配电箱、桥架管线的安装设计。商业总配电箱应设置在负荷中心，应在多个小型商铺集中的区域中心设置配电间。商铺配电箱的设置应尽量避开商铺隔墙，以避免在后续的招商深化阶段中，可能因打通相邻商铺而引发的电力拆改问题。各类型桥架应避免从商铺中穿过，避免商铺电力改造对其他商铺的影响。例如，房中房商铺可以在小屋面上方布置桥架，或是在底下一层设置电力桥架，有吊顶的公共区域可在公共区域敷设桥架，电源穿线管进入商铺。

4. 其他商业配电设计（按摩椅、充电宝、临时商业等）

典型航站楼零散商业供电分析见表4-2-4。

表4-2-4 典型航站楼零散商业供电分析

商业类型	供电设计分析
商业按摩座椅	按摩座椅作为近年来日益受到欢迎的商业设备，其安装数量众多且点位分布密集，有时还可能位于空旷区域。建议在设计阶段就明确按摩椅的具体需求，并预先设置专用的配电箱，同时确保地面线管的预埋工作得以妥善完成，以确保施工的高效性和装修的完整性
共享充电宝箱、自动饮料零食售卖机、自助证件拍照机、无人打印机	共享充电宝箱、自动饮料零食售卖机等商业负荷使用插座回路供电。为方便计量与管理，此类插座回路不可从照明配电箱中取电，而应从配电间商业配电箱取电。设计阶段往往无法定位此类商业用电点位具体位置，因此需后续配合深化设计出线路由。设计阶段需提前预留容量与出线数量
座椅充电设备	候机区域的座椅旁通常设置手机、平板充电设备。另外市面上也有专业厂商推出一体化充电座椅，座椅自带充电模块，包含插座，USB接口，无线充电面板，且自带防漏电功能、能源管理功能。此类负荷可不属于商业用电，但通常需单独计量计费。在电力设计阶段，应注意与使用方沟通充电需求，合理规划用电容量、供电路径，需注意此类负荷单回路用电功率远小于常规插座回路，且利用系数较低，需结合实际使用需求设置配电箱容量

4.2.4 站坪充电桩配电

机场飞行区为保证特种车辆、设备充电需求，会在航站楼周边、货运区和过夜机坪区域设置车辆充电桩。为保障特种车辆工作效率，此类型充电桩一般选用直流快充充电桩。除去特种工作车辆充电桩，根据中国民用航空局《打赢蓝天保卫战三年行动计划》，空侧人员大巴也需采用电动汽车，通常沿航站楼车道或登机桥固定端设置充电桩，其设置需结合实际需求规划。

充电桩电源一般就近取电，靠近航站楼的近机位站坪充电桩从航站楼变电所取电，远机位则利用箱变进行供电。

机坪充电桩用电通常由地面管井敷设电缆。设计需注意在靠空侧的配电间、变电所外墙预留埋管。电力电缆采用穿保护管敷设方式，道面、服务车道、车辆停放区上及其附近的电缆井选用加强型承重井。电缆横穿排水沟时，改为穿钢管敷设。靠近登机桥固定端的充电桩，电缆可通过登机桥完成敷设。

除去站坪充电桩，机场陆侧停车场设有普通汽车充电桩，包括工作区员工停车场 7kW 慢充充电桩，陆侧停车场 60kW 一机双枪、120kW 一机双枪快充充电桩，如图 4-2-5 所示。

图 4-2-5　机场充电桩 60kW 一机双枪、120kW 一机双枪

4.2.5 常用设备配电

1. 照明与插座

航站楼公共区照明、直饮水设备等负荷属于二级负荷。航站楼

内的配套照明、室外景观照明、泛光照明属于三级负荷。照明插座供电一般情况按防火分区设置配电箱，采用放射式或树干式供电。为方便管理，建议大空间照明单独设置配电箱。公共区域照明可根据情况考虑设置双回路供电。

2. 空调与通风

航站楼冷冻站设备及空调末端系统通常归类为二级负荷，电力供应采用放射式布局，确保每个设备机房都设有专门的配电箱，如图 4-2-6 所示。对于防火分区的配电间，建议设置专用的空调末端设备配电箱，用以连接排风机、风机盘管等设备，并兼顾临时地面式干地机、取暖器和风扇等设备的接入需求。航站楼普遍采用水冷、风冷的中央空调系统，其冷热源选择需综合考虑地区气候、建筑规模及投资成本。冷热源系统涵盖制冷主机、冷冻泵、冷却泵及辅助泵组等关键组件。制冷主机自带启动装置和基础保护功能，只需按功率提供电力即可。冷冻站设备的供电优选自变电所放射式供电，根据主机功率大小，200kW 以下可采用电缆供电，超过 200kW 则推荐母线供电。设备如主机、水泵等建议采用变频控制，并结合串联电抗器来减少谐波干扰。水泵控制柜推荐使用强弱电一体化智

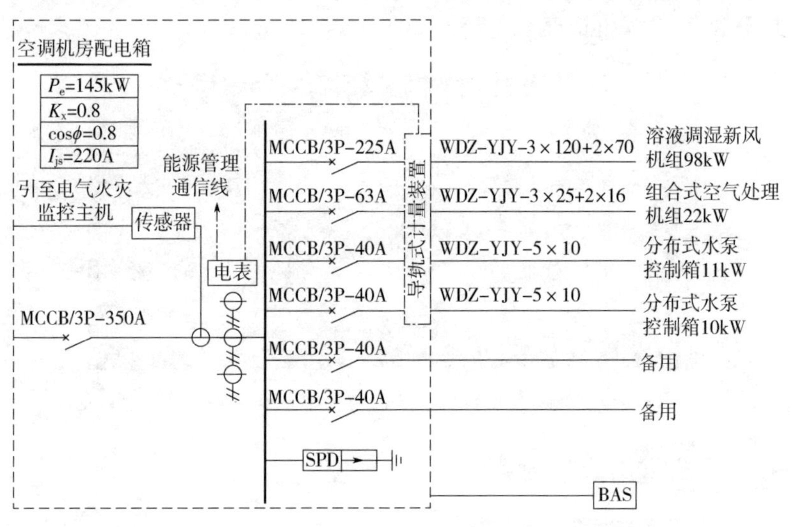

图 4-2-6　空调配电箱系统图

能控制柜，通过模糊控制系统实现精确调控。对于变频控制的空调设备配电回路，电缆选择应注重中性线与等截面面积的设计，降低谐波影响，确保系统稳定高效运行。

3. 消防设备

消防设备用电、集中控制应急照明用电属于一级负荷。所有消防负荷分别由两段母线单独提供电源，双电源供电，末端设置 ATS 开关、自动切换。消防设备主要包括消防水泵、防烟排烟风机、消防电梯、防火卷帘门、电动排烟窗等，其配电设计除遵循消防相关的规范外还需要特别考虑智慧消防物联网的要求。

消防供电设计要点：

（1）消防设备双电源切换装置

消防设备配电应在其最末一级配电箱处设置自动切换装置，消防水泵负载用 ATSE 应选用 PC 级、二段式结构，使用类别不低于 AC-33，考虑到日常巡检的需求，建议选用 AC-33A。

（2）消防水泵控制

消防水泵控制柜平时应使消防水泵处于自动启泵状态；消防水泵不应设置自动停泵的控制功能，停泵应由具有管理权限的工作人员根据火灾扑救情况确定；消防水泵应能手动启停和自动启动。消防水泵主泵过负荷时应跳闸，备用泵过负荷时只报警不跳闸。备用泵应采用仅短路调整断路器。

（3）消防水泵机械应急启动装置

消防水泵控制柜应配备机械应急启泵功能，确保在控制柜内部线路突发故障时，有管理权限的人员能够迅速通过机械应急启泵装置启动消防水泵，保障紧急情况下的供水需求。在设计过程中，应特别关注机械应急启泵装置的启动方式，确保其操作模式与消防水泵控制柜的正常启动方式相兼容，无论是直接启动还是减压启动。对于大功率消防水泵的控制，应选择具备星三角减压启动功能的机械应急启动装置，以确保启动过程的安全性和稳定性。

4. 电梯配电

航站楼内电梯分为客梯、货梯、观光电梯和自动扶梯、自动人行道，均属于二级负荷，采用按双回路供电，电梯功率及其控制设备通常均由制造厂成套提供，其配电设计要点如下：

1）扶梯、自动人行道供电设计时，需与设备厂家确定设备控制箱的安装位置，设置于便于操作和维修的地点。

2）消防电梯与其他普通电梯应分开供电。每台电梯应设置单独的隔离和短路保护开关。

3）电梯应由专用回路供电，其供电回路应直接由变电所引来。

4）向电梯供电的电源线路不得敷设在电梯井道内。除电梯用线路外，其他线路不得沿电梯井道敷设。

5）电梯机房的每路电源进线均应装设隔离电器，并应装设在电梯机房内便于操作和维修的地点。

6）电源开关应装设在机房内便于操作和维修的地点，尽可能靠近入口处。

7）电梯轿厢的照明和通风、轿顶电源插座和报警装置的电源线，应另装设隔离和短路保护电器，其电源可以从该电梯的主电源开关前取得。

电梯、步梯配电箱系统图如图 4-2-7、图 4-2-8 所示。

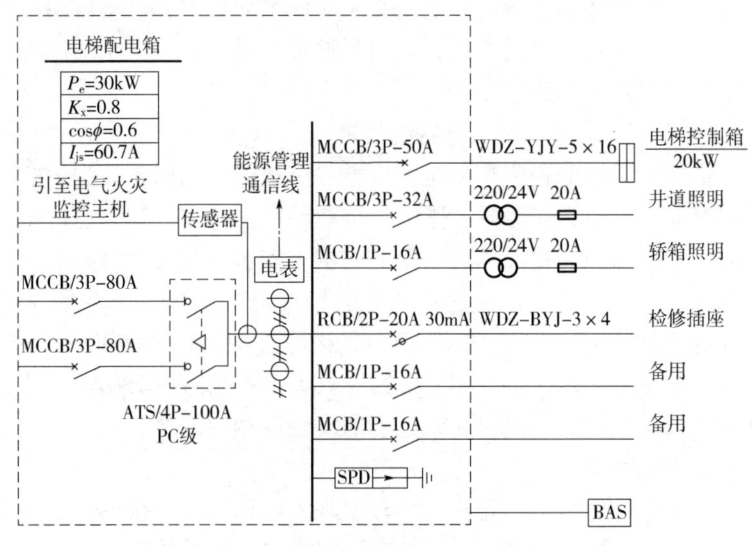

图 4-2-7　电梯配电箱系统图

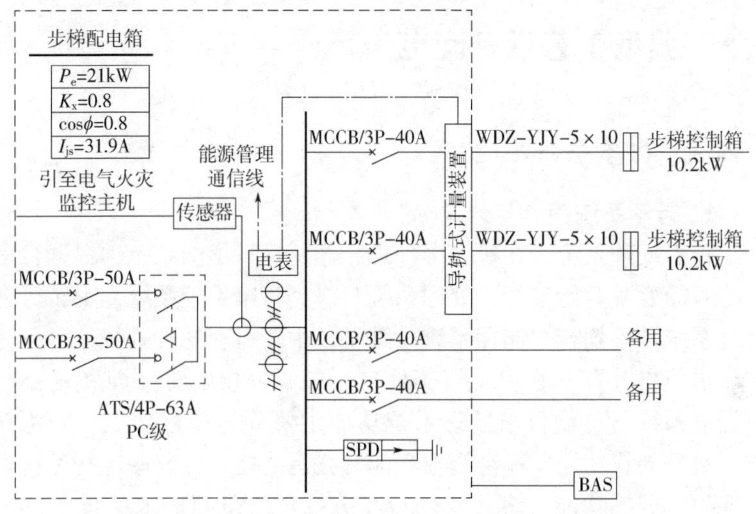

图 4-2-8　步梯（自动人行道）配电箱系统图

5. 捷运系统配电

机场捷运系统是一种在机场内部建设的便捷交通系统，采用钢轮钢轨制式，具有高可靠性、高运输效率等特点，实现机场内部快速、舒适的旅客运输。捷运系统通常采用电力驱动，相比于传统燃油驱动的交通工具，电力驱动具有更低的排放，有助于减少空气污染和温室气体排放，通常由专业轨道交通设计院负责设计。

机场捷运系统在供电设计中，需注意以下几点：

1）各设计单位需确认系统供电电压等级。例如部分 APM 捷运系统使用 750V 直流两根供电轨供电。

2）为了确保供电的可靠性，捷运系统应配置两路独立的电源。主电源故障时，应能自动切换到备用电源。

3）电源容量应根据捷运系统的全部用电负荷确定，包括施工电动机的电源容量与其他附属用电容量之和。捷运系统还可利用新能源为其供电。

4.3 典型工艺设备配电

4.3.1 行李系统配电

1. 行李系统简介与分类

行李处理系统为在机场中处理旅客托运行李的系统，根据行李类型可简要分为始发行李处理系统、终到行李处理系统、中转行李处理系统和早到行李储存系统。其中，中转行李处理系统又可分为中转再值机（即非联程）行李处理系统和直接中转（即联程）行李处理系统。自动行李处理系统功能主要分为托运功能、分拣功能、早到储存功能、进港提取功能。托运功能：接收旅客托运行李的能力；分拣功能：将接收的行李分拣至航班相应末端设备的能力；早到储存功能：接收早到行李将之储存的能力；进港提取功能：进港旅客在进港转盘提取行李的功能。

2. 行李系统设计界面

行李系统通常由专业厂家设计。由厂家向房建设计单位提供用电点位、容量、功率因数等数据，房建设计单位配合完成供电设计。另外行李区域照明、检修插座、通风、卷帘门等用电由房建设计单位完成设计。另外，部分机场行李系统还需设置专门的弱电机房、控制监控室，负责行李系统的监控与调度，也需由房建设计单位完成机房的配合设计、电源供电设计。

3. 行李系统配电分析

行李系统配电情况：机场行李用电负荷属于一级负荷。行李系统区域较为集中，通常位于航站楼一层、地下楼层区域，靠近空侧区域。

对于行李系统负荷较大的航站楼，建议设置行李系统专用变电所，设置专用变压器，并设有备用电源母线段。变电所应贴近负荷中心，且不影响行李系统工艺流线。负荷供电采用放射式供电，通常采用电缆供电。

每个行李变配电所附近应设有电气竖井，将行李系统电源由变电所引至其他楼层，供航站楼值机区域、转机区域等分散在各楼层的行李系统设备使用。航站楼所有普通行李系统配电箱均为单回路供电（是否采用双回路双切箱需以行李系统厂家需求，业主需求为准）。

另外，行李分拣传送区域的照明、检修插座、卷帘门、通风等可从另外的配电箱接电。但是设计时，行李系统配电箱中也应预留有该部分用电容量，以便于行李系统单位二次深化设计。

由于行李系统区域设置工艺设备、传送带，且通常有大量风管，该区域内遮挡较多，管线复杂，可能有工艺车辆通行。行李系统区域的电力布线需注意，与行李系统无关的管线，尽量避免穿过本区域。航站楼地下一层行李系统区域中，高压桥架、与行李系统供电无关的电力桥架均绕开行李系统区域。行李系统区域内电气设计应重点考虑桥架路由设计。比如，行李系统供电桥架采用环形桥架，且贴近结构柱，便于深化单位对电缆进行敷设。另外，区域内桥架路由尽量避开传送带路由，保证传送带区域的净高。对于其他楼层行李提取与各航空公司值机区域行李系统，该类区域可能位于房中房区域，或行李系统机器位于大空间中间区域，则电力桥架可以由下方一层供电，打孔上引至行李系统机器。

另外，机场贵宾区域也设置有行李系统，其特点为，离常规行李系统距离较远，用电容量也较小。可在贵宾区设置双电源切换箱为行李系统供电。此类型小容量，分散式行李系统，需注意与行李系统厂家及时沟通配合，保证用电负荷等级即可，与其他类型用电负荷共用变压器。

4.3.2 旅客安检及联检系统配电

1. 安检系统需求与特点

边防海关的安全检查设备用电属于一级负荷中的特别重要负荷。其中，海关机房、边检机房供电详见 4.2.1 民航智能化设备配电，本小节重点分析海关边检、机场安检通道用电设计。

安检系统主要检查通道用电特点为用电容量大，用电点位分散，用电种类繁多，且以地面安装设备为主，管线需预埋。安检系统用电点位由使用单位进行提资。

2. 安检系统配电分析

边检、安检、联检用电负荷等级需求较高。通常各单位弱电主机房内部分采用双电源供电，变电站低压侧设置应急母线段，设有柴油发电机供电。智能化机房内设有 UPS。边检、安检、联检通道区域设置较为集中，相关工艺设备集中设置在出发到达区域，以地面放置设备为主。

边检、安检、联检通道用电设备供电方式为：在总配电间设有一主一备两个用电总箱，每个总箱放射式供电至航站楼多个安检区域，每个区域各设置一个双切电源箱，为本区域安检设备供电，实现末端双电源自动切换。若为较大区的边检、安检、联检通道区域，则可直接由变电所低压柜引来两路电源，在用电中心配电间设置双电源切换配电箱，直接为工艺设备供电。

根据航站楼使用方需求，为方便检修，保障安检设备用电设备可靠性，航站楼内安检设备可采用双插座供电。从上端电源箱引出两个插座回路至用电点，设置两个独立的插座。设备平时仅使用一个插座，另一个作为备用，用于线路检修时使用，或为后期增加设备使用。此种做法电源可靠性强，设备、线路检修对安检通道的影响较低，但是建设成本较高。设计时需沟通使用方，选择末端的供电方式。

表 4-3-1 中列出了某航站楼一层出发安检区域（约 1000m^2）设备用电需求，所有表中设备均采用双回路末端供电。

表 4-3-1　某国际航站楼出发安检区域设备表

用电设备名称	数量	供电方式	功率、电压
X 光机配套传送带	3	预留线头	0.5kW　380V
双通道 X 光机	3	220V 地插	3.5kW　220V
大件设备 X 光机	2	220V 地插	2.5kW　220V
单通道 X 光机	3	220V 地插	1.5kW　220V
金属探测门	4	220V 地插	2.0kW　220V
毫米波门	1	220V 地插	2.0kW　220V

（续）

用电设备名称	数量	供电方式	功率、电压
毫米波门工作站	1	220V 地插	1.0kW　220V
空勤验证一体机	1	220V 地插	2.0kW　220V
液体探测器	4	220V 地插	0.2kW　220V
爆炸物探测	5	220V 地插	0.2kW　220V
海关安检机	1	220V 地插	2.0kW　220V
通道闸机	10	预留线头	1.0kW　220V
查验台	2	220V 地插	2.0kW　220V
预留工作计算机	2	220V 地插	1.0kW　220V
预留柱上显示器	4	220V 地插	1.0kW　220V

根据规范要求，以上所有设备出线回路均设置漏电保护。安检区域还设置有大量 LED 显示屏，需配合使用单位预留用电容量。另外安检配电箱需合理设置预留回路开关，为后期发展做准备。

线路敷设方面，设计阶段需配合精装设计完成对地面线管的预埋设计，尽量在就近的柱子引下电源。

设备安装方面，需注意配电间的大小需合理选择，比如某国际航站楼安检区域设备配电柜，共计约 60 个漏电保护开关，配电柜需定制尺寸，体积较大，宽约 2.2m。

末端插座点位安装位置也需合理设计。地面插座设置位置需尽量贴近安检设备，且应设置在安检设备靠近操作人员的一侧，不可安装在靠近旅客通行路由的一侧。确实有困难，电源点会暴露在旅客通行区域的情况下，应配合精装对电源点进行遮挡隐蔽处理。

4.3.3 登机桥及桥载设备配电

1. 登机桥及桥载设备配电设计范围

登机桥及桥载设备主要用电负荷为：登机桥桥载 400Hz 静变电源、登机桥照明空调设备、飞机地面空调电源。此类负荷属二级负荷。一般情况下，400Hz 静变电源、活动端电源共用供电电源，在登机桥固定端下设配电箱进行二次配电，配电箱及进线电缆属于航站楼电力设计范围，配电箱出线属于飞行区电力设计范围。飞机机舱专用空调配电箱进线电缆属于航站楼电力设计范围，配电箱及出线属于飞行区电力设计范围。

2. 登机桥及桥载设备配电案例

以航站楼近机位为例，登机桥及桥载设备配电方式为以下几种类型设备供电：

1）飞机机舱专用空调供电：客机在停泊登机桥期间，发动机关闭，机内空调需由登机桥下安装的飞机机舱专用空调提供。飞机机舱专用空调电源由就近变电所引来，空调的功率根据登机桥停靠飞机类型确定，一般为 C 类 150kVA，D 类 225kVA，E 类 280kVA，F 类 2 ×225kVA。

2）登机桥动力电源供电：该类电源用于登机桥自身动力和飞机停靠时检修维护用。航站楼在每个登机桥靠空侧立柱上设置一个登机桥电源配电箱，用于登机桥自身动力和飞机停靠时检修维护供电。登机桥自身空调负荷若较小，也可接入本配电箱。需注意，由于本配电箱出线的使用方可能较多，需区别航站楼和航空公司用电，为合理计费，需在本配电箱出线设置电表计量。图 4-3-1、图 4-3-2 为登机桥电源配电箱系统图。

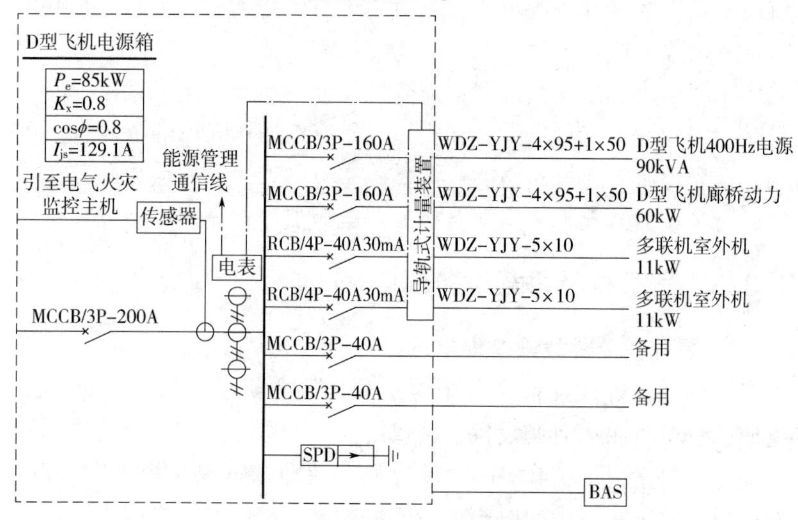

图 4-3-1 单层登机桥电源配电箱系统图

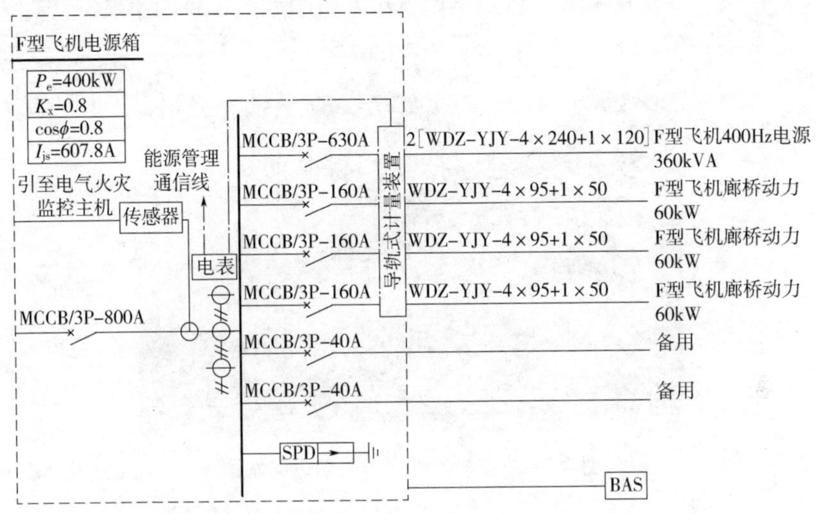

图 4-3-2　多层登机桥电源配电箱系统图

3）登机桥空调供电：保证旅客在登机过程中的舒适度，登机桥需安装自身的空调系统。由于登机桥大小各异，空调负荷大小需以项目实际情况为准。部分单层登机桥空调负荷容量在 10～15kW，此类情况将空调电源接入登机桥电源配电箱，不再另外设置配电箱。对于多层登机桥，比如多层单头登机桥，空调负荷容量为 55kW，登机桥动力电源容量为 60kW，登机桥空调负荷单独设置配电箱。

4）登机桥其他用电负荷供电：登机桥的照明负荷建议从航站楼内部引来，且接入航站楼智能照明系统，以便于航站楼整体的运营管理。同理，疏散照明系统也应从航站楼内部引来电源，灯具接入就近防火分区的控制箱。多楼层的登机桥内的扶梯、电梯一般由航站楼电梯配电箱供电。

3. 登机桥及桥载设备电力干线敷设

登机桥是用于连接机场航站楼与飞机舱门的设备，它的设计需要考虑到旅客的舒适性和便利性，登机桥旅客通行走道净高通常宜为 2.4m 以上，因此对于单层登机桥，通常电缆桥架沿桥底敷设，以保证走道净高，与视觉美观，如图 4-3-3 所示。桥架内含有登机桥空调、登机桥电源、机载空调电源的电缆回路，桥架由航站楼直接引来。

图 4-3-3　登机桥桥底桥架敷设实例图

对于多层登机桥则可利用登机桥吊顶、登机桥桥底进行桥架敷设。如某航站楼多层登机桥，其 5.1m 标高、9.5m 标高空间的吊顶内，还分别设置一根 SR100 × 100 桥架，用于本标高的扶梯、直梯、照明供电。吊顶内桥架由航站楼二层、三层吊顶引至登机桥吊顶。

4.3.4　站坪照明及站坪机务配电

1. 站坪照明及站坪机务配电设计范围

站坪照明、站坪机务用电属于一级负荷。站坪照明监控室和目视停放停靠引导监控室均采用双电源供电，从航站楼相应变电所引两路电源至各个监控室配电箱，配电箱及以下属于飞行区设计范围。站坪照明、站坪机务用电一般由飞行区设计单位完成设计，航站楼电力设计在变电所设置出线、预留路由。

2. 主要用电设备

站坪照明系统主要依赖于高杆灯实现，这些高杆灯通常被安装在机位安全线附近，采用 LED 光源并配备无功功率补偿。除了用于机坪照明的功能，每个灯杆还能在非机坪方向安装道路和场地照明灯具。此外，灯杆上还需安装航空障碍灯，这些障碍灯按照航站楼最高负荷等级进行供电，以确保飞行安全。在机位号码标记方面，近机位及顶推远机位会在安全线外设置单面机位号码标记牌，而自滑进出远机位则会在两机位之间设置机位号码标记牌。这些机位号码标记牌均采用了内部照明方式，以确保在任何光照条件下都能清晰可见。这些标记牌的供电通常由航站楼变电所提供。

同时，每个机位都配备了目视停靠引导系统，这一系统通过直观的视觉信号为飞机提供停靠指导，确保飞机能够安全、准确地停靠在指定机位。

近机位配电箱、柜提供机坪工频用电。登机桥固定端桥载400Hz静变电源用于机位机务用电。近机位供电取自航站楼配电间。

远机位需设置机位、维修机位固定式400Hz静变装置，并提供机坪工频用电电源。飞行区远机位距离航站楼或机场变电站较远，超过低压供电范围，因此在远机位区域设置箱式变电站，为机坪照明及机务用电设备提供电源。远机位供电属于飞行区供电工程。

3. 电缆敷设

机坪用电通常由地面管井敷设电缆。设计需注意在靠空侧的配电间、变电所外墙预留埋管。电力电缆采用穿保护管敷设方式，道面、服务车道、车辆停放区上及其附近的电缆井选用加强型承重井。电缆横穿排水沟时，改为穿钢管敷设。

机位机务用电则详见4.3.3登机桥及桥载设备配电，电缆通过登机桥完成敷设。

4. 计量

在每个出线回路处设置电力智能仪表，用于监控400Hz电源和高杆灯等设备的回路，通过光缆连接实现数据的实时传输。这一系统能够精确监控机坪用电对象的用电情况，并进行用电量统计。此外，该系统还具备灵活接入功能，可以根据用户需求接入不同的系统，例如航班信息管理等，并具备计费打印报表等实用功能，为用户提供全面、便捷的电力监控与管理解决方案。

4.4 智慧电力配电创新技术

4.4.1 终端电气综合治理保护装置创新技术

终端电气综合治理保护装置 NTPS 是对末端回路电流进行检测、分析，依照供电持续性、安全性原则，治理三相不平衡，对精密设备进行保护，消除零线电流，对零线过流的情况进行过流速断保护（断相线不断零线），提供定时限、反时限保护的电气产品。正常状况下，NTPS 一方面消除电气回路内的谐波、治理三相不平衡，另一方面对中性线进行监测；故障状态下，允许中性线短时过流运行，若故障不消除，启动中性线保护系统，通过断开相线，从而彻底解决因中性线过流、过热导致的断零、火灾等事故发生。

如图 4-4-1 所示，工作原理为：NTPS 首先通过电流互感器检测出三相负载电流，然后通过基于 FPGA 的高速数字控制器实现的指令电流控制算法（基于 FFT + AI 的人工神经网络算法），将三相负载电流分解为以下几个部分：基波正序有功电流 i_{1fp}、基波正序无功电流 i_{1fq}、基波负序电流 i_{2f}、基波零序电流 i_{0f}、谐波电流 i_h。即

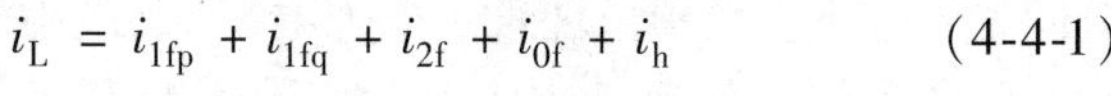

$$i_L = i_{1fp} + i_{1fq} + i_{2f} + i_{0f} + i_h \tag{4-4-1}$$

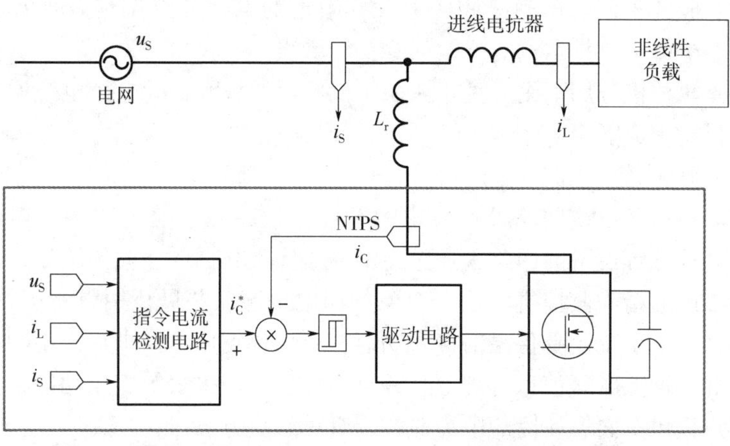

图 4-4-1　终端电气综合治理保护装置原理图

NTPS 控制功率电路实现输出电流跟踪指令电流，系统给定不同的类别的指令电流代表着 NTPS 分别工作在不同的补偿状态：

1） $i_c = -i_{1fq}$　补偿电网无功功率。

2） $i_c = -i_{2f}$　补偿电网负序分量。

3） $i_c = -i_{0f}$　补偿电网零序分量。

4） $i_c = -i_h$　补偿电网谐波电流。

其中负序分量和零序分量即为基波不平衡电流，通过补偿负序电流和零序电流就可以实现三相的不平衡电流补偿。

4.4.2　物联网智能断路器创新技术

1. 智电安智能断路器

智电安智能断路器是应国家智能电网发展和泛在电力物联网市场需求而研制的高新技术产品，具有电参实时采集、配用电数据和状态实时监测、短路、过流、过载、过欠压、过温、缺相、漏电等基础用电监控和安全保护功能，同时具有能耗计量统计、远程/定时分合闸、故障诊断、安全预警、阈值设定和数字限控电等智慧管理功能。

通过融合智慧云平台、计算机 Web/手机 APP 客户端软件，实现强弱电一体、软件硬件一体化、能管安全一体化、云管端一体化等高集成智慧能力，智能断路器功能上可替代近 20 种传统元器件，具有占位少、易安装、免布线等突出优势，系统设计简化，成套和安装简单，一步到位实现智慧运维，是智慧电力配用电系统最优方案，如图 4-4-2 所示。

2. 系统应用拓扑图

物联网智能空开系统应用拓扑图如图 4-4-3 所示。

3. 产品选型指导

1）智能小型断路器：ZDAB2N-100，1P/2P/3P/4P；RS485 通信接口。

2）小型漏保断路器：ZDAB1L-80W，2P/4P/1PN/3PN；RS485 通信接口。

3）小型系列电流等级：6A/10A/16A/20A/25A/32A/40A/50A/63A/80A/100A。

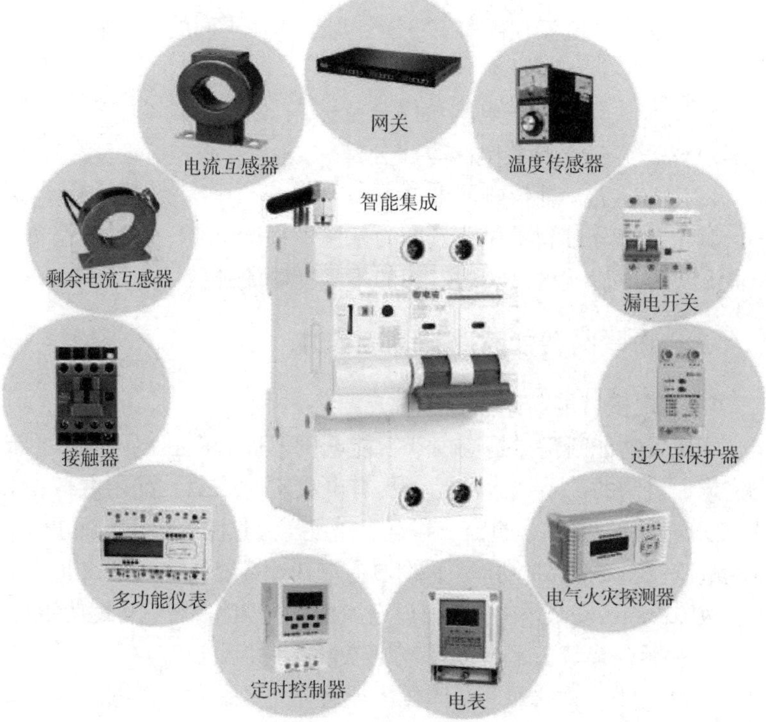

网关
电流互感器
温度传感器
智能集成
剩余电流互感器
漏电开关
接触器
过欠压保护器
多功能仪表
电气火灾探测器
定时控制器
电表

图 4-4-2　物联网智能断路器功能示意图

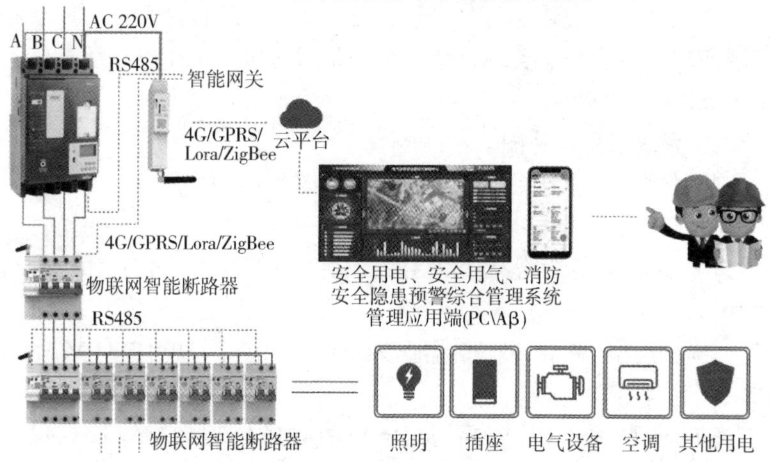

图 4-4-3　物联网智能空开系统应用拓扑图

4）计量型智能塑壳断路器：ZDAM6EL-125，250，400，630，800RS485 通信接口。

5）智能断路器需配套通信网关使用，独立款产品集成网络通信功能。全系支持 4G、WiFi、以太网、RS485、LORA 等多种通信方式。

6）支持与第三方智慧平台和客户端对接，通信方式和协议：MQTT、MODBUS。

4.4.3 充电桩创新技术

机场航站楼的陆侧、飞行区及工作区需建设服务于各类车辆的充电桩，充电桩的设计与选型关系到整机场的工作效率，应对产品性能有严格要求，既要有安全、可靠、节能的出色品质，又要有一定的创新技术。

1. 全站功率调配技术

充电机总的输出功率大于箱变安装容量，易造成箱变低压侧总开关跳闸。采用全功率调配技术，充电机内部集成本地能源管理功能，实现本地化功率调配，防止充电桩专用变压器总出线开关过载跳闸，确保变压器运行的稳定性。在充电机两两之间手拉手增加一条 RS485 通信线，即可实现充电机组之间的功率调配，组网形式灵活，成本低，如图 4-4-4 所示。

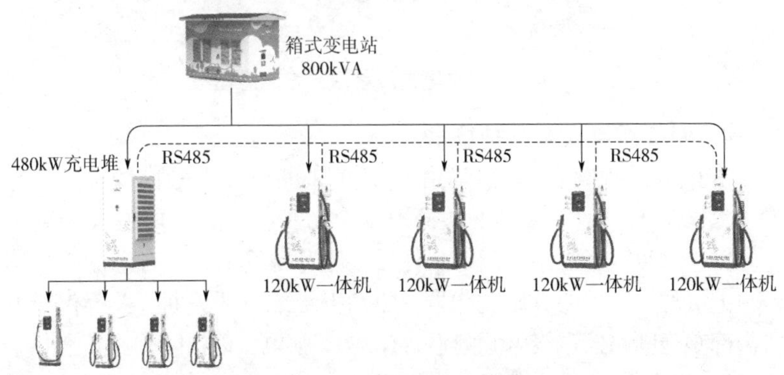

图 4-4-4　充电桩拓扑图

2. 充电枪轻量化技术

枪线采用分线减隙工艺，主回路 DC +、DC - 的线径截面面积改为 $2\times35\text{mm}^2$，使整个枪线外直径降低至 30mm，枪线重量由单米 2.82kg 降低至 1.8kg。枪线外被材质采用 TPU，枪头进行优化设计，重量由 856g 降低至 600g。提枪轻便，用户体验感好，低温环境下柔软度明显改善，不易出现僵硬情况。

3. 充电枪线管理技术

充电机在待机状态下枪线拖在地面，容易磨损和受到车辆的碾压而损坏。通过充电枪线管理技术，增加充电桩悬臂装置，实现充电状态和待机状态下枪线不拖地，且枪线回收归位时更加省力便捷，避免枪线磨损和受到碾压，提升用户操作体验，如图 4-4-5 所示。

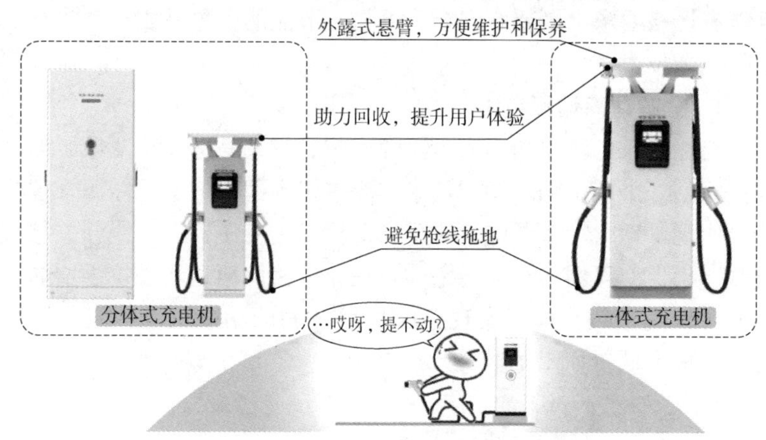

图 4-4-5　充电枪线管理技术示意图

4. 两级断电安全防护技术

充电机被拉倒变形，上游配电开关未断电，人触摸情况下，易发生人员触电事故。采用两级断电安全防护技术，充电机检测到发生倾倒、水浸或者强制开门等事件后，可自动发出一个有源的 I/O 信号至上级配电开关的分励脱扣器，驱动上级配电开关断开，确保充电机内部塑壳断路器进线电源侧不会有 380V 强电，以保障人员安全。

5. 双平台接入及智能运维技术

充电桩敷设分散，运维难度大。采用双平台接入技术，充电机接入一个平台做运营结算，再直连接入一个智能运维平台，充电机将详细的状态数据上传至运维平台，运维平台通过对这些数据进行统计分析，判断充电机健康情况，实现设备状态智能分析及主动运维提醒。运维平台支持故障录波、日志导出、远程 OTA 升级、器件使用情况统计等功能，可远程定位诊断超过 90% 的异常问题，运维问题解决时间由平均 1 天减少至 2h 左右。

6. 故障录波及云诊断技术

出现疑似故障特征或实际故障发生后，充电机可记录故障前后电池、充电机的关键信息（电压、电流、SOC、温度、单体电池信息等）、完整的通信报文等信息，并同时上传至监控云平台，云平台可进行远程诊断分析，判断故障原因，提升故障分析的效率；同时故障录波信息在云端和本地双存储备份，以便于后期的事故判责。

7. 全液冷超充技术

充电堆主机、充电终端皆采用液冷散热技术，称之为全液冷。液冷整流柜噪声可做到 60dB 以下，防护等级可达到 IP55，使用寿命一般可达 15 年。液冷超充技术已实现 600A 甚至更大电流充电，真正达到充电 5min，续航 300 + km 的超级充电效果，同时大幅降低充电枪重量，提升用户体验，如图 4-4-6 所示。

图 4-4-6　大功率充电堆

8. V2G 车网互动技术

在企事业单位、工业园区等微电网场景下，采用 V2G 技术、新能源微网系统调控，不仅实现电动汽车充放电，为电动汽车车主带来收益，还实现微网及区域电网的电量和功率平衡调整，无需增容区域配电容量，保障电网安全运行。

第5章　电气照明系统

5.1　概述

5.1.1　电气照明系统特点及设计原则

1. 特点

(1) 多层次照明需求

航站楼需要满足多层次的照明需求，包括基础照明、局部照明、引导照明、氛围照明、广告照明、景观照明、泛光照明等。

(2) 多种照明方式

1) 直接照明：这是航站楼中最常用的照明方式之一。采用直接照明灯具，将光线直接投向需要照明的区域，效率较高且能源损失较少。

2) 间接照明：这种方式利用建筑结构或装饰材料的反射来照明。它通常采用大功率投光灯，将光线投向具有高反射率的顶棚或墙面，再通过反射使光线均匀散布在空间内。

3) 融合直接照明和间接照明的方法：这种方法既能利用间接照明来展示建筑物的结构特征，又能通过直接照明来满足功能性照明需求。

(3) 高可靠性

航站楼作为重要交通枢纽，其运行的可靠性与稳定性是各项工作的重中之重，电气照明系统建立的光照环境是确保航站楼内航空工艺流程顺利完成，安全生产，提高各项工作效率，旅客身心健康的重要保障。

2. 设计原则

1）以人为本：航站楼电气照明系统的设计应以满足旅客和工作人员的需求为出发点，提供舒适、安全、便捷的照明环境。例如，应避免过强或过弱的照明对视觉造成不适，提供足够的亮度以满足工作需求等。

2）功能性：电气照明系统应满足航站楼的各种功能需求，如引导、标识、美化等。通过合理的布局和设计，使照明与空间功能相协调，提升旅客的出行体验。

3）可靠性：从设备选择、电源供给、线路敷设、冗余备份、电能质量、故障诊断和报警等方面全面考虑可靠稳定运行。

4）安全性：在设计过程中，应充分考虑电气照明系统的安全性。需要使用满足国家规定的电子设备和材质，以避免人体受到电击、照明线路受损以及电气火灾对照明配电系统造成的影响。这些设备包括短路保护、过载保护、接地故障保护、故障电弧探测等，它们的作用是切断故障通道或者发出警告信息，从而保证整个系统的安全运作。

5）智能化管理：为提高管理效率和降低能耗，航站楼的电气照明系统需通过智能照明控制系统实现对照明设备的远程监控、定时开关、调光调色等功能，以及与其他系统的联动控制，提升整体智能化水平。

5.1.2 照明配电系统

1）放射式配电系统：在此类配电系统中，每个照明负荷或一组照明负荷都直接从配电柜或配电箱供电，其优点在于供电可靠性高，但缺点是电缆用量较多，初投资成本相对较高。

2）树干式配电系统：在这种配电形式中，多个照明负荷沿一条干线（通常称为“树干”）供电。树干式配电系统的优点是电缆用量较少，投资成本相对较低，但供电可靠性较放射式略低。

3）混合式配电系统：混合式配电系统结合了放射式和树干式

的特点，既有直接从配电柜或配电箱供电的分支回路，也有沿树干（如采用照明母线）供电的分支回路。这种方式在航站楼中较为常见，可以根据不同区域的需求灵活配置，实现经济性和可靠性的平衡。

4）照明配电系统可采用两个不同照明供电电源（自双重电源供电的两台变压器低压侧各引一路电源）回路各带50%正常照明灯具的供电方式，可满足二级负荷的供电要求。对于负荷级别为一级的照明负荷采用两路电源经双电源自动切换装置为其供电。

5）候机厅、出发、到达大厅、安检、行李托运、行李提取等正常照明因故障熄灭后，需确保正常活动场所设置的备用照明，为其供电的双电源切换装置切换时间不应大于0.15s，当其中一路由柴油发电机组提供应急电源时，该路电源应设置EPS后与另一路电源切换，为备用照明灯具供电，以满足切换时间的要求。

6）照明配电箱的三相电源线路，其中性线截面应满足不平衡电流及谐波电流的影响，且不应小于相线截面。

5.1.3 照明控制系统

航站楼照明控制系统通常采用智能照明控制系统实现智能控制，完成场景模式调节、故障报警、远程监控和节能管理等功能，以提高照明系统的可靠性和经济性，为旅客和工作人员提供舒适、高效的建筑光环境。

根据通信方式的不同，智能照明控制系统主要分为总线型和无线型两种控制系统，在实际应用中也可根据实际需求采用总线型和无线型相结合的方式，以实现更加灵活、高效和可靠的照明控制。

总线型智能照明控制系统主要包括KNX、C-BUS、CAN、RS485总线等几种常用形式。无线型智能照明控制系统主要包括WiFi、蓝牙、ZigBee、LoRa、NB-IOT、WF-IOT等。总线型智能照明控制系统在可靠性、稳定性、安全性方面优于无线型系统，因此，在航站楼内公共区域或重要场所应用较多，无线型设备部署灵活且具有高扩展性，多用于非公共区域内布线难度大、建筑分隔可能调整、局部区域以及需要快速部署的场所。在应用无线型智能照明控制系统时，需保证系统的电磁辐射、频率使用范围、电磁兼容性等指标均应严格遵守中国民用航空局及国家的相关标准和规定，航站楼常用的智能照明控制系统控制策略见表5-1-1。

表5-1-1 航站楼常用的智能照明控制系统控制策略

控制策略	描述	适用范围
分区域照明控制	根据不同区域的功能需求，对照明进行分区域控制，实现对各区域内灯具的独立控制，包括开关、调光和调色等功能	适用于航站楼内不同区域的个性化照明需求，提高照明舒适度和节能效果
定时控制	基于时间表的照明控制方式，可以在特定时间自动打开或关闭灯具，或者调整灯具的亮度和颜色	适用于航站楼内需要按照固定时间表运行的区域，如候机大厅、登机口等
感应控制	基于人员活动或环境变化的照明控制方式，可以实时监测人员活动和环境光照强度，并根据预设的规则自动调整灯具的开关状态和亮度	适用于实现有人灯亮、无人灯熄的效果，提高照明舒适度和节能效果
与航班联动	通过集成航班信息系统和照明控制系统，实现灯具与航班信息的实时联动，根据航班信息的变化，自动调整航站楼内各个区域的照明亮度和色温，在航班起降高峰时段，自动提高照明亮度，提高旅客的出行效率和舒适度，而在航班间隙或低峰时段，系统则会适当降低照明亮度，以节省能源	适用于各种规模和类型的机场，特别是那些拥有复杂航站楼结构和大量照明设备的大型国际机场和枢纽机场
集中控制	将所有照明设备连接到中央控制器的照明控制方式，可以对航站楼内所有灯具进行统一控制和管理	适用于大型航站楼，可以方便地对整个照明系统进行集中管理和维护

此外，随着物联网、云计算、大数据等技术的发展，智能照明控制系统的功能和应用范围还在不断扩展。例如，可以通过智能手机APP或楼宇管理系统（BMS）实现对航站楼照明系统的远程控制和管理；也可以利用大数据技术对航站楼内的照明使用情况进行统计和分析，为优化照明设计和提高节能效果提供数据支持。

5.1.4 本章主要内容

本章内容包括航站楼电气照明系统概述、照明配电系统、照明控制系统、照明设计以及智慧电气照明的创新技术等，这些内容的合理设计和实施不仅关乎机场的运营效率和安全保障，还直接影响旅客的舒适体验和满意度。同时，航站楼照明系统的节能环保对于减少能源消耗、降低运营成本、实现绿色机场具有重要意义。电气照明系统的负荷分级见第 2 章 2. 2 节，消防应急照明见第 8 章 8. 5 节，本章仅描述非火灾条件下的应急照明部分内容。

5.2 照明设计

航站楼照明设计的首要目标是创造良好的可见度和舒适愉快的空间环境，让旅客享有身心愉悦的光环境感受。照明设计对于展现建筑文化，营造空间情绪，建立舒适健康的建筑内部生态环境有着十分重要的作用。在交通建筑设计中，要善于融合运用各种新颖的设计思路、先进的设计方法、新兴的照明技术，合理地营造照明光环境，有效提升航站楼的照明品质和节能水平。当下先进的灯控系统都可以不同程度地改变光源的颜色及色温，既可以结合节气特点形成不同的照明效果，又可以对旅客的情绪产生不同的影响，或使人感到平静放松，降低行动速度以便驻留，或使人感到活跃警醒，加快通行流程节约通关时间。通过建立不同主题的光环境，从而创造出视觉趣味和独特的情感体验。

首先，航站楼照明设计是一项综合性工程，需要考虑安全性、舒适性、能效性和美观性等多个方面的因素，航站楼内包括出发大厅、候机大厅、行李提取厅、到达大厅以及商业区、安检区、工作区等不同功能区域，每个区域对光照效果的需求不同，需要根据功能和使用场景进行合理划分，满足功能需求。

其次，在人性化设计方面，航站楼是人流量大、旅客停留时间较长的场所，因此照明设计要考虑到旅客的舒适感。通过合适的色温、光强度和光分布，提供舒适的视觉环境，应尽量避免眩光和反射光线出现。

再次，作为大型公共交通建筑，航站楼是公共建筑节能降碳“领头羊”，具有极强的示范表率作用，因此，作为占公共建筑能耗约30%的建筑照明系统，其能效表现至关重要。在航站楼照明设计中，应尽量推广新型节能灯具、智能照明控制系统，并充分利用自然光等清洁能源，降低系统能耗，降低碳排放，进而减少对环境的影响。

最后，航站楼作为重要的城市门户和旅客的第一印象地点，照明设计需要考虑美观性、展示性，好的照明设计可有效提升航站楼的整体形象，为城市宣传、人文展现做出贡献。

综上所述，航站楼照明设计涉及领域广泛且专业性强。从建筑特点的分析，照明方式的选择到灯具光源的比对，再到专业性极强的照度计算和光色设计等方面，都需要设计者深入思考并做出恰当的决策。

5.2.1 照明方式选择及照度计算

1. 照明方式选择

航站楼照明方式的选择需要综合考虑功能性、美观性、能效表现、人性化以及创新性等多个方面，通过全面分析和优化设计方案，充分满足航站楼各个方面对照明的需求，为乘客和工作人员创造安全、舒适、高效、环保的照明环境，从而提供更加优质的使用体验和服务。

1）航站楼照明设计中常见照明方式的优缺点分析见表5-2-1。

表5-2-1 航站楼照明设计中常见照明方式的优缺点分析

照明方式	优点	缺点
直接照明	能够提供明亮、均匀的照明，适合要求较高工作照度的区域，如安检区、候机厅主要通道等	直接照明对灯具的布置方式、安装位置和美观度有严格的要求，需要确保灯具外观与建筑风格相协调；可能会产生眩光，需要注意灯具出光面的方向和强度，需考虑防眩光配件的使用，避免对乘客视线造成干扰
间接照明	能够营造柔和、舒适的环境氛围，适合用于休息区、商业区等需要营造温馨感的区域	效率较低，能效表现不如直接照明方式，且照明效果受建筑装饰材料的影响较大，并且不适合需要精细视觉信息的区域，如候机厅中的航班信息显示区域以及海关检查检验等区域

（续）

照明方式	优点	缺点
混合方式	兼具直接照明和间接照明的优点，既能提供明亮的照明，又能营造舒适的环境氛围，可满足各类不同功能区域的需求	需综合考虑的设计细节更为复杂，需要大量精准的照明计算数据作为设计支撑，以确保两种照明方式的互补和协调，设计难度较大

2）航站楼照明设计基本原则见表5-2-2。

表5-2-2　航站楼照明设计基本原则

功能需求	需要考虑不同区域的功能需求，如出发大厅需要明亮、通透、均匀的照明，使旅客能够轻松辨识航班信息和设施位置。候机区则需要提供柔和而舒适的等待环境，帮助乘客放松身心。安检区需要高照度的照明环境，确保通道、出口和检查区域良好的可见性，同时避免造成眩光或阻碍视线，而商业区则需要吸引人的照明氛围，以更好地展示商品并提升旅客的购物体验
空间特点	航站楼照明设计需要综合考虑建筑内各区域的空间特点，包括高度、面积、自然光线情况等，选择适合的照明方式和照明布局，兼顾直接照明和间接照明各自的优点，创造出丰富多样的空间层次感
美观性	航站楼照明设计需要考虑美学因素，评估照明设计对航站楼整体美感和氛围的影响，结合建筑风格和文化特色，营造独特的视觉体验。如直接照明可以突出细节，间接照明则可以营造柔和的环境。不同区域也可以采用不同的色温，以实现不同的视觉效果和氛围，比如温暖色调的照明可营造温馨感，偏冷色调的照明可以营造高效感
能源效率与可持续性	在选择照明方式时，要推广能效表现优秀的灯具以及高效节能的控制方案。现代航站楼通常会采用LED等高效照明设备，并结合智能控制系统根据不同时间段和区域的需求调整照明亮度与开关状态，来实现照明系统的节能管理，从而降低能耗，降低碳排放
成本考量	不同的照明方式在设备选择和安装成本上也有所差异，需要综合考虑投资成本和长期运营成本，选择经济合理的方案

3）人性化设计：进行航站楼照明设计时，除了考虑上述基本面的因素外，还应考虑用户体验的人性化因素，以乘客和工作人员的视角出发，考虑照明对用户体验的影响。

①舒适性与视觉观感：照明设计应该考虑乘客和工作人员的舒适感。例如，在候机厅和登机口区域，照明应该避免眩光和闪烁，

确保视觉舒适度，特别是对于长时间在航站楼内等待的乘客而言。

②安全性与便利性：航站楼是人员密集的场所，照明设计需要考虑安全性因素。例如，各处通道和紧急出口需要明亮且均匀的照明，以确保乘客在紧急情况下能够快速而安全地撤离。

③适应性与灵活性：航站楼内部空间巨大，是一个动态变化的环境，照明方式的选择需要具有一定的适应性和灵活性。可采用可调节照明、场景模式切换和智能控制技术，根据不同时间段和活动需求调整照明亮度与色温，以适应不同季节、不同天气状况对照明系统的影响。

4）现场环境限制：航站楼照明设计中，照明方式的选择必须考虑照明设备现场安装条件的限制，以确保与建筑幕墙、围护结构、顶棚和屋面之间在美观性及功能性上均保持相互协调，既要形成统一的整体观感，又要为照明设备提供安全可靠的运行环境，主要需考虑的要点包括：

①建筑幕墙和围护结构：考虑结构强度和装饰性，确保灯具安装不影响建筑结构的承载能力和外观美感。

②顶棚和屋面：根据材质反射率、颜色、分布形状等特点选择合适的安装位置，避免光线反射问题，并需要考虑照明效果与整体设计的协调性。

③美学效果和设计一致性：保持与建筑风格的契合，选择合适的灯具安装位置，确保灯具安装方式与整体设计一致，形成和谐的视觉效果。

航站楼照明设计涉及内容繁多，专业性强，为了使设计方案更加全面，可以采取计算机模拟与等比模型实验，利用计算机模拟软件或实际搭建模型进行照明效果模拟和实验，评估不同照明方式的效果和适用性。

2. 照度计算

照明设计是艺术设计与技术设计的统一，从技术角度看，照明设计是针对各种光度学表征参数（如照度、均匀度、色温、显色指数等）进行的专业设计。通过合理调节光属性中各类参数，科学谨慎地使用光，控制光，既能充分利用光带来的功能性作用，又能将光精心运用于建筑设计中，有效提升建筑本身的品质。因此，如何精确求解各项光度学参数是照明设计工作的重中之重，也是评判照明设计方案合理性的主要依据。我国交通建筑电气设计规范中对航站楼内各主要区域的照度标准值、统一眩光值限值（UGR）、显色指数要求见表5-2-3，此外，还要求交通建筑内有作业要求的作业面上（如值机台、安检台等）一般照明照度均匀度不应小于0.7，非作业区域、通道等的照明照度均匀度不宜小于0.5，高大空间公共场所中当利用灯光作为辅助引导旅客客流时，其场所内非作业区域照明的照度均匀度不应小于0.4且不应影响旅客的视觉环境。

表5-2-3　交通建筑常用房间或场所照明参数标准值

房间或场所		参考平面及其高度	照度标准值/lx	UGR	R_a
售票台		台面	500	≤19	≥80
问讯处		0.75m水平面	200	≤22	≥80
候机室	普通	地面	150	≤22	≥80
	高档	地面	200	≤22	≥80
中央大厅		地面	200	≤22	≥80
海关、护照检查		工作面	500	≤22	≥80
安全检查		地面	300	≤22	≥80
换票、行李托运		0.75m水平面	300	≤19	≥80
行李认领、到达大厅、出发大厅、售票大厅		地面	200	≤22	≥80
通道、连接区、换乘厅、进出站、地道		地面	150	—	≥80
自动售票机/自动检票口		0.75m水平面	300	≤19	≥80
VIP休息		0.75m水平面	300	≤22	≥80
走廊、流动区域	普通	地面	75	—	≥60
	高档	地面	150	—	≥80
楼梯、平台	普通	地面	50	—	≥60
	高档	地面	100	—	≥80

照度计算的方式和方法涵盖了多个方面，根据具体的需求和情况可以选择不同的方法来进行，传统的照度计算方法常见的有点源

法、均匀照明法、逆向法三种。点源法是通过计算光源到达特定位置的光照强度来确定照度，根据光源的光通量（lm）和光分布曲线，计算特定距离的光照强度，再根据照度公式计算照度值（lux）；均匀照明法适用于大面积空间的整体照明设计，首先将空间分为网格或区域，计算每个区域的光照强度，然后根据区域面积和光照强度通过均匀性计算得出平均照度值；逆向法是根据空间的设计要求和目标照度值，反推出所需的总光通量，再根据灯具的光效和光分布情况选择合适的灯具类型与数量，常用于确定灯具的选择和布局。

上述传统方法可应用于航站楼内一般工作区域（如办公室、设备机房、普通走廊等）的照度计算，但在航站楼内如高大空间、异形空间、多种照明设备混合设置的空间等复杂计算场景内，无法通过传统计算方式完成照度计算工作。目前国内外通行的做法是利用专业照明计算软件进行仿真计算，从而解决在这类空间中进行高精度照度计算的难题。

一般来说，仿真软件是通过建立精确的几何模型与光照模型，来实现对复杂照明环境的高精度计算与计算机表达。几何模型是指在计算机中建立的建筑空间模型，而光照模型基于著名的“The Rendering Equation”—“渲染方程”，是光传播过程的一种数学描述与表达。“渲染方程”的核心思想是某一点在某一方向上的辐亮度，是此点上的直射光和反射光的辐亮度总和，其本质上是复杂的麦克斯韦电磁波方程组在几何光学领域中的一种近似简化表达方式。光照模型主要分为两种，光线跟踪模型和光能传递模型，目前主流的光环境仿真软件都是基于光能传递模型算法进行仿真计算的。

国外水平领先的照明计算软件开发商分为通用类和专用类两种，通用类是以 DIALux、Relux、AGI 等为代表的通用仿真软件，具有外挂灯具数据库插件，能够适用于各家照明灯具厂家的产品，专用类是以飞利浦等公司为代表的照明灯具厂家，他们提供的软件专门用于本企业照明产品的计算，这类软件不能适用于其他照明企业灯具产品的计算。

虽然专业照明计算软件有很多款，但使用方法与应用方式都基本类似，主要包括规划仿真方案、建立或导入建筑模型、确定照明形式和光源、确定其他各类参数、运行仿真计算、计算结果数据分析、方案优化等步骤，整个照明仿真计算流程如图 5-2-1 所示。

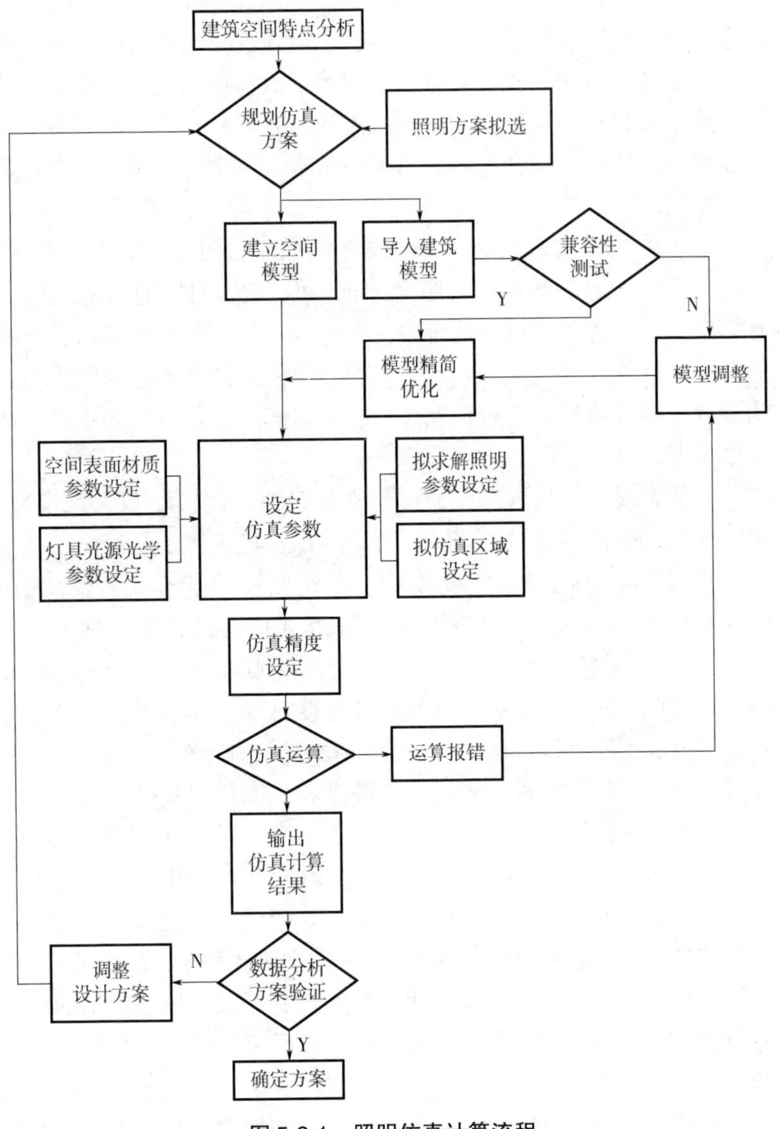

图 5-2-1　照明仿真计算流程

需要注意的是，照明仿真计算是一个持续反馈和调整的过程，需要对多次仿真计算的结果进行深度分析，对各种照明方式进行对比分析，找到照明设计方案中存在的问题和不足，不断调整并优化完善设计方案，直到各项指标数据均能很好地满足设计目标为止。软件仿真计算只是一种辅助计算手段，照明设计还包括一系列与仿真计算相关的技术外延。借由专业知识，对仿真结果进行合理分析并给出优化建议，才能充分发挥出照明仿真计算的价值。

此外，由于此领域的优秀软件大多为国外公司开发，其评价指标体系与我国相关规范的规定有所不同，因此，在开始仿真前的规划方案阶段就应当结合我国现行规范的要求制定照明设计方案，按照规范中的要求设定各项评价指标。

5.2.2 照明光源和灯具的选择

照明光源和灯具的选择对航站楼照明系统的设计至关重要，其影响着航站楼照明效果、能效水平、使用安全和用户体验等各个方面。因此，选择照明光源和灯具时需要综合考虑航站楼建筑对照明效果和品质的各项特殊要求。

根据航站楼不同区域的功能需求，如候机厅、登机口、商业区等，选择具有相应功能的照明光源和灯具，如调光、调色、方向调节等功能。

根据航站楼各个区域的照明效果要求，选择适合的光源和灯具，保证照度、色温、色彩指数等符合要求。

对于需要提升用户体验和舒适度的区域，如候机厅、商业区域，还需要注意选择具有良好色彩还原性和光线柔和性的灯具。

在选择照明光源和灯具之前，需要进行充分的市场调研，了解各种类型的照明产品和品牌，掌握其性能、价格、可靠性等方面的表现，进行综合评估和比较。

1. 光源类型选择

1）能效性能：航站楼内各区域都应选择能效较高的光源，如LED灯具，能够有效降低能耗和运营成本，符合节能的要求。

2）色温和显色指数：根据航站楼不同区域的功能和氛围要求，选择合适的色温和显色指数，保证照明效果良好。

3）光通量：根据照度要求和空间大小，选择光通量适中的光源，避免照度过强或不足。

2. 灯具选择

1）功能性能：根据不同区域的需求，选择具有不同功能的灯具，如调光、调色、方向调节等功能。

2）光分布：选择合适的灯具以保证合理的光分布特性，保证照明均匀性和舒适性。

3）安全性能：确保选择的灯具符合安全标准和规范，防止使用中出现安全隐患。

4）环境因素考虑：如温度和湿度，考虑航站楼环境的温度和湿度情况，选择耐高温、防潮的灯具。

5）环保性能：优先选择使用可再生材料或可回收材料制造的照明产品，降低对环境的影响。

6）用于应急照明的灯具应选用能快速点亮的 LED 光源。

3. 配光曲线选型

灯具的分类及选型有多种方法，在航站楼照明设计中，可着重参考灯具按配光曲线分类及选型的方法，优先使用眩光控制优秀、配光曲线与建筑的空间特色相匹配的灯具。

1）采用直接照明灯具如筒射灯、灯盘等灯具时，尤其应注意对筒射灯配光曲线的评估，因为在航站楼高大空间中为提升照明系统能效利用率而采用筒射灯时，所选灯具光束角度越小，发出的光线越聚焦，但可照亮的区域越小，且亮度越高，此时因为灯具发光面亮度较高，极易造成眩光。而灯具光束角度越大，发出的光线越散射，可照亮的区域越大，但亮度相对较低，容易出现工作面照度不足的现象，因此在使用这类灯具时，应充分评估不同光束角的灯具其光强分布的区别，如图 5-2-2 所示是常见筒灯及射灯同系列灯具不同光束角的配光曲线图，可直观表现灯具的光强分布表现。

2）如因空间高差大，工作面照度标准高等原因只能选择光束角较小的筒射灯时，应注意为所选灯具配置防眩光配件，以减少空间中过度眩光（包含直接眩光及反射眩光）出现的现象，常见筒射灯防眩光配件如图 5-2-3 所示。

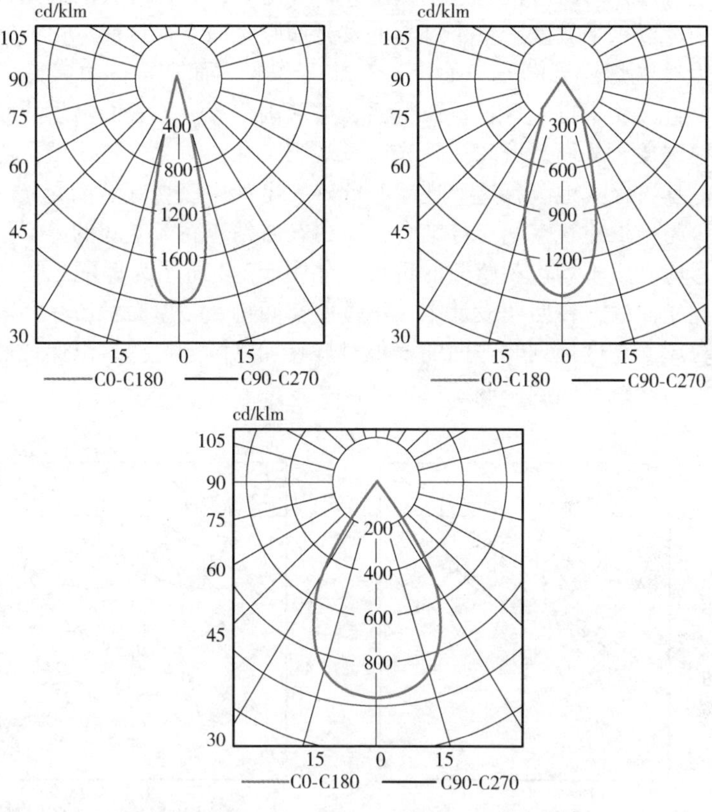

图 5-2-2　同系列灯具不同光束角的配光曲线图

图 5-2-3　常见筒射灯防眩光配件

3）航站楼出发大厅、候机大厅等高大空间一般需设置间接照明灯具以营造柔和、舒适的环境氛围。当采用大功率间接照明灯具如投光灯时，需考虑空间中顶棚的造型和材质特点。对间接照明灯具进行选择时，应优先选用偏配光投光灯具，这种灯具的应用优势在于可以水平放置，整个灯具的发光面竖直向上，从而尽可能降低了因投光灯过亮的发光面出现在旅客视野内而造成的直接眩光影响，且大功率投光灯在玻璃幕墙、玻璃围栏等玻璃表面易形成镜像反射现象，从而造成间接眩光以及观感杂乱的情况，选用偏配光投光灯具可极大地改善这一现象。此外，可利用该类灯具偏配光的特点，与异形建筑空间充分结合，减少在航站楼高大空间的异形顶棚上形成亮度不均、观感差的现象。如图 5-2-4 所示为偏配光投光灯的配光曲线，在照明设计中，可按照空间特点、屋面材质、照度规划、屋面亮度规划等方面的要求对灯具加以区分选择，以保证照明设计与建筑空间的协调统一。

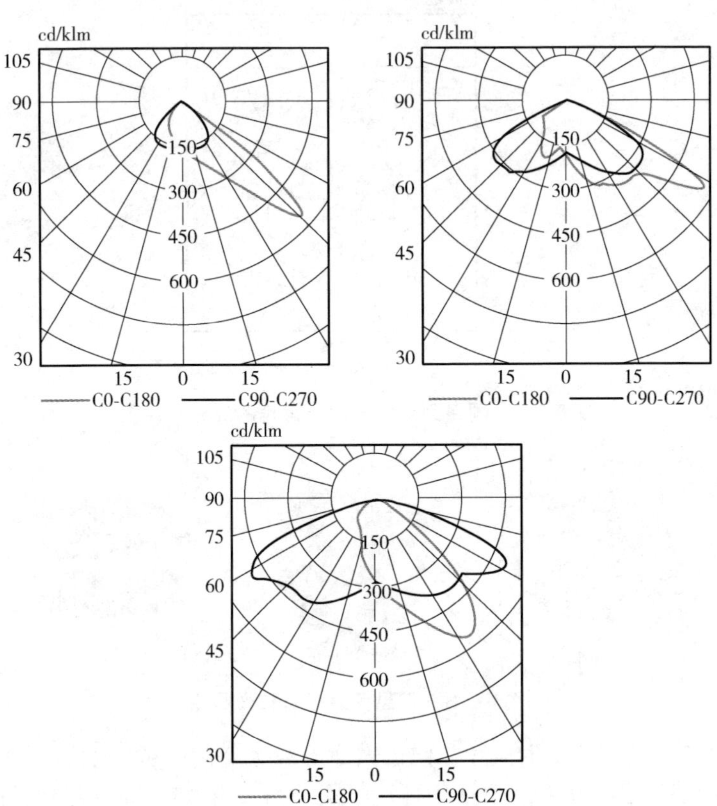

图 5-2-4　偏配光投光灯的配光曲线

最后，在灯具选择完成后，需对所选定的照明产品进行实地测试，详细检查其照度、色温、色彩还原性、光线均匀性等各项性能，并实地评估灯具表现是否与建筑特点相匹配。

5.2.3 出发大厅照明

航站楼建筑主要面向人群是旅客，旅客往往比较重视清洁和友好的空间环境，出发大厅是旅客进入航站楼的第一个区域，主要包括安检区、行李托运区、航班信息显示区等，通常被设计为高大空间厅堂。乘客需要在此处查看航班信息、办理登机手续、托运行李等。因此，照明设计应该既满足安全、实用性，也要考虑舒适性和美观度。将照明设计和建筑设计相结合，营造便捷、高效、友好的出发大厅环境，减少旅客在等待和安检过程中的不适感，提高航站楼形象和服务质量。

1）通过直接照明和间接照明相结合的方式设计出发大厅照明，既能满足照明效果和实用性的要求，又能提升舒适性和美观度，为旅客创造更加愉悦和舒适的出行体验。

2）直接照明部分采取 LED 筒灯、LED 射灯或 LED 面板灯，这些灯具能够提供均匀、高照度的光线，满足安检和候机区域的照明需求。此外，这部分灯具还应采用高显色指数的 LED 光源，以确保光线能够真实还原物体的色彩。

3）间接照明部分采用较大功率的投光灯具直接投向具有一定反射比的浅色顶棚，形成以反射光为主的漫射立体光环境，可以有效地提高照明均匀度和减小阴影浓度，形成柔和的环境光，减少直射光的刺眼感。间接照明灯具可选择亮度可调的 LED 光源，方便根据场景、季节、时段的不同需要调节亮度输出，营造舒适的照明环境。间接照明灯具的安装位置需谨慎选择，尽可能避免人眼可直视灯具发光面的情况出现，如因条件所限无法避免时，需考虑为 LED 投光灯具加装防眩光配件。

4）出发大厅高大空间中上部区域可设置部分 LED 线性灯，用于装饰和局部照明，增加空间感和视觉效果。

5）高大空间上部安装的灯具应考虑必要的维护手段和措施，如设置维修马道或采用升降式灯具。

6）办理登机手续、托运行李等服务柜台应设置重点照明。通常可采用管形灯具设置在台面上方，其照度及显色性应满足国家标准要求。

7）对于大厅中设置的诸多航显信息显示设备而言，应尽量避免高亮度灯具直接照射其表面，以避免形成反射眩光，对旅客辨识造成困扰。

8）结合智能照明控制系统，根据人流量、时间和光线需求自动调节灯光亮度和色温，实现节能管理和灵活运行。

5.2.4 候机大厅照明

候机大厅是旅客等待登机的区域，通常包括座位区、商店、餐厅等，所以候机大厅的照明设计应着力于打造更加舒适、高品质的候机与消费环境。

1）整体可采用中色温的光源通过反射照明方式形成宁静柔和的光环境，以缓解旅客的心情。若未采用顶棚反射照明方式，也应有部分光线投向顶棚，使其亮度与其他表面的平均亮度比值不低于1:5，以保证整体环境的亮度对比。

2）在候机厅的休息区域（设置座椅的区域）宜设置供旅客阅读等视觉工作的照明，采用立柱式的二次反射照明系统，并严格控制旅客视线内灯具的表面亮度，以便于控制眩光并与整体照明环境相协调，休息区可采用生物模拟照明技术，模拟自然光的变化，提升旅客舒适感。

3）候机大厅中既有休息区又有商业区，可将不同层次和特点的光照增加到一个空间中从而影响该空间整体的感觉与功能，如休息区采取漫射光为主的照明方式可有效减少阴影，降低对比度，有效吸引人驻足休息。如商店、餐厅区域的照明设计可采用定向光源为主的照明设计方式，实现体现空间焦点的功能，突出产品和食物的色彩和质感，增加吸引力，提升购物和用餐体验。

4）可以使用 DALI 系统，实现对不同区域灯光的精细控制，满足各区域对照明效果的不同需求。

5）候机区内如 VIP 候机室的照明应该更加注意氛围感、私密感等舒适性的要求，使乘客感到放松和愉悦。可以采用柔和的、温暖色调的灯光，灯具的布局需要均匀，以确保整个候机室内都有足够的照明，同时避免出现阴暗或过亮的区域。考虑到VIP候机室通常较为宽敞，可以采用多种类型的照明设备，如吊灯、壁灯、落地灯等，以达到整体照明的均衡性。

5.2.5 行李提取厅照明

行李提取大厅的功能性需求较为明确，照明设计更多的应关注旅客领取行李时的便捷性、舒适性和安全性需求，设计中应注重灯具的显色性能的合理布局。

1）厅内整体应提供均匀、柔和、无眩光的照明，宜使用发光表面积大、亮度低、光扩散性能好、显色指数高的灯具，有效降低眩光水平，灯具色温宜选择在3500～4500K，这种中性色温既不会显得过于冷淡，也不会使环境过于温暖，能够提供清晰、明亮的照明效果，有助于乘客清晰地辨认行李标签和行李箱，更加快速地找到自己的行李。

2）安装部分LED线性灯或间接照明灯具，保证照明光线在整个行李提取区域的均匀分布，避免局部光线过强或过弱，营造温馨、舒适的环境，减少旅客等待时的焦虑感和疲劳感。

3）更有效的方式是将照明设计与人类天生的趋光性本能相结合，将部分灯具按照行李回转台的形状安装在其正上方，选用显色性能好的光源，方便旅客更加快速地识别行李。

4）在行李提取台下方可安装底部照明灯带，使提取台区域更加明亮，方便旅客辨认行李。

5）考虑到行李提取厅通常是白天和夜晚都会使用，可以设计为具备白天模式和夜晚模式切换功能，白天光线明亮，夜晚则适度调暗，节约能源同时使照明效果更加舒适和符合环境。

6）结合智能照明控制系统，根据人流量和时间自动调节灯光亮度，实现节能管理和灵活运行。

7）配合数字显示屏或LED指示灯，引导旅客找到自己的行李提取台，增加通行的便捷性和顺畅度。

5.2.6 到达大厅照明

到达大厅作为旅客抵达目的航站楼后的一个重要区域，具有独特功能特点和使用需求，到达大厅需要提供清晰的导航信息，包括航班信息显示、行李提取区域、出口指引等，因此照明设计需要结合导航性，使旅客能够快速找到所需信息和目的地。旅客通常在到达大厅需要进行一系列的行李提取、办理入境手续等操作，因此照明设计需要创造舒适、温馨的环境光，减少旅客的视觉疲劳感。照明设计需要确保到达大厅的整体照明充足、均匀，避免出现阴影区域，提升旅客的安全感和信任度。

在乘客离开或穿过行李提取大厅后，便直接进入接机大厅，此时无论乘客还是接机的人都处在急于辨识面貌的过程中。因此，此区域内的整体照明环境应体现出整洁明亮的特点。此外，可以适度地增加局部照明，利用光创造目标，规划路径以引导动线。利用光设定范围，使旅客更加方便地获知自己所处的空间位置，并快速辨认环境和信息显示区，以实现对旅客进行高效、便捷地引导功能。

因为我国航站楼建筑一般位于区域性的大型城市、核心城市，所以在到达大厅往往设置了一些展示我国各地地域文化特点的展示区域，因此，到达大厅的照明设计对于提升旅客体验和航站楼形象至关重要。此区域的照明设计还应当注意结合展示元素的特点用灯光塑造一个有温度的、具备文化特色的、注重人文关怀的光照环境。

1）主要区域可选择 LED 筒灯、LED 面板灯或 LED 吸顶灯，这些灯具能够提供均匀、明亮的主光源，确保旅客能够清晰辨认周围环境。信息显示区可采用 LED 嵌入式灯具或吊灯，确保信息显示清晰可见，同时避免眩光影响旅客的视线。照明方式以直接照明为主，主要用于提供整体照明，采用 LED 筒灯或面板灯等直接投射光线可确保整个到达大厅光线均匀、明亮。还可在墙面或顶棚设置 LED 灯带或壁灯，通过反射光线实现间接照明，营造柔和、舒适的环境光。

2）通过直接照明方式，确保到达大厅的照明充足、均匀，避免出现阴影区域，提升旅客的安全感和舒适感。通过间接照明方式，创造柔和、温馨的环境光，减少直射光线的刺眼感，降低视觉疲劳，增加旅客的体验舒适度。灯具光源应选择具有高效节能、长寿命等特点的 LED 光源，灯具还应易于更换和维护，确保照明系统的长期稳定运行。

3）在到达大厅设置导航性照明，例如在地面或墙面采用不同色温的灯光或 LED 带，用于指引旅客前往不同区域，增强空间的层次感和导航性。利用照明设计与建筑元素结合，例如使用 LED 地域照明或投影照明，在地面投射出行走路线或指示标识，方便旅客行走和找到目的地。

总体来说，针对航站楼内不同区域的照明设计，需要充分考虑其功能特点、使用需求、人流量情况等多方面因素，以确保设计方案的综合性和实用性。在设计过程中，可采用多种照明技术和手段，如光束调节、色温调节、灯光布局优化等，以达到照明效果良好、能效高、安全可靠等目标。除了技术手段外，遵循相关的照明标准和规范也非常重要，设计和评估照明方案时必须严格遵守，以确保设计方案符合法律法规要求，保障航站楼运营的可靠性和安全性。优秀的航站楼照明设计需要先进的技术手段和严格的标准规范相结合，以实现舒适、安全、高效的照明效果，从而提升旅客的体验感，提升航站楼的形象和服务水平。

5.3 智慧电气照明创新技术

5.3.1 数字可寻址调光技术的节能应用

DALI 是“Digital Addressable Lighting Interface 数字可寻址照明接口”首字母的缩写，DALI 是一个专门为照明控制系统而制定的数据传输的协议，它定义了照明电器（各类灯具的驱动电路）与系统设备控制器（如照明控制器、感应器等）之间的数字通信方式。DALI 已成为 IEC 62386 系列国际标准。

DALI-2（Digital Addressable Lighting Interface-2）是基于原有的 DALI 技术升级而来的新型照明控制技术，是 DALI 协议系列标准 IEC 62386 的第二个大版本，就是 DALI Version 2。这种技术主要应用在智能照明系统中，为照明设备提供数字化、网络化的控制解决方案。图 5-3-1 为利用 DALI-2 技术解决行李转盘照明灯具节能控制的案例。

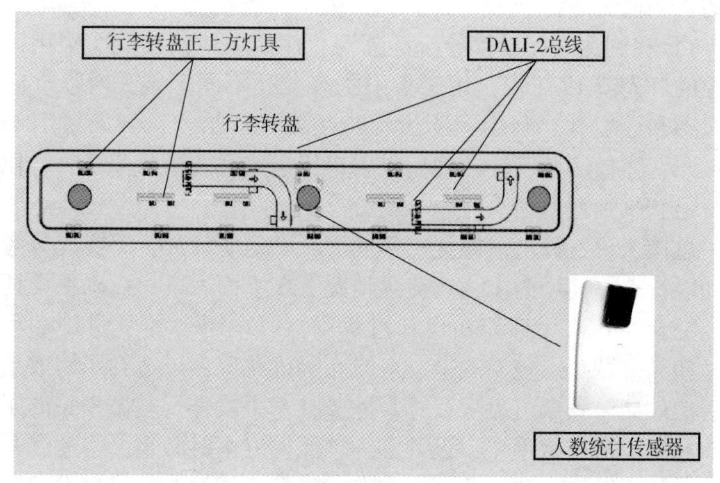

图 5-3-1　行李转盘照明灯具节能控制

图中行李转盘上方照明灯具为到达旅客行至行李转盘周围后能够快速、准确辨认各自行李，避免混淆、拿错而设置。为了达到节能的目的，以往智能照明控制系统的控制逻辑通常为以下三种：

1）采取与航班信息联动——飞机到达，行李转盘位置确定后即开启相应行李转盘灯具。

2）采用在行李转盘设置红外探测器，探测到行李转盘附近有人就开灯。

3）通过视频监控判断行李转盘周围人数，开启灯具是相对合理的：当行李转盘周围旅客聚集到一定数量后开灯。

飞机到达后，旅客到达行李转盘需要一定时间，当遇到远机位时旅客到达行李转盘的时间较长，按照控制逻辑 1 开灯将造成一定程度的浪费。

红外探测器无法判断行李转盘周围聚集旅客的数量，只有 1 人就开灯同样造成一定程度的浪费。通过视频监控系统判断旅客聚集程度后给出结果再与智能照明控制系统主机通信，由智能控制系统主机下发开灯指令，这种方法理论上可以实现，但存在以下问题：机场视频监控系统属于安防系统的子系统，安全等级要求高，可以下发联动其他系统指令，其他系统较难调用其信息，同时即使可与安防系统联动需通过主机间通信再下发指令的方式——增加事件处理时延，占用网络通信资源。

通过 DALI-2 技术可以较好地解决上述三种控制逻辑存在的问题，具体做法如下：行李转盘区域配置人数统计传感器，人数统计传感器采用自带算法的摄像头，覆盖角度 110°，探测范围 15m，将行李转盘周围分为四个区域，分别统计 4 个区域出现的人数。行李转盘上方照明灯具平时输出光通为额定值的 10%（通过输出曼彻斯特码调光信号实现 0 ~ 255 级连续调光实现），检测到行李转盘周围人数多于 5（可以自由设定）人后，行李转盘上方灯具输出光通为额定值的 100%，行李转盘周围人数少于 2（可以自由设定）人后，即旅客完成行李提取后，行李转盘上方照明调整回初始状态（输出光通为额定值的 10%）。

该做法通过 DALI-2 技术对照明和传感设备采用数字化的控制与管理方式，实现对照明设备的精确控制，保证照明效果和功能的前提下，最大化地降低了电能能耗。

5.3.2 物联网照明系统创新技术

物联网是国家新兴战略性产业，形同一种催化剂，推动了照明行业加速转型升级，无论是家居照明，还是商业照明或工业照明，都在爆发性生长。从字面上理解物联网，“物”是照明节点，“联”是通信载体，“网”是物物相联而成的网络。目前，物联网的通信载体主要有两类：一类是有线通信，主要有以太网、电力载波（PLC）、总线（如 DALI、MODBUS、DMX512 等）；另一类是无线通信，如 ZigBee、WiFi、NB-IoT、WF-IoT、LoRaWAN、蓝牙等。由于无线通信实现“从混乱的线缆中脱离”，给照明控制系统的安装、使用和检修运维都带来极大便利和舒适性，备受人们推崇。不同的无线通信技术有不同的适用场景。比如：ZigBee、WiFi、蓝牙等，通信距离短、覆盖节点少，适合家居等小场景；NB-IoT、WF-IoT、LoRaWAN 等，通信距离长、覆盖节点多，可根据通信量大小、信息交互频度等因素，适用于不同控制需求的大场景。物联网技术应用在智能照明系统中，主要为照明设备提供网络化、智能化的控制解决方案。

机场作为人流物流快速汇集发散的枢纽，疫情防护尤为关键。航站楼具有人员密集、流动性大、管理部门多等特点，需设置一套高效、广谱、彻底且能够进行智能化管控的消毒系统，以减少航站楼内区域感染性疾病的发生和流行性疾病的传播几率。

紫外线杀菌具有无色、无味、无化学物质残留的优点，可杀灭各种微生物、包括细菌繁殖体、病毒和支原体等，在空气灭菌、物体表面杀菌以及水处理杀菌等领域得到广泛应用，具有高效性、广谱性、彻底性、不存在抗药性和二次污染等显著优势，中国疾病预防控制中心病毒预防控制所专家已证实应用强度大于 90μW/cm^2 的紫外线照射冠状病毒，30min 就可杀灭这种病毒。但传统紫外线灯具应用于航站楼项目存在以下不足：

1）极易造成意外伤害和事故。

2）消毒实施难度大，效果难以保证。

3）消毒过程监管困难。

相对于传统紫外线灯具，运用物联网技术将传感器、控制器、声光报警器、紫外线灯等进行集成，形成系统智能，可以完全解决上述不足，实现多盏紫外线灯安全协同使用，满足建筑物内高效快速消毒需求。图 5-3-2 是运用 WF-IoT 融合物联网技术解决航站楼内紫外线灯智能管控系统。

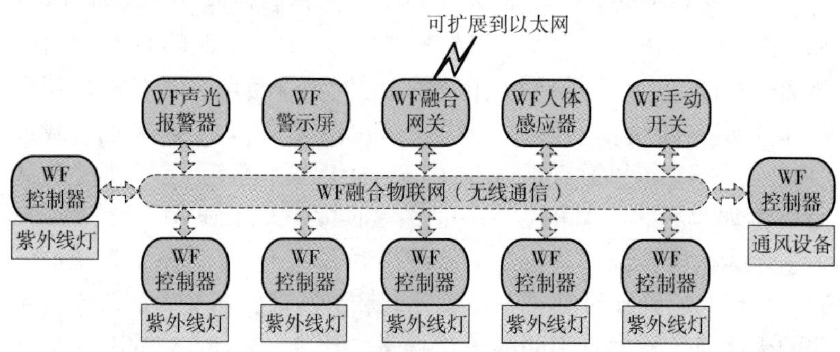

图 5-3-2　航站楼内紫外线灯智能管控系统

该系统可自动判断消毒空间是否有人员存在，发现人员误入正在进行消毒的空间时，系统即自动停止消毒，待人员退出正在消毒的空间后，系统智能重启消毒。当紫外线灯打开时，会同步亮起消毒警示灯，扬声器发出“消毒中”提示；紫外线灯消毒结束时，系统可输出用于联动打开排风系统的控制节点，对消毒空间中残留的臭氧进行通风换气，换气结束后关闭警示灯，扬声器发出“消毒结束”提示。边缘服务器可以按照无航班、无人及正常用电负荷较小的原则设置紫外线灯平时工作时间并可根据突发疫情随时调整工作时间及频率。智能紫外线灯内部集成了紫外传感器，边缘服务器可以实时获得每次的消毒剂量及消毒灯具的紫外线输出强度，当消毒灯管紫外线输出下降到标准值的 70% 以下时，自动提醒更换失效灯管，以确保消毒效果。

该系统为全无线、免维护系统，不需施工布线，支持现场级的无源无线控制、自动感应控制、移动客户端控制、手机扫码控制、平台统一控制等各种控制方式，该系统的应用提高了机场机电设备运维管理的效率和服务水平，同时降低了机场的能耗和日常维护成本，为实现平安、绿色、智慧、人文机场提供了保障手段。

5.3.3 新型室内调光创新技术

在航站楼照明设计中，新型室内调光创新技术涵盖了多个方面，包括智能照明控制系统、DALI 系统、无线照明控制系统、生物模拟照明、光环境感知系统等。这些新型室内调光创新技术在航站楼照明设计中有着广泛的应用前景，可以提高照明系统的智能化、节能性和用户体验，满足不同需求下的照明要求。在实际应用中，需要根据航站楼的具体情况和需求，选择合适的技术进行整体设计和实施。

（1）智能照明控制系统

航站楼通常是大型的公共建筑，人员流动性较高。智能照明控制系统基于传感器和智能控制算法，实现对灯光的智能化调控。其优势在于可自动感知环境光照情况，实现精确的照度调节和节能效果，可以根据人员密集程度和使用需求实时调整照明亮度，在确保旅客舒适度的前提下尽可能地节约能源消耗。可应用于航站楼的各个区域，如候机厅、登机口、商店、行李提取区等应用场景，具体的应用方式是使用光照传感器、运动传感器等感知设备，通过智能控制器对灯光进行调节。在应用中需要注意的是，应考虑人员活动情况、环境光线变化、航站楼使用时间等因素，调整智能算法的灵敏度和响应速度。

（2）生物模拟照明

可模拟自然光的变化，调节灯光色温和亮度，有效提高用户舒适度和生产效率，并能够调节生物钟节律。适用于航站楼的 VIP 休息室、商务中心、办公区域等。根据不同时间段设置不同的灯光模式，如休息模式、工作模式等。应用中需考虑光线变化对乘客及工作人员生物节律的影响，避免过度刺激或影响体验。

（3）光环境感知系统

航站楼需要考虑外部环境变化因素以及不同时间段的照明需求，利用传感器感知环境光线情况，实时调节照明系统，根据时间段调整灯光亮度及色温，如日间明亮、夜间柔和。适应室外天然光的动态变化，营造更加舒适的航旅环境。系统可自动调节照明系统各项参数，优化照明效果，节约能源，可应用于航站楼的过道、走廊、公共区域等。具体的应用方式是安装光照传感器，通过智能照明控制系统实现照明自动化调节。在应用中需要注意传感器位置的选择和布置，需要考虑环境光线分布的均匀性和稳定性，避免误差或干扰。

（4）光学材料应用

航站楼需要避免眩光和光污染，光学材料（如光导纤维、光导板、漫反射材料、光学膜等）的应用可以实现灯光的均匀分布和柔和调节，提升视觉舒适度。

（5）人工智能调光算法

利用人工智能技术，可以通过对大数据的分析和学习，优化航站楼照明系统的调节模式，提高能源利用效率和旅客体验。

综合来看，这些新型室内调光创新技术在航站楼照明设计中有着广泛的应用前景，可以提高照明系统的智能化、节能性和用户体验，有效提升航站楼的照明设计，既能提升舒适度和能源效率，同时也符合可持续发展的设计理念。在实际应用中，需要根据航站楼的具体情况和需求，选择合适的技术进行整体设计和实施。应用上述新技术时，需要综合考虑一些限制因素如系统稳定性和可靠性以及用户需求与体验，确保照明系统的稳定运行，尽可能避免出现故障或断电情况，并且能够及时根据航站楼的使用需求变化和用户体验要求，调整照明系统的设置和功能。

第6章　电气线路及布线系统

6.1　概述

6.1.1　分类、特点及要求

1. 航站楼电气线路及布线系统的特点及要求

(1) 航站楼是典型的人员密集场所

机场航站楼属于《人员密集场所消防管理》(GB/T 40248) 中定义的人员密集场所，线缆的阻燃、耐火及燃烧性能应与人员密集场所的要求相匹配。

(2) 内、外部功能较为复杂、多样

航站楼内单层建筑面积大、空间关系及流线复杂，其使用设备类型多、用电负荷重、差异大，配电的管线需满足相应设计要求。航站楼外部有高架桥、飞行区、站坪等部分外供设备，其进出大楼的线缆管线敷设也应满足设计要求。

(3) 供电可靠性要求高

航站楼内，特别是Ⅲ类以上等级的机场航站楼内一、二级负荷较多，供电可靠性要求高，一旦中断供电将会使旅客产生混乱，旅客大量滞留，可能产生重大政治、经济影响。

(4) 后期改造概率大

随着使用年限的增加、经济发展及技术水平的进步，机场航站楼在后期会有改造的需求。在航站楼的电气线路设计时应充分考虑其后期改造的需求。

（5）机场航站楼有较多的工艺设备、特殊场所

机场航站楼内有管廊，出发大厅、候机厅等高大空间，登机桥及值机岛、安检设备等特殊场所及设备，其电气线路及布线系统需满足其设计特点。

2. 航站楼电气线路及布线系统的分类

航站楼电气线路包括电缆（含控制电缆）、导线、桥架（含托盘、槽盒、梯架）、母线、导管等。

6.1.2 本章主要内容

1）本章主要内容为机场航站楼内部的布线系统，不包含航站楼外飞行区、站坪等区域的管线设计。

2）本章主要内容为电气部分的布线系统设计，弱电消防及智能化部分的布线系统设计详见本书其他相关章节内容。

3）本章主要内容如下：

①根据航站楼的特点，针对性地对电气线路包括电缆、导线、桥架、母线、导管等设备的型号进行选择。

②介绍电气布线系统的电气防火封堵技术及电气抗震技术。

③针对机场航站楼部分特殊场所的电气布线系统的特点进行描述。

④介绍可在航站楼内应用的部分电气布线系统的新技术、新产品，以供读者参考。

6.2 线缆的选择

6.2.1 线缆的阻燃及燃烧性能

1. 线缆的燃烧特性

线缆的“燃烧特性”说法来源于规范《阻燃和耐火电线电缆或光缆通则》（GB/T 19666），包含阻燃、无卤、低烟、低毒及耐火性能（耐火性能见 6.2.2 节）。其术语定义见 GB/T 19666 第 3 章相关内容，性能要求见 GB/T 19666 表 5 ~ 表 8 及附录 C 的相关内容。

2. 线缆的燃烧性能

线缆“燃烧性能”的说法对应于规范《电缆及光缆燃烧性能分级》(GB 31247)。按电缆在受火条件下的火焰蔓延、热释放和产烟特性进行主分级，同时针对不同使用场所和用户的需求还从电缆在受火条件下的产烟毒性、腐蚀性和燃烧滴落物/微粒等方面进行了附加分级。

(1) 燃烧性能等级

燃烧性能等级（主分级）分为A、B_1、B_2、B_3级，见表6-2-1。

表6-2-1 电缆的燃烧性能等级

燃烧性能等级	说明
A	不燃电缆
B_1	阻燃1级电缆
B_2	阻燃2级电缆
B_3	普通电缆

试验方法及分级依据见GB 31247中表2，其中，B_1、B_2燃烧试验方法的试验装置与GB/T 19666相同，也是基于GB/T 18380.31标准，对成束电缆阻燃性考核，同时增加了热释放和产烟特性测试装置。

(2) 燃烧性能附加分级

电缆及光缆燃烧性能等级为B_1级和B_2级的，应给出相应的附加信息，包括燃烧滴落物/微粒等级、烟气毒性等级和腐蚀性等级，见表6-2-2。

表6-2-2 电缆的燃烧性能附加信息及等级

附加信息	等级	试验方法及判断依据
燃烧滴落物/微粒等级	d_0、d_1和d_2	GB 31247 表3
烟气毒性等级	t_0、t_1和t_2	GB 31247 表4
腐蚀性等级	a_1、a_2和a_3	GB 31247 表5

3. 线缆燃烧特性及燃烧性能的对比

GB/T 19666与GB 31247都是对电缆性能的分级要求，分别是燃烧特性和燃烧性能。虽然试验方法基本相同，都是对电缆外绝缘的阻燃、烟、毒等性能的考核，而且基本采用了相同的试验装置或标准。但由于两本标准在电缆性能试验时有差异，不能完全相互覆盖，成束电缆的燃烧性能 B_1 级不一定能满足阻燃 ZA，而 ZA 类也不一定能通过 B_1 级试验，造成燃烧性能和阻燃性能不能互相覆盖。因此，线缆的选择时应同时满足两本规范的要求。

6.2.2 线缆的耐火性能

电缆的耐火性能要求见表 6-2-3。从表 6-2-3 可知，设计中常用的 N 类耐火电缆的耐火时间为 90min，而满足 180min 耐火时间的电缆可选择矿物绝缘电缆。现阶段，矿物绝缘电缆普遍采用的试验标准为英标 BS 6387，可以满足 950°、180min 的耐火试验。矿物绝缘电缆市面上有 BTTZ、BTLY、RTTZ 等型号，考虑到国内有制造标准《额定电压 750V 及以下矿物绝缘电缆及终端》（GB/T 13033.1～2）及《额定电压 0.6/1kV 及以下云母带矿物绝缘波纹铜护套电缆及终端》（GB/T 34926）分别对应的 BTTZ 及 RTTZ 两种类型，设计时可根据实际情况合理选择。

表 6-2-3 电缆的耐火性能要求

代号	适用范围	试验时间	试验电压	合格指标	试验办法
N	0.6/1kV 及以下电缆	90min 供火 + 15min 冷却	额定电压	1)2A 熔断器不断 2)指示灯不熄灭	GB/T 19216.21
NJ	0.6/1kV 及以下外径小于或等于 20mm 电缆	120min			IEC 60331-2
	0.6/1kV 及以下外径大于 20mm 电缆				IEC 60331-1
NS	0.6/1kV 及以下外径小于或等于 20mm 电缆	120min，最后 15min 水喷射			GB/T 19666 附录 A，IEC 60331-1
	0.6/1kV 及以下外径大于 20mm 电缆	120min，最后 15min 水喷射			GB/T 19666 附录 B，IEC 60331-2

6.2.3 线缆的选择

1. 一般要求

1）应根据航站楼内不同使用场所、使用功能、敷设条件、用电设备特征等条件合理选择线缆。

2）航站楼内人员密集场所敷设的线缆应采用铜导体。

3）Ⅱ类及以上民用机场航站楼及具有一级耐火等级的机场航站楼建筑内，成束敷设的线缆应采用绝缘及护套为低烟无卤阻燃的线缆。具有二级耐火等级的机场航站楼内成束敷设的线缆，宜采用绝缘及护套为低烟无卤阻燃的线缆，在人员密集场所明敷的线缆应采用绝缘及护套为低烟无卤阻燃的线缆。低烟无卤阻燃电线电缆宜采用辐照交联型。

4）地面上设置的标志灯的配电线路和通信线路应选择耐腐蚀橡胶线缆。

5）采用单芯电缆且需要铠装保护层时，应选用非磁性金属铠装层。

6）线缆导体截面选择及载流量确定时，应充分考虑敷设环境、电压降的影响，并进行回路灵敏度校验。

2. 非消防线缆的选择

（1）线缆的阻燃等级要求

成束敷设的线缆阻燃等级应根据同一通道内的所有线缆的非金属含量确定。对于机场航站楼内电缆、电线的阻燃级别尚应满足表6-2-4、表6-2-5的要求。

表6-2-4 航站楼内不同场所电缆的阻燃级别

阻燃类别	适用场所
A级	Ⅱ类及以上民用机场航站楼及单栋建筑面积超过100000m^2的具有一级耐火等级的航站楼建筑
B级	Ⅲ类以下民用机场航站楼及单栋建筑面积超过20000m^2的具有二级耐火等级的航站楼建筑
C级	不属于以上所列的其他类型

表 6-2-5　航站楼内不同场所电线的阻燃级别

阻燃类别	适用场所	电线截面
B 级	Ⅱ类及以上民用机场航站楼及单栋建筑面积超过 100000m² 的具有一级耐火等级的航站楼建筑	50mm² 及以上
C 级		35mm² 及以下
C 级	Ⅲ类及以下民用机场航站楼及单栋建筑面积超过 20000m² 的具有二级耐火等级的航站楼建筑	50mm² 及以上
D 级		35mm² 及以下
D 级	不属于以上所列的其他类型	所有截面

（2）线缆的燃烧性能要求

机场航站楼是典型的人员密集场所，根据《民用建筑电气设计标准》（GB 51348）要求，电线电缆燃烧性能应选用燃烧性能 B_1 级、产烟毒性为 t_1 级、燃烧滴落物/微粒等级为 d_1 级；如航站楼地下部分有人员长时间滞留的场所，比如 APM 站台等，应采用烟气毒性为 t_0 级、燃烧滴落物/微粒等级为 d_0 级的电线和电缆。

（3）消防线缆的选择

消防供电线路设计中最为基础和重要的原则为供电连续性。消防供电连续是指在给定的时间内，供电系统应不停电运行。发生火灾时，如果电源不能连续地给消防设备供电，则消防灭火和人员疏散就得不到保障。根据消防用电设备在火灾中的不同作用，有一定连续供电时间要求。根据规范规定，消防用电设备在火灾发生期间的最少持续供电时间要求见表 6-2-6。

表 6-2-6　消防用电设备在火灾发生期间的最少持续供电时间

消防用电设备名称	最少持续供电时间/min
火灾自动报警装置	180(120)
消火栓、消防泵及水幕泵	180(120)
自动喷水系统	60
水喷雾和泡沫灭火系统	30
二氧化碳灭火和干粉灭火系统	30
防烟排烟设备	90、60、30
火灾应急广播	90、60、30

（续）

消防用电设备名称	最少持续供电时间/min
消防电梯	180（120）
消防控制室、电话总机房、配电房、发电机房、消防水泵房等消防工作区域的备用照明	180（120）
疏散照明	60

表中括号内的120min为建筑火灾延续时间为2h的情况，根据《建筑防火通用规范》（GB 55037）表10.1.5要求，建筑体积大于100000m^{3}的公共建筑的设计火灾延续时间为3.0h。

航站楼的供电线路包含高压电源线、低压（支）干线、低压电力设备的供电末端支线线路、应急照明的供电末端支线线路，如图6-2-1所示。

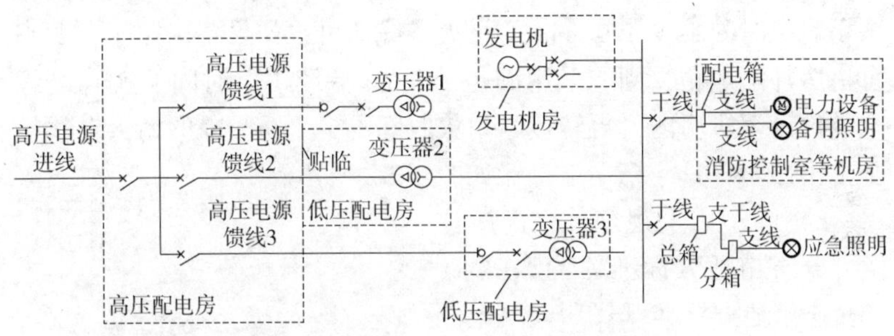

图6-2-1　消防用电设备供电线路示意图

消防线路应满足供电连续性和可靠性。为了保证末端用电设备的连续供电要求，消防设备的供电电路中的高压、低压（支）干线线缆及相应的桥架均应满足相应的耐火要求。航站楼消防电缆选用原则如下：

1）航站楼内分变电所与总变电所不贴临时，总变电所至分变电所的10kV电缆应采用耐火电缆或矿物绝缘电缆，对于不含消防设备的变压器的进线电缆可不做此强制要求。

2）敷设在同一电缆井、沟内时，消防配电线路应采用矿物绝缘类不燃性电缆。

3）低压发电机的配电柜至应急母线段的切换柜应采用满足180mim耐火时间的矿物绝缘电缆（630A以下）。

4）电流值在630A及以下的消防电源主干线，消防水泵、消防控制室及消防电梯等用电设备的配电干线，应采用耐火温度950℃、持续供电时间不小于180min的消防用电缆。

5）对于疏散照明等持续供电时间为60min的设备的供电线路，可以采用耐火温度不低于750℃、持续供电时间不少于90min的耐火电线电缆。

6）对于在消防控制室、消防水泵房配电柜至火灾自动报警装置、消防水泵的机房内设备，因机房内是安全区域，可采用耐火温度不低于830℃、持续供电时间不少于90min的线缆。

7）对于消防控制室、变电所、发电机房、消防水泵房等消防工作区域的备用照明的供电线路，如果其电源设置于机房内，则可采用耐火时间不少于90min的耐火线缆即可；如果备用照明电源来自机房外配电箱，则应采用满足180min持续供电时间的矿物绝缘电缆敷设至机房内，再转接为耐火时间不少于90min的耐火电线接至备用照明灯具，终端连接器如图6-2-2所示。

8）除了以上规定外，尚应注意部分省市地方标准的特殊要求，如重庆市地方标准《民用建筑电线电缆防火设计标准》（DBJ 50/T—164）对于机场航站楼的使用场所定性、线缆选择等要求有所不同，设计时应结合项目所在地要求，与当地消防审查部门及时沟通，明确采用的标准。

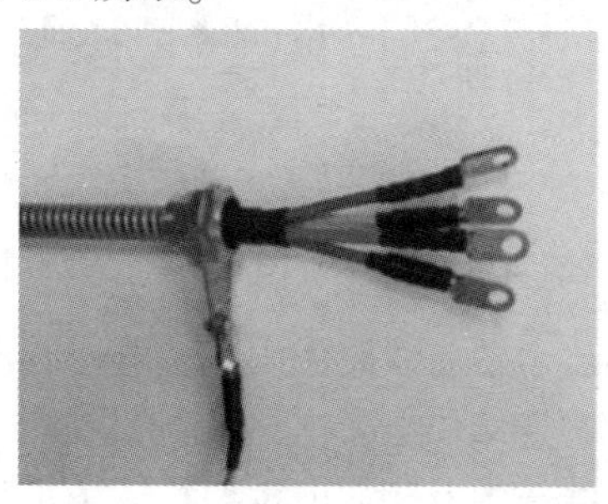

图6-2-2　RTTZ终端连接器

6.2.4　母线的选择

1. 一般要求

1）机场航站楼内采用的母线主要包含空气绝缘母线桥、普通低压母线槽、低压耐火母线槽等。空气绝缘母线桥一般在变电所高低压柜之间的连接处有局部应用，使用较少。低压母线槽一般采用密集型母线槽，主要是应用在变压器-进线柜、低压柜之间联络、发电机-低压柜、大容量设备（如行李系统）配电干线等处。

2）母线槽在设计时应明确、标注以下参数：额定电流、额定短时耐受电流 I_{CW}、IP 防护等级、温升限值 K 等。其余参数可参考《低压成套开关设备和控制设备　第 6 部分：母线干线系统（母线槽）》（GB 7251. 6/IEC 61439-6）、《密集绝缘母线干线系统（密集绝缘母线槽）》（JB/T 9662）、《耐火母线干线系统（耐火母线槽）》（JB/T 10327）等规范内容。

3）设计需要将母线槽的金属外壳作为干线保护导体（PE）时，金属外壳应具有连续性，特别注意母线槽连接器附侧板的连接方式、等效截面面积、始/终端箱与设备 PE 排可靠连接等要求。

4）应根据敷设场所、供电回路额定电流、经济对比等综合考虑是否采用母线槽，一般情况下，回路开关额定电流为 630A 及以上时可采用母线槽形式。

5）母线槽的外壳防护等级及使用环境应满足表 6-2-7 要求。

表 6-2-7　母线槽的外壳防护等级及使用环境

使用场所	使用环境			外壳防护等级
	相对湿度（%）	污染等级	过电压等级	
配电室①或户内干燥环境	≤50（+40℃时）	3	Ⅲ、Ⅳ	IP40③
电气竖井①、②		3	Ⅲ、Ⅳ	IP52 ~ IP55
户内水平安装或有水管	有凝露或喷水	3	Ⅲ	≥IP65

①这里配电室、电井是默认为干燥场所，如果配电室、电井（含发电机控制室）未采用气体灭火形式，而是采用水喷灭火形式，则应采用 IP65（配电室采用水喷情况较少，应与水专业明确）。

②如果是耐火母线槽，根据（JB/T 10327）要求，最低要求为 IP44，（T/ASC 23）最低要求为 IP65。

③根据（JB/T 9662）要求，户内密集型母线槽最低防护等级为 IP40。

6）机场航站楼是人员密集场所，普通母线槽导体应采用铜导体（耐火母线槽应采用铜导体）。母线槽的主体额定电流建议采用通用值，即：630A、800A、1000A、1250A、1600A、2000A、2500A、3150A、4000A、5000A，以方便招标。母线槽干线系统额定电流（载流量）应考虑不同空气温度的影响。具体选择时应根据产品样本中的所列数据进行环境温度的降容系数进行确定，表6-2-8是部分品牌母线槽载流量降容系数与环境温度对照表，以供参考。

表6-2-8　母线槽载流量降容系数与环境温度对照表

GB 7251.6	温度/℃	—	—	—	35	—	—	—
	降容系数	—	—	—	1	—	—	—
DL/T 5222 表 D.11（最高允许温度 70℃）	温度/℃	20	25	30	35	40	45	50
	降容系数	1.05	1	0.94	0.88	0.81	0.74	0.67
品牌1	温度/℃	40	45	50	55	60	65	70
	降容系数	1	0.95	0.9	0.85	0.8	0.74	0.67
品牌2	温度/℃	40	45	50	55	60	65	—
	降容系数	1	0.97	0.94	0.91	0.88	0.85	—

市面上多数母线槽载流量是以40℃的环境温度对应的载流量为标注载流量，当环境温度不同时，应进行降容，但与部分规范的要求不同，应特别注意。另外，当海拔、大气条件超过使用条件时也应进行降容或选择相应匹配的型号。

7）母线槽设计时应对温升进行要求，并根据温升限值计算母线槽的额定电流值。具体要求可参见《低压母线槽应用技术规程》（T/CECS 170）表5.2.10要求。

8）应明确母线槽的短时耐受电流 I_{CW}，其类型及与主体额定电流的对应选择参见《低压母线槽应用技术规程》（T/CECS 170）表5.2.9要求。

2. 耐火母线槽

1）耐火母线槽应选用耐火时间满足消防设备供电时间的要求，且应满足在950℃火焰条件下线路完整性的试验。

2）耐火母线槽内部导体、连接器、插接口的极限温升不应超过105K，外壳不应超过55K。

6.3 桥架、导管的选择

6.3.1 桥架类型的选择

1. 桥架

电缆桥架是由电缆托盘或电缆梯架的直线段、弯通、附件和支吊架等构成，具有支撑电缆的结构系统作用。机场航站楼内电气专业使用的桥架种类较多，根据不同的属性有不同的分类方法，见表6-3-1。

表6-3-1 电缆桥架的分类方法

不同属性	桥架的分类
用途	有孔托盘(带盖)、无孔托盘(带盖)、封闭槽盒(槽盒可理解为符合制造标准中的带盖板无孔托盘)、耐火电缆槽盒、梯架等
材质	钢制电缆桥架(冷轧钢、热轧钢、不锈钢等)、高分子合金电缆桥架、铝合金电缆桥架、玻璃钢电缆桥架、塑料电缆桥架等
外观	平板型托盘、波纹底托盘、模压增强底托盘、瓦楞型托盘、网格式电缆托盘、梯架等
电压等级	根据桥架敷设电缆的电压等级,可分为10kV(20kV/35kV)、220V/380V、36V及以下等级

2. 桥架的防腐

1）从材质上，可以选择不锈钢、玻璃钢等材料的桥架。

2）根据规范《电控配电用电缆桥架》（JB/T 10216）要求，对于冷、热轧钢板材质钢制桥架，可采取外护层防腐蚀处理措施。

3）桥架的附件的防腐防护处理应与桥架主体结构相一致。

4）其余防腐要求可参见《电缆桥架》（QB/T 1453）、《钢制电缆桥架工程技术规程》（T/CECS 31）、《户内户外钢制电缆桥架防腐环境技术要求》（JB/T 6743）等。

3. 桥架的选择

1）在航站楼内主要采用钢制电缆桥架，钢制托盘、梯架的材质宜采用冷轧钢板，当板材厚度大于2mm时可采用热轧钢板。

2）钢制桥架宜按热浸镀锌外护层形式。

3）对于有喷淋处的有孔托盘，桥架底部应有排水孔。

4）耐火电缆明敷时（包括敷设在吊顶内），应采用封闭式金属槽盒保护，并应采取防火保护措施。

5）当采用矿物绝缘类不燃性电缆时，可直接明敷于梯架。必须采用槽盒时，应考虑电缆发热对载流量的影响。

6.3.2 桥架板材厚度及尺寸

1. 桥架板材厚度要求

钢制桥架的槽体、侧板、盖板等部位有不同的厚度要求。厚度与桥架的类型、部位、宽度等参数的不同有所区别。桥架厚度对应规范要求可参见表6-3-2。

表6-3-2 桥架厚度对应规范要求

编号	规范名称	条文/表格编号	备注
1	T/CECS 31	3.5.5/表3.5.5-1～表3.5.5-5	—
2	QB/T 1453	4.1.2/表5	钢制电缆桥架
3	《节能耐腐蚀钢制电缆桥架》(GB/T 23639)	4.3.2/表2	推荐值
4	《防腐电缆桥架》(NB/T 42037)	4.3.2/表2～表3	—
5	JB/T 10216	4.3.4/表9	—

由于需要防火包裹，根据规范《耐火电缆槽盒》（GB 29415）、《防火电缆桥架》（JB/T 13994）要求，耐火槽盒、防火电缆桥架的钢制主体部分的板材厚度应满足T/CECS 31及JB/T 10216中的要求。

2. 桥架规格尺寸

桥架有常用的规格尺寸，为方便招标，建议按规范规定的常见规格尺寸选取。不同规范对于不同桥架的规格尺寸也有不同要求，编者梳理了相关标准规范中常用或推荐规格尺寸，以方便读者查询，见表6-3-3。

表6-3-3　桥架规格尺寸规范对照表

编号	规范名称	条文/表格编号	备注
1	T/CECS 31	3.4.2/表3.4.2-1～表3.4.2-2	—
2	QB/T 1453	3.2.4/表4	钢制电缆桥架
3	GB/T 23639	4.3.1/表1	—
4	NB/T 42037	4.3.1/表1	—
5	JB/T 10216	4.3.3/表8	—
6	GB 29415	4.3/表3	可能有耐火材料占用桥架净空间
7	JB/T 13994	5.2/表2	

3. 桥架规格尺寸设计

1）在电缆桥架内可无间距敷设电缆。在托盘内敷设电缆时，电缆总截面面积与托盘内横断面面积的比值不应大于40%。

2）电缆桥架上无间距配置多层并列电缆载流量的校正系数见表6-3-4。

表6-3-4　电缆桥架上无间距配置多层并列电缆载流量的校正系数

叠置电缆层数		1	2	3	4
桥架类别	梯架	0.8	0.65	0.55	0.5
	托盘	0.7	0.55	0.5	0.45

梯架的散热效果较好，相同其叠置电缆层数情况下，其校正系数比托盘要高。因此，强电竖井（散热条件差、相对安全环境）内电缆布线，除有特殊要求外宜优先采用梯架布线。托盘敷设时，与电缆单层放置校正系数相比，2层放置的校正系数下降较多，建议桥架尺寸设计时按单层电缆排布。

6.3.3　桥架的耐火设计

机场航站楼内需要做耐火设计的桥架类型主要是耐火电缆槽盒、带盖有孔托盘和梯架等。

1. 耐火电缆槽盒

耐火电缆槽盒的耐火时间见表6-3-5（对应试验见GB 29415），其结构形式分为普通型和复合型。对于复合型，无论是空腹式还是夹芯式，其包裹材料均占用了桥架的空间，设计时需要注意加大桥架设计尺寸，以满足桥架内部净尺寸。

表6-3-5　耐火电缆槽盒的耐火时间

耐火性能分级	F1	F2	F3	F4
耐火维持工作时间/min	≥90	≥60	≥45	≥30

耐火电缆槽盒用于保护封闭于其中的电缆，提高回路的持续供电时间，以及为电缆提供机械支撑。对于采用有机绝缘耐火电缆，但其耐火性能达不到持续供电时间的要求，虽然耐火电缆槽盒可以为电缆提供保护，提高回路整体耐火时间，但不能简单地将耐火电缆持续时间和耐火槽盒的耐火时间直接相加作为该回路的火灾持续时间（现阶段还无类似试验数据权威公布）。因此，一般情况下，设计没必要要求采用F1、F2等高性能分级型号。

在火灾高温环境中，桥架的支撑能力会变差，对桥架设置防火措施可以使桥架保持完整，进而提高电缆的支撑持续供电时间。需要注意的是，桥架的支架、吊杆等附件均应做防护处理，否则在火灾高温环境中其承载能力也会下降，进而可能导致桥架垮塌。

2. 带盖有孔托盘

当建筑物内设有总变电所和分变电所时，总变电所至分变电所的10kV的电缆应采用耐火电缆和矿物绝缘电缆（无消防设备的变压器电源电缆除外），变压器电源的耐火电缆可敷设于带盖有孔托盘内，并设置防火措施。钢制桥架表面的防火措施一般为刷防火涂料，其性能及试验方法执行规范《钢结构防火涂料》（GB 14907）。根据耐火性能，钢结构防火涂料的耐火极限分为：0.50h、1.00h、1.50h、2.00h、2.50h和3.00h。根据发泡机理，也可分为膨胀型和非膨胀型，膨胀型的防火涂料涂层在高温时膨胀发泡，形成耐火隔热保护层，也可在一定程度上封闭有孔桥架的小孔，进而对桥架内的电缆进行保护。因此，对于带盖有孔托盘建议采用膨胀型防火涂料。

3. 梯架

梯架主要用于敷设矿物绝缘电缆，因电缆本身便可以满足持续时间要求，无需桥架提供封闭空间保护，仅需要提供机械支撑。梯架的本体、支架吊杆均需要刷防火涂料。

6.3.4 导管的选择

1）航站楼内建议选择刚性金属导管、可弯曲金属导管。

2）明敷或暗敷于干燥场所的金属导管宜采用壁厚不小于1.5mm的镀锌钢导管。刚性金属导管可采用热镀锌焊接钢管（SC管，满足《低压流体输送用焊接钢管》GB/T 3091）、套接紧定式钢导管（JDG，满足《套接紧定式钢导管电线管路施工及验收规程》CECS 120要求的导管）。

3）可弯曲金属导管是指满足规范《建筑电气用可弯曲金属导管》（JG/T 526）要求的导管。可弯曲金属导管主要应用于刚性导管与电气设备、末端电气设备连接、电缆梯架或电缆槽盒敷设进口处挠性线管过渡、导管过伸缩缝时补充措施等。由于机械支撑能力不足，明敷（包括敷设于吊顶内）的导管穿线不便，也不美观，不宜采用可弯曲金属导管。

4）需要注意SC管的标称管径为内径，JDG的标称管径为外径。当采用JDG敷设时，其管径型号应按图样中标注的SC管径提高一级。

5）明敷于潮湿场所或埋于素土内的金属导管，应采用SC管，中间接线盒也应采取防腐措施。

6）室内潮湿场所的导管明敷时、建筑物底层及地面层以下外墙内的线缆采用导管暗敷布线时，采用SC管。

7）爆炸危险场所（如UPS电池间）敷设时，应采用SC管。

8）当消防线路穿金属导管明敷时（包括敷设在吊顶内以及管吊灯具的吊管），金属导管（含支吊架、管卡等附件）均应刷防火涂料。

6.4 电气线路敷设

6.4.1 电气线路敷设基本原则及措施

1）航站楼内电路敷设形式主要是穿管敷设、桥架（槽盒、托盘、梯架）敷设，敷设场所为楼板内暗敷、梁下明敷、吊顶内敷设、管廊敷设等形式。应结合敷设环境、管线分离与否等因素合理选择敷设方式。

2）配电线路敷设在有可燃物的闷顶、吊顶内时，应采取穿金属导管、封闭式金属槽盒等防火保护措施。

3）敷设在钢筋混凝土现浇楼板内的电线导管的最大外径不宜大于板厚的1/3。当电线导管暗敷设在楼板、墙体内时，其外护层厚度不应小于15mm，消防管暗敷时，应敷设在不燃性结构内且保护层厚度不应小于30mm。暗敷时应根据楼板厚度合理限制导管外径。

4）低压单芯电缆沿桥架及电缆沟敷设时应每三相成品字形排列，采用尼龙带绑扎。

5）电缆桥架多层敷设时，层间距离应满足GB 51348第8.5.5条要求。电缆桥架与各种管道平行或交叉时，其最小净距应符合GB 51348表8.5.15的规定。

6）桥架及母线槽的敷设其余做法可参照国标图集《电缆桥架安装》（22D701-3）、《母线槽安装》（19D701-2）。

6.4.2 电气线路防火封堵及防水设计

1. 设计原则

电气线路防火封堵及防水设计应从线缆进出建筑物至设备末端整体考虑。

2. 线缆进出建筑物

电缆进出航站楼建筑物时应与站坪设计单位紧密配合，结合室外电缆的埋地标高、室内部分梁下标高、电缆弯曲半径等影响综合考虑电缆井尺寸。穿墙套管宜采用钢制，设置止水钢板。做法可参照国标图集 12D101-5 P102 ~ P103。另外，航站楼附近多有雨水沟（较深，可达超过 2m），进出线套管标高应注意雨水沟的影响。

3. 潮湿场所导管及桥架的防潮设计

潮湿场所明敷的导管、电缆桥架必须采用防潮防腐材料制造或做防潮防腐处理。优先选用防潮防腐材料制造的导管或电缆桥架，当采用普通钢导管和钢制电缆桥架明敷时，需要采取防潮防腐措施，如采用防潮防腐漆做涂刷处理，涂刷不少于 3 次。钢导管的壁厚不应小于 2.0mm，钢制电缆桥架板厚不应小于 1.5mm。

4. 防火封堵措施

1）电缆进入配电箱、柜的孔洞处及电缆管开口处，采用防火堵料密实封堵。

2）母线槽及电缆桥架穿楼板、防火分区隔墙及进出变电所、配电间（或电气竖井）处等防火墙、电气盘柜底部等，应做防火处理，做法可参见国标图集 06D105。另外，选用母线槽时，应在穿越防火墙、楼板处设置不少于 1m 长的防火板单元，穿越孔洞应设置防火封堵。

3）配电间（或电气竖井）在每层楼板处采用不低于楼板耐火极限的不燃烧材料或防火封堵材料封堵。配电间（电缆井）与房间、走道等相连通的孔洞，其空隙采用防火封堵材料封堵。

4）所有布线系统通过地板、墙壁、屋顶、顶棚、隔墙、防火分区墙、防火墙、竖井井壁、建筑变形缝处和楼板处的孔隙、建筑外墙等建筑构件时，其孔隙按等同建筑构件耐火等级进行封堵。当导管和槽盒内部截面面积大于等于 710mm^2 时，尚应从内部封堵，导管为两端开口处，内部封堵需采用膨胀性的防火封堵材料。

5）所有防火封堵材料应满足《防火封堵材料》（GB 23864），以及《建筑防火封堵应用技术标准》（GB/T 51410）的要求。

6）电缆沟内管线穿越机房防火墙时应采取防火封堵措施，其方式为防火板阻火墙、无机堵料阻火墙及阻火包阻火墙形式，做法可见国标图集 06D105。

5. 新型防火封堵技术的应用

电缆防火封堵方式可采用新型模块式防水防火封堵系统。该系统由框架、填充模块、压紧件等元件组成，具有较好的密封性、耐化学性、耐水性（电缆沟底有积水可能，防火板遇水后会影响防火性能）、后期增减方便、电缆敷设时免受伤害、使用寿命长等优点。其系统组成如图 6-4-1 所示。

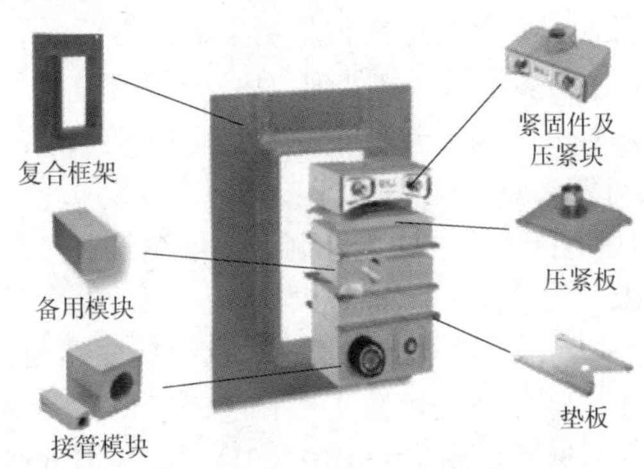

图 6-4-1　新型模块式防水防火封堵系统组成

其安装效果如图 6-4-2 所示，同样，桥架穿越防火墙体时，也可采用该系统。桥架穿越墙体时，需要将桥架断开，电缆穿越封堵系统。此种防火封堵系统已在部分机场航站楼设计中采用。

a）

b）

图 6-4-2　新型模块式防水防火封堵系统线缆穿越墙时的安装效果

a）线缆穿越防火墙　b）桥架穿越防火墙

矿物绝缘电缆进出配电箱（柜）做法应按照标准图集 09D101-6 中第 11 页所示做法，或按照厂家指导做法实施，不可将电缆外皮剥开后不做处理直接进出配电箱（柜）。

6.4.3 电气线路的抗震设计

1. 电气线路的抗震措施

1）设计时，应与结构专业明确大楼的抗震设防烈度。对于消防管线等重要电力设施可按设防烈度提高 1 度进行抗震设计。

2）内径不小于 60mm 的电气配管及重力不小于 150N/m 的电缆梯架、电缆槽盒、母线槽均应进行抗震设防。

3）当采用硬母线敷设且直线段长度大于 80m 时，应每 50m 设置伸缩节；金属导管、刚性塑料导管的直线段部分每隔 30m 应设置伸缩节。

4）当金属导管、电缆梯架或电缆槽盒穿越防火分区时，其缝隙应采用柔性防火封堵材料封堵，并应在贯穿部位附近设置抗震支撑。

5）电缆梯架、电缆槽盒、母线槽在穿越防震缝时，两侧应设置伸缩节，防震缝的两端应设置抗震支撑节点并与结构可靠连接。

2. 抗震支吊架

1）本书对需要设置抗震支吊架的电气管线的范围做了要求。对于内径不小于 60mm 的电气配管较为明确，而对于重力不小于 150N/m 的电缆桥架需要根据其自重、电缆的重量之和来判断。

2）支吊架分为侧向和纵向支吊架。新建电气管线支吊架最大间距参照《建筑机电工程抗震设计规范》（GB 50981）中表 8.2.3，该表是抗震支吊架的最大间距，但不是计算依据，不能认为间距不大于该表数值就满足了抗震设计要求。抗震支吊架间距应以 GB 50981 式（8.2.3）为依据，并结合其他限制条件进行设置。

3）抗震支吊架位置可参见 GB 50981 第 7.5 节及第 8.3 节要求。做法可参照国标图集 16D701-1。

3. 其他

1）当采用穿金属导管、刚性塑料导管敷设时，灯具及电动机等用电设备进口处应转为挠性线管过渡；当采用电缆梯架或电缆槽盒敷设时，其进口处应转为挠性线管过渡。做法可参照国标图集 16D707-1 第 14 ~ 16 页。

2）管线穿越防震缝时应采取补偿措施，做法可参照国标图集16D707-1 第 21 页。

3）管线进出航站楼时，应在井中留有余量或在外墙处做软连接。做法可参照国标图集 16D707-1 第 23 页。

6.5 特殊场所布线系统

6.5.1 管廊的线缆敷设

1）大型机场航站楼内通信、电力、冷热源系统、给水排水等管线众多，且受制于民航工艺专用设备系统、进出港流程、层高有限等因素，可通过设置在地下综合管廊（以下简称“管廊”）或者地下技术夹层来解决管线敷设问题。管廊一般分为水暖舱与电舱(电力管线、智能化管线分列两侧)。管廊电舱多设置在航站楼开关站、变电所的下方，以方便线缆进出线。由于管廊的修建造价较高，管廊贯通区域及高度可能有限，其中敷设的电力电缆以高压电缆为主，低压电缆、母线槽为辅。

2）航站楼内常见的 35kV 及以下高压电缆可采用电缆支架明敷。明敷的电缆宜有铠装外护层保护。管廊内电缆支架的横担长度不超过 650mm 时，可采用单侧固定；而多数航站楼内管廊支架横担长度在 1m 左右，应与结构专业配合，建议采用两侧固定。明敷电缆支架各层之间的最小净距要求见表 6-5-1。

表 6-5-1　明敷电缆支架各层之间的最小净距

电缆支架层	最小净距/mm
6kV 以下电缆支架层	150
6 ~ 35kV 中压电力电缆支架层	300
最下层电缆支架与地坪	100
最上层电缆支架与顶板	100 ~ 150
最上层电缆支架与其他设备	300
400V 密集母线槽支架层	密集母线槽高度 + 150

3）低压电缆宜采用电缆桥架敷设。电缆桥架水平安装时，应根据载荷选择门型支架或单侧支架，宜按载荷选取最佳跨距作支撑，且支架水平间距不宜大于2000mm。桥架各层之间的最小净距见表6-5-2，为方便操作，可适当提高表中各层之间间距至500mm。

表6-5-2 桥架各层之间的最小净距

电缆等级和类型、敷设特征		净距/mm
梯架或托盘（无盖）	控制电缆及弱电线路	200
	6kV 以下电缆	250
	6kV、10kV、35kV（单芯）电缆	300
	35kV（3 芯）电缆	350
电缆敷设于槽盒/盖带托盘中		槽盒或者托盘高度 +100

4）各层电缆宜按电压等级从高到低分层敷设，高压电缆布置在高层，低压电缆布置在低层。另外，各层线缆或桥架尚应注意从支架到上部机房或配电间线缆敷设的顺序及弯曲半径。先向上引出的管线宜设置于上部支架，无向上进出需求或过路线缆、桥架可设置于下部支架；出线口向上引出的电缆，特别是截面较大的线缆，应注意其弯曲半径；线缆进出较多时，尚应满足楼板处防火封堵件的安装及电缆敷设作业要求。另外，当消防配电线路与非消防配电线路布置在同侧时，消防配电线路应敷设在非消防配电线路的下方，并应保持300mm及以上的净间距。机场航站楼管廊支架及管线进出关系示意图如图6-5-1所示。

5）航站楼内管廊电舱及水暖舱一般位于地下，且自然通风条件较差，可考虑为潮湿场所，其内部敷设的导管及桥架的选择可按本章第6.3.4及6.4.2节的潮湿场所的设计要求实施。

6.5.2 大空间的线缆敷设

1）大型航站楼中的大空间是指中央大厅、候机区的高且大空间。大空间上部为结构网架层，用电负荷比较密集，主要包含一般照明、广告、标识、融雪电伴热（北方地区）、火灾自动报警等各类设备。

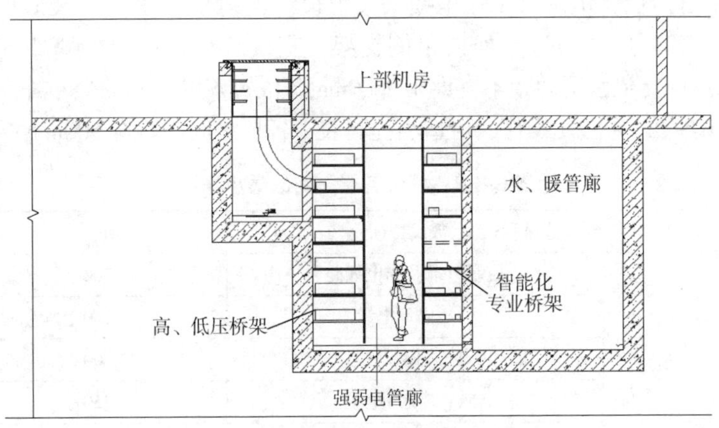

图 6-5-1　管廊支架及管线进出关系示意图

2）从大空间的地面层至网架层的线缆敷设可以采用以下几种方式：

①为了便于上述设备的安装、检修及维护，网架层内一般会设置马道，相关配电箱可安装于马道上。供电线缆可沿人员上马道的竖向通道（钢制爬梯或者专用楼梯），设置专用的竖向桥架敷设。

②少量的支线线缆可以沿幕墙抗风柱内的空腔穿管敷设至网架层。考虑到现场管线的美观隐蔽，上线点位宜选取在隐蔽处。

③也可选用结构支撑件作为上线通道，如支撑屋盖的大型钢管柱。钢管柱内是一个贯通的空间，在灌注混凝土之前，提前预置敷设电缆所用的热浸镀锌焊接钢管，并与结构专业配合在钢管柱进出口预留开洞，钢管柱预留条件示意图如图 6-5-2 所示。由于施工条件相对较差且距离较长而无检修口，钢管柱内可采用细钢丝铠装电缆，以提高电缆的机械强度以及避免电缆外护套在敷设时遭到破坏。

④对于钢管柱穿过房中房通往大空间顶部通道连贯的情况，可以在房中房顶至大空间顶部背面设置桥架引上至网架层。钢管柱背面可避开旅客主要视线，影响较小。也可以与建筑专业或装饰专业配合，桥架外部做局部装饰包封处理，以利美观。

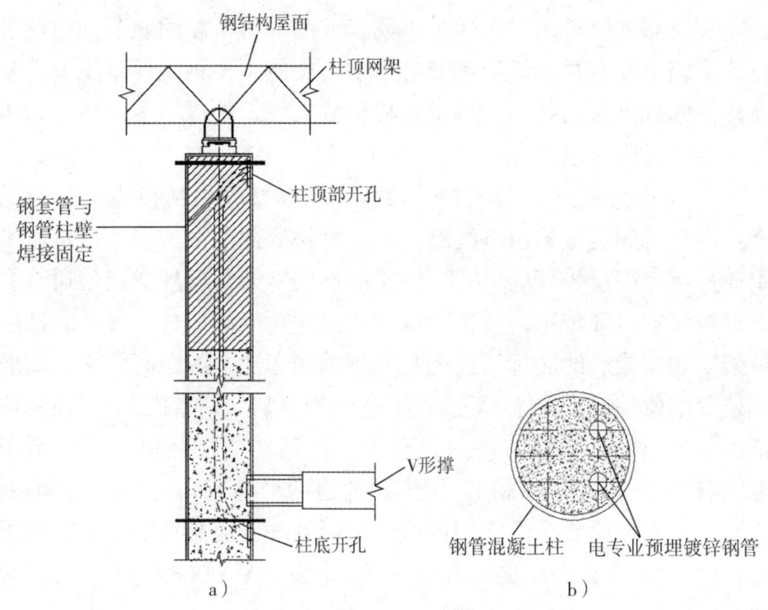

图 6-5-2　钢管柱预留条件示意图

a）钢管柱留洞示意图　b）钢管柱留洞截面示意图

3）大空间照明方案多样、马道走向及覆盖范围受限，导致部分场景下大空间照明灯具维护检修困难，设计时应考虑照明配电线路的可靠性、耐久性及检修便捷性。大空间灯具主要配电回路可采用照明小母线，具有方便安装，方便实现照明回路交叉供电、控制，方便实现灯具及相应配电回路的检修、更换，寿命长的优点。但相较于槽盒或导管敷设，照明小母线初始成本相对较高，需与甲方沟通明确是否采用。

6.5.3　登机桥的线缆敷设

1）登机桥一般可分为土建桥和成品桥两种：

①土建登机桥。一般情况下在登机桥固定端设置有配电间，为室外站坪设备供电的配电箱（柜）下可设置电缆沟；如果给站坪供电的回路较多，且出线方位分散，可以在配电间下设电缆夹层。夹层或电缆沟的底标高应与进出配电间的电缆排管标高匹配。

②成品登机桥。与土建桥不同，成品登机桥内的照明、空调等设备及相关配电是随桥厂家配套提供，民航工艺相关设备配电在室外挂柱或者落地安装。其进出登机桥的布线系统也与土建桥有所不同，设计时应予以注意。

2）一般情况下，登机桥载设备由航站楼变电所供电。从航站楼至登机桥固定端的供电线路可以沿廊桥底部敷设桥架，也可以采用通过室外埋设排管的方式。由于航站楼室外与机坪交接带通常会设有较深的机坪排水沟渠，建议优先选用桥架的形式。廊桥底部的桥架安装完成后的底标高应满足站坪消防车通行的净高要求。因航站楼变电所一般设置于L1层，上述桥架多从航站楼内L1层顶部侧幕墙穿出至廊桥底部（一般情况下，航站楼内至登机桥固定端配电间有L3层出发通道和L2层到达通道两个通道），由于标高的变化，需要在较为狭小的空间内进行翻折处理，应与幕墙专业密切配合，优化相关节点。典型桥架穿越外墙至登机桥路由示意图如图6-5-3所示。

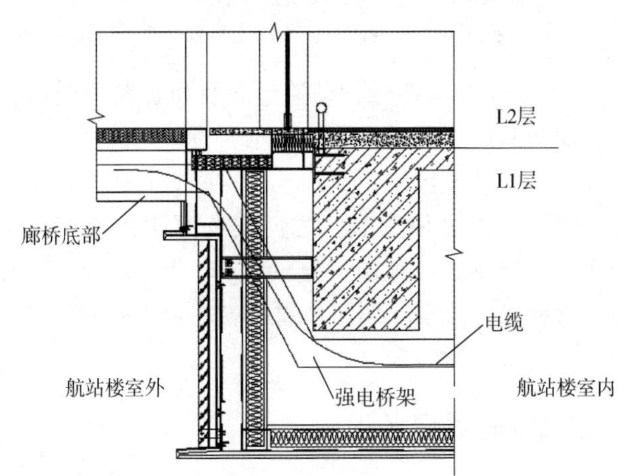

图6-5-3　桥架穿越外墙至登机桥路由示意图

进出建筑物有幕墙构件和建筑高差，弯曲半径小，截面面积较大的电缆弯曲过大穿越困难。另外，廊桥下的桥架敷设空间很小（几乎没有操作空间，甚至托盘的盖板无法安装或操作而只能做不带盖托盘)，高度一般不超过 200mm，桥架高度一般按 100 ~ 150mm 考虑，同时也限制了电缆的截面及弯曲半径。因此，建议截面大于等于 95mm^2 的多芯电缆可做成单芯电缆，以减小外径及弯曲半径。

6.5.4 地面槽盒的敷设

1）机场航站楼的值机、安检等通道的落地设备区域，上部多为出发层等高大空间，通常采用地面插座、地面接线盒的形式配电；而周围没有固定的土建墙体，用电设备又较为集中，配电管线较多，宜采用暗埋地面槽盒作为主要的布线方式。

2）地面槽盒主要包含槽体、检修盒、出线口等部件构成。槽盒的高度较小，一般为 38mm、50mm 两种类型较为常见。地面槽盒一般是由配电间（含 UPS 配电间）至值机岛设备、安检线末端设备供电的线路，单个设备容量较小，供电线缆类型多是小截面的电线，该尺寸的地面槽盒可满足敷设要求。地面槽盒一般敷设于地面面层内，常见的建筑面层多为 50mm，受制于检修口处占用的高度较高，50mm 的面层不满足敷设要求。多数情况下，其面层至少需要在 100mm 左右方可满足敷设要求。若建筑面层不满足相关厚度要求，应提前与建筑、结构专业配合，采用局部降板或加厚面层等措施。典型地面槽盒安装示意图如图 6-5-4 所示。

3）地面线槽尚应满足如下要求：

①地面槽盒应具有与敷设环境相适的防腐性能和防水性能。地面槽盒敷设于地面面层内，土建检修口可能密封不严，在日常清洁时，不可避免地会有水浸入，槽盒的各个部件应具有一定的 IP 防护等级和防腐性能。

②槽盒的抗压能力应能承受施工机械或运维车辆的通过压力。槽盒上部为水泥砂浆及地砖，支撑力度不足，槽盒各部件应能承受正常的设备和车辆的通过压力。

③为了便于施工、检修，应在适当距离、转弯处设置检修口，在分支出线处设置专用分线盒。

④地面槽盒施工时应与土建专业密切配合，浇灌混凝土前将线

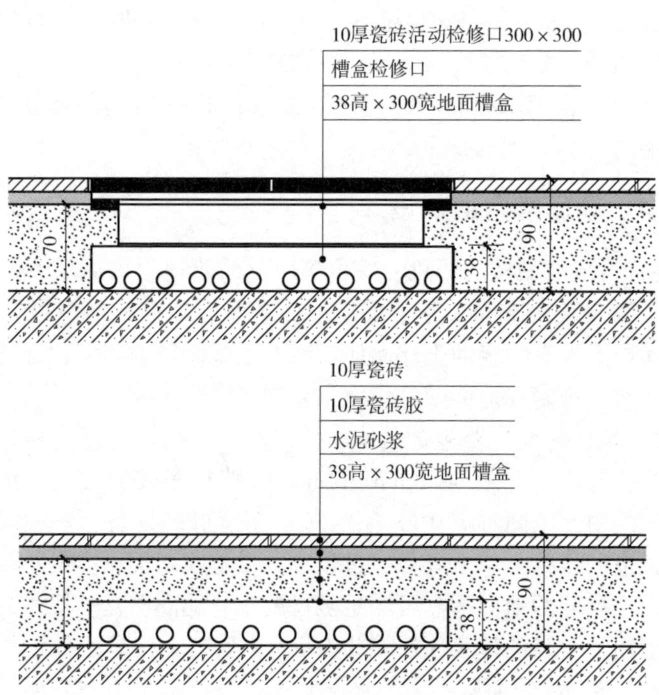

图6-5-4　地面槽盒安装示意图

槽调整平直、固定，避免浇灌时偏移；为避免浇灌混凝土时砂浆进入地面槽盒内部，应采用防水密封处理，使地面槽盒系统具备密封性；检修口应做到与建筑完成面齐平，以减少被破坏的可能性，同时避免地面不平整造成的人员通行不安全性。

⑤注意与相关区域电气、智能化专业槽盒的配合，根据设备布置，合理排布各系统的地面槽盒，做到线槽不交叉，管线少交叉。

6.6　线缆新产品

6.6.1　地面防水布线系统创新技术

1. 系统概述

“建筑线缆地埋管道”是地面防水布线系统创新技术，是为了顺应和满足当代机场建设项目中，建筑物内大量地面电气布线的需求而研发的新技术和产品。区别于传统埋地槽盒、穿线管，该系统通过系统各零部件装配式安装后，在满足导电、防水、抗压、耐锈蚀等必要技术标准的前提下，解决了传统产品防腐能力差、防护等级低、防水性能不足、抗压能力弱、安装效率低等弊端。同时，在施工过程中可以抵御绝大多数外界因素干扰，如工人踩踏、施工挤压、水泥灌浆和各类施工器械的重压（如大型起吊机械等）等带来的不利影响，从而确保后期地面布线功能的完整实现。可应用在机场航站楼的大空间区域，如安检区、值机岛等特殊场所。

2. 系统的组成及性能要求

地面防水布线系统是由金属材料一体加工成型的地面线槽（槽盒本体，本产品暂称为“线槽”）、线管、线盒、附件等构成，系统示意如图 6-6-1 所示。

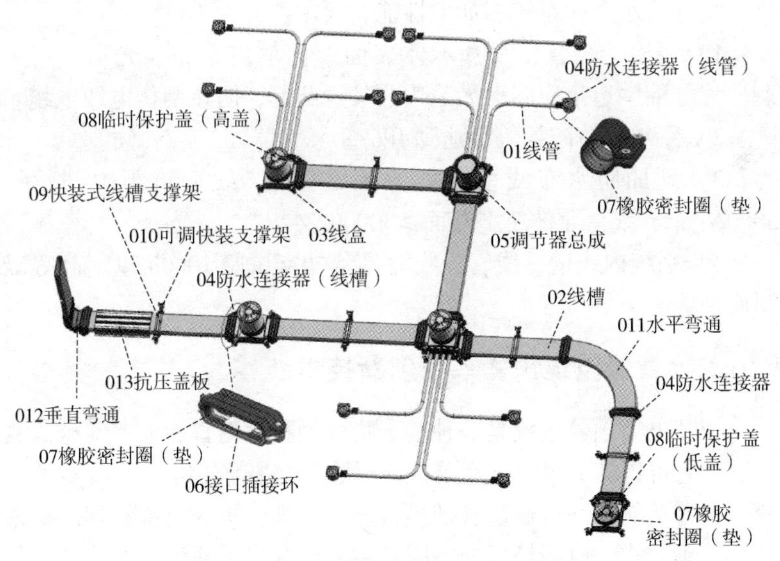

图 6-6-1　地面防水布线系统示意

地面防水布线系统由地面线槽、线管、分线盒、出线盒、防水连接器、防水橡胶圈（条）及其他必要零部件装配连接而成，系统主要零部件单元包括：

1）地面线槽及线管：是一种埋入地下（如地面面层内）的线槽，可将穿入线槽内的电线和电缆分配至各个线盒的通道，用于保护电线和电缆，使电线和电缆更加整洁有序地布置。

2）线盒：根据进出线连接的管型尺寸、功能的不同，加工制造而成各种可连接不同截面、数量、方向线槽或线管的线盒。

3）防水连接器：用于线槽、线管、线盒、附件之间连接和保护作用的夹紧装置，用于系统内线槽与线槽、线槽与线盒、线管与线管、线管与线盒等连接安装，能有效阻止水汽渗透或水流入至布线系统内。

4）调节器总成：线盒出线口安装后用于调节完成面盖板轴向高度和轴向指向并能有效防水的调节装置，以调整高度与地面装饰面齐平。

5）其他必要零部件。

地面防水布线系统有如下性能与要求：

1）线槽、线管、线盒本体表面及内壁应平整、光滑、无毛刺、无缝隙，边角应圆滑无毛边或尖锐凸起，防止刮伤电线电缆。

2）系统整体防护等级达到 IP68。

3）地面防水布线系统具备承压功能，线槽跨距中部承压 $5000N/m^2$，线盒盖体正上端面≥30000N/个。

4）系统内线槽、线管、线盒具备盐雾试验 1000h 以上高等级耐腐蚀能力。

6.6.2 智慧电缆预警系统创新技术

智慧电力预警系统是一种基于物联网技术的智能电缆安全监测系统，它可以实时监测电缆的运行状态并进行分析，提供多种预警、报警功能，并可通过管理平台进行数据分析和设备管理。根据信息采集方式、应用场所的不同，主要分为以下两种方式。

（1）光纤复合电缆

1）利用电缆中的光缆，监测电缆本身的运行温度情况，同时还可以监测沿途的电缆敷设环境温度、周围施工机械的振动与火灾情况。也可对电缆敷设长度上的温度、距离等信息实时在线监测。

2）该系统由光纤复合电缆、控制管理系统（包含预警主机、测温软件、可视化界面）等组成。

（2）嵌入式芯片智能电力电缆

1）在电缆内植入射频识别技术射频识别（RFID）芯片，可实现电缆温度和载流量的实时监测，也可实现电缆制造、出厂检测和安装敷设情况的信息存储和调用。该芯片具有抗电磁干扰特性，且芯片标签采用抗老化、耐腐蚀、抗温度冲击以及物理形变小等特点，可与电缆完美匹配。

2）该系统由嵌入式芯片智能电力电缆、天线、读写器、系统服务器组成。利用 RFID、传感器等物联网技术实现对配电网"哑资源"的识别，将现代先进的传感测量技术、信息通信术与物理电网高度集成而形成新型配电网，利用先进的传感技术实现配网设备感知、状态和环境感知，为配电设备的综合评价及辅助决策提供数据支撑。通过构建基于 RFID 技术的配网实物资产管理及设备状态监测评估系统，一方面打破以往设备资产管理混乱、人工工作量庞大、技术手段低的现状，强化配网设备数据化和信息化管理；另一方面实现全配电网设备的状态监测，实时告警分析，有效降低配网故障次数，降低运维成本，全面提升配电网精益化管理水平。典型嵌入式芯片智能电力电缆如图 6-6-2 所示。

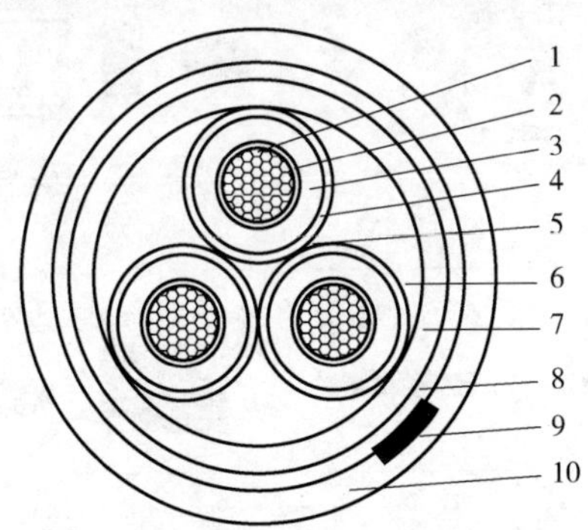

图 6-6-2　典型嵌入式芯片智能电力电缆

1—导体　2—导体屏蔽　3—绝缘　4—绝缘屏蔽　5—金属屏蔽
6—填充　7—隔离套　8—金属铠装　9—芯片单元　10—外护套

6.6.3 智能母线创新技术

1. 系统概述

母线连接处过热现象是母线事故过程中重要外在表现形式之一。由于母线结构的密闭性会降低其散热的效果，会进一步加剧这些部位出现温度过热，如果不加以控制，不但会对绝缘材料的性能和母线寿命产生很大的影响，而且还会降低母线的载流量、危及母线的运行安全。因此，市面上的智能母线产品较多关注母线的测温技术，而智能母线创新技术在传统测温技术基础上新增以下测量及监控参数：电力参数、温度、湿度、是否浸水等状态监测。系统对母线槽运行中的以上状态监测并将数据传输至专有平台显示并报警，可以有效地使母线安全、经济运行，实现母线的智能化、数字化。

2. 系统构成

系统拓扑图如图 6-6-3 所示。该系统为三层架构，包括管理层：通过软件和管理设备（计算机等）实现管理及应用功能；通信层：进行通信协议转换，实现数据的通信；现场层：现场数据的采集。

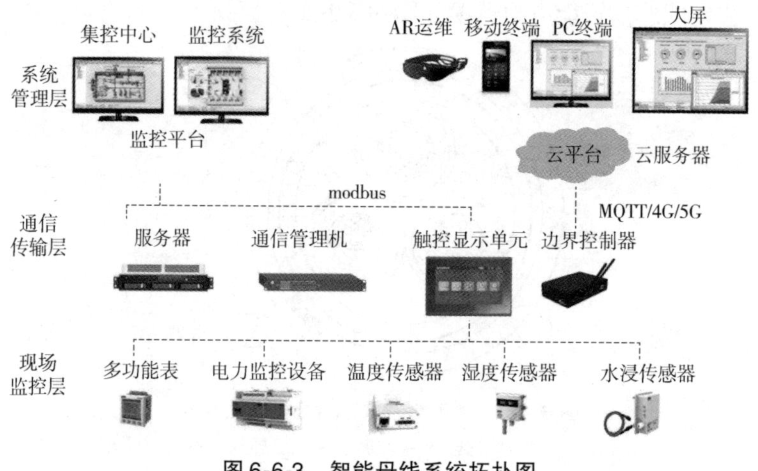

图 6-6-3　智能母线系统拓扑图

现场数据采集部位及传感器类型如图 6-6-4 所示。在影响母线运行安全的关键部位设置传感器，如温度、湿度、水浸传感器等，采集相关运行数据，并监测电参量和环境参量，实现母线产品的数字化管理及运。

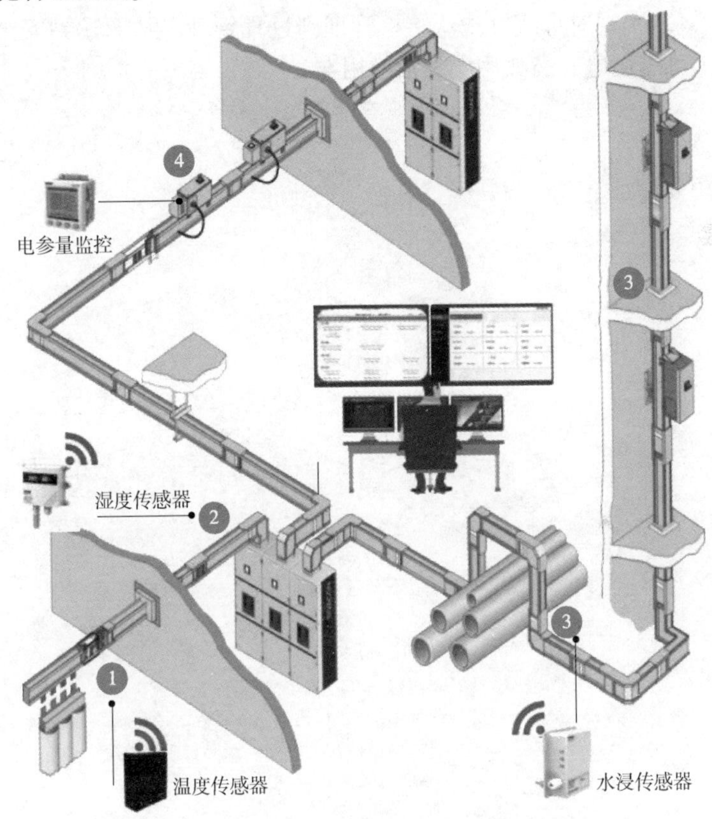

图 6-6-4　数据采集部位及传感器类型

1—温度传感器（安装于连接器、进线箱、插接箱）
2—湿度传感器（安装于连接器、母线穿墙处、水管处）
3—水浸传感器（安装于消防喷淋、水管处、电井口）
4—电力监控（安装于插接箱、进线箱）

3. 系统的优势

1）系统集监测、采集、数据转换和展示等可扩展的各个子系统，同时也可作为子系统接入其他监控系统中。

2）通过底层智能终端网和监控平台设计，可在任何地点、任何时间、任何人员来感知系统运行情况，传递信息。

3）可根据需要建立各个子系统的公共数据库，作为物联网平台基础。

4）实现对母线维护从结果管理到过程管理，从而达到安全用电、可靠用电、高效用电、洁净用电。

第7章 防雷、接地及安全防护系统

7.1 概述

7.1.1 概念

雷电是可以追溯到远古时代的一个物理现象，在人类文化还不是高度发达的古老时代，雷电被人们神话传说为受“雷神”掌控，也产生了很多雷电灾害损失，这也导致了人们对雷电的深刻认识的迫切需要。伴随现代科技水平的突飞猛进和人们认识水平的提高，人类逐渐了解、掌握雷电并利用雷电为人类带来积极价值。而作为建筑物特别是本书所论述的智慧机场航站楼建筑，防雷就显得格外重要；同时，与防雷相对应的接地也对科技研发者和电气设计者提出了很多安全防护要求。防雷与接地如同一对“孪生兄弟姐妹”，相伴而行，共为一体。一位合格的电气设计者，必须在设计安全的供配电系统的同时，也要对接地提出更高的设计理念。为更好地理解本章论述的重要理论和基本知识，有必要对几个重要概念进行深入定义和阐述。作为电气设计者，首先要关注并理解基本概念，才能掌握设计规范标准所表达的内涵和实质，才能更好地在设计防雷、接地和安全防护等各大系统时贯彻执行高效合理、安全可靠和经济节能等理念。下面重点阐述本章涉及的几个定义和概念，详见表 7-1-1。

表 7-1-1　防雷、接地及安全防护系统的相关定义和概念

序号	术语	定义和概念	备注
1	直击雷	自然界的闪电直接击中建筑物、构筑物或电气装置等，产生电、热和机械等效应的一种自然现象	
2	感应雷	自然界中的闪电在导电物体例如架空线路上感应电荷形成高压电冲击波，从而感应出很高的电压场 依据产生的原理不同，静电感应是一种方式，另一种方式是电磁感应	
3	接闪器	能将雷电流诱导过来，并能导入雷电流的导电物体 常见的接闪器形式，主要包括接闪针杆、接闪条带、网状接闪体	
4	防雷引下线	能把接闪器诱导的雷电流引至接地体的导电物体 常用的引下线的形式有圆钢、扁钢或结构主钢筋	
5	接地体	一种导电体或导体物，其以最快的速度将引下线传来的雷电流导入大地	
6	电涌保护器	一种电气设备，可扼制瞬时过电压，并且能把电涌电流分泄掉，能保护设备不受冲击	简称 SPD
7	地闪密度	某一区域或场所内，每年、每平方公里的地面面积上，地闪的平均次数 其衡量单位是：次·每平方公里·每年[次/(km^2·a)]	

7.1.2　防雷接地要求

1. 基本要求

为了确保智慧机场航站楼安全可靠地运行，对雷电引起的灾害必须高度关注。雷电是一种自然现象，闪电伴有瞬态电流、高电压和强电磁等电气物理特性。高度重视雷电对航空飞行设备、地勤保障设备的运行风险和地勤服务工作人员的人身安全，主要是因为机场片区空旷，相对于一般场所，其风险概率远高于一般区域。因此，在机场建设、机场管理和机场设计特别是智慧机场航站楼电气设计中，可靠的防雷、接地及安全防护系统，可有效地降低雷电对飞机、摆渡车、地面设施及地服人员的伤害，确保智慧机场地安全运行。

基于智慧机场航站楼建筑物，站在电气设计宏观角度，把握智

慧机场航站楼作为整个空港枢纽机场区域最重要的建筑物，其内有大量确保航班正常运行的电气设备、航班空港系统、行李系统和通信系统等设施；航站楼内，每天长时间一直有大量进出港的旅客在办理各类乘机手续。同时，航站楼也作为一个城市对外的交流窗口、名片。由此可见，可靠合理的防雷接地设计，才能确保提供的防雷接地装置能有效地保护航站楼可靠运行。就电气设计而言，首先，航站楼属于民用建筑物，形成法拉第笼，这是基本要求；其次，结合航站楼的特殊属性，进行一些特定性设计也是关注要点；再次，可靠供电是航站楼电气设计关键点，防雷接地为其保驾护航，提供一道技术屏障；最后，从防雷接地发展方向并结合航站楼自身高效运作的新时代迫切需要出发，阐述防雷接地行业发展的技术新高地，为实现智慧机场航站楼建筑提供防雷接地的新技术应用。

2. 雷电防护

雷电防护技术与其他技术一样，随着技术更新迭代，信息化和智慧化把人们从简单而且重复并且容易人为客观出错的劳动中解脱出来，转而由智慧技术进行全程监控和引领，所以很有必要在雷电防护中引入监测新技术，从而实现并契合安全可靠、高效经济和绿色节能的时代迫切需求。

雷电防护是一个全局性、整体性防雷体系。外部引起的防雷主要针对直击雷系统，以及内部导致的防雷主要用于感应雷系统，另外还有雷电波侵入。雷电防护是综合性系统，其架构如图 7-1-1 所示。采用传统的法拉第笼防雷构架，按全局性防雷概念进行设计。

3. 接地系统

可靠的接地系统是供配电系统安全运行的最基本要求，接地方式的正确选择事关电气开关元器件的选择及其整定值与继电保护措施的设计要素。电气设计者正确认识并实施总电位联结的要素是落实接地安全的首先前提。电气设计者要重点关注主要机房，特别是变电室、柴油发电机房和电子系统等机房的接地，设计到位并落实好接地方案才能确保电气主机房的正常运行。高低压柜、变压器和柴油发电机组以及各类弱电机柜等电气主要设备的可靠接地，是智慧机场航站楼建筑物接地系统的基本因子和要素。

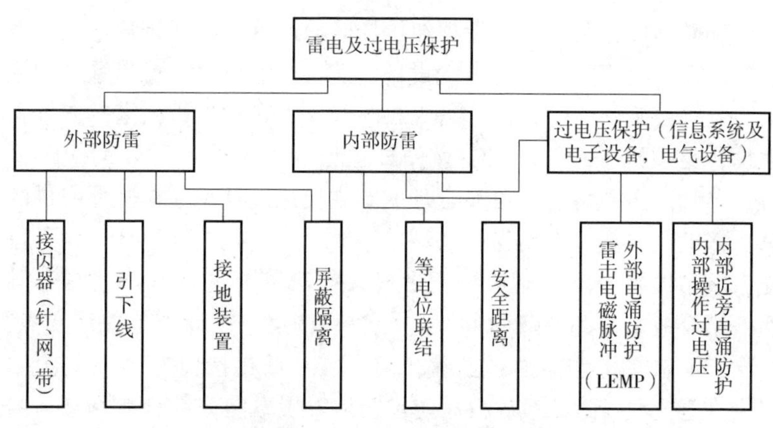

图 7-1-1　综合雷电防护系统架构

4. 安全防护

安全防护是电气安全的标准要求，安全防护涉及面较为广泛，针对机场航站楼建筑物的一些特殊场所，本章进行了重点论述。同时，也结合目前技术热点，例如光伏、储能等电气安全防护进行的介绍。以安全防护为着手，着重阐述设计要点和设计落地实施方案，从而为理解安全防护找到了设计亮点的基本要素。

5. 智慧防雷及接地

（1）防雷智能在线监测系统

运用 AI 和神经网络等技术，实现在线状态监测、远程监测及数据统计，实时掌握关键参数，解决原有疏漏和检测周期长的问题。建立基于地理信息系统的防雷模型和监管服务系统，实时查询雷电防护装置状态，采集气象数据，实时更新雷电灾害和强对流天气并报警。通过智能化手段实现安全监管的标准化、智能化、现代化，构建防雷安全风险监管智能化体系，降低风险，实现风险可控，保障人民生命和财产安全，避免企业经济损失。

实时监测雷电预警、电涌保护器、直击雷、接地性能等数据，并进行分析处理，打造“全区域互联互通、提前预报告警、实时快速反应”的动态化网络监管模式。搭建前期追踪、中期防护、后期处理的全过程服务体验。

1）雷电预警。主要用于随时在线响应监测雷电的活动情况，通过场强值及变换率，能在规定的时间内连续启动各级预警。

2）雷电流监测。主要监测避雷器、室外接闪装置遭受雷电的具体数据，并以表格化方式展示出来。

3）电涌保护器监测。主要实时监视和测量、逐时解析 SPD 的有价值的数据、接闪数字、SPD 本身参数、经济价值判定。

4）接地功能监测。监测智慧机场航站楼建筑物的接地电阻值，以及各类电气设施设备的接地回路的连接情况和状态，针对接地装置在线监视、实时测量，其电阻值是否超限、是否断开等故障状态，以确保各类设备与接地装置之间具有可靠的电气联结。

5）系统架构和系统拓扑。搭建系统架构，组建系统拓扑，如图 7-1-2 和图 7-1-3 所示。

（2）雷电智能预警系统

由闪电定位装置或系统、大气电场仪器仪表盘和多普勒雷达设备等一种或多种方式组成。作用是对可能发生雷电或者已经发生雷电场所，进行追踪、侦查、预报和预警等雷电信息。其中，大气电场仪应在机场航站区本地装设，闪电定位装置或系统以及多普勒雷达设备等探测数据宜通过第三方运营商获取。目前常见的是在本地安装大气电场仪，目的是进行雷电预报警。

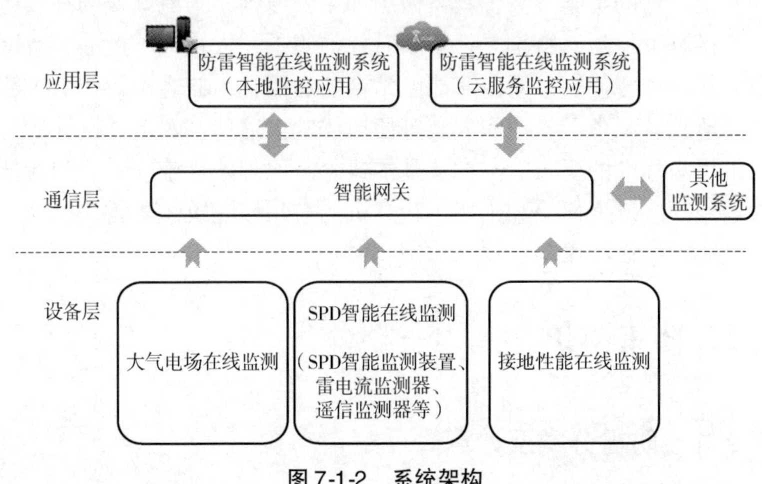

图 7-1-2　系统架构

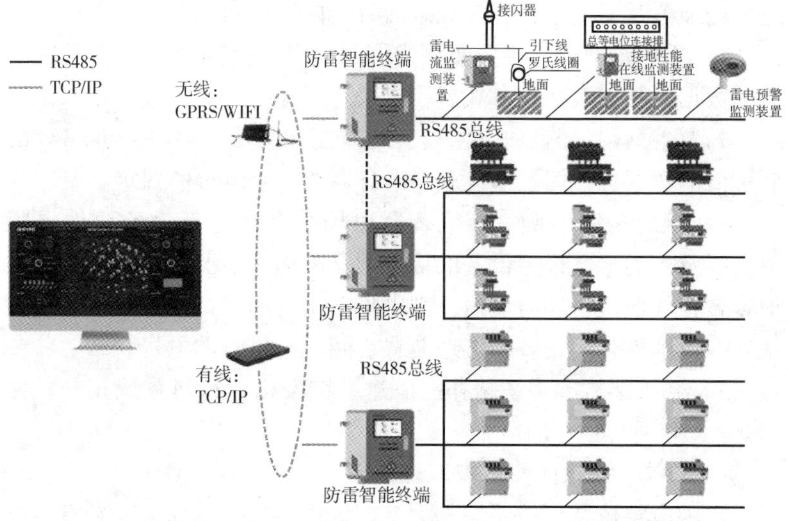

图 7-1-3　系统拓扑

7.1.3　本章主要内容

本章基于民用机场航站楼建筑物属性，立足智慧运行理念，分析了防雷、接地及安全防护的必要性和重要性，着重阐述防雷接地和安全防护的实施方案、具体做法和主要原则，为航站楼的高效运行提供有力保障。特别是处于新时代的当下，大量电子产品、数字孪生技术和智能智慧手段赋能航站楼的运用，为旅客出行提供了智慧、适宜、绿色、安全和人文等便捷体验，这些都对电气设计者提出了更高标准的要求。本章从基本概念、原理、措施、方法和新技术运用等多维度研究和论述了智慧机场航站楼建筑物防雷、接地及安全防护的设计策略和技术应用。

7.2　防雷防护

7.2.1　防雷分类及计算

依据相关防雷规范，在对地闪击可能发生的区域，以下几种类型应归属于第二类防雷建筑物：

1）国家级别的会议楼堂馆所、办公性质建筑、大型展出性和会展建筑、大型高铁站和航站楼、国家级迎宾馆、国家级城市档案馆、大型重要的市政供水泵房等特别重要的建筑物。

2）预计雷击次数 >0. 25 次/a 的建筑物。

需要特别注意的是，雷击次数 >0. 42 次/a 的第二类防雷建筑物，还需额外采取一些雷电防护的加强措施，例如：接闪网格≤5m×5m 或 6m×4m；应确保专用引下线之间的距离不超过 12m。

智慧机场航站楼建筑物因其功能属性、经营属性和体量大等特点，大多数归属于第二类的防雷建筑物。

1. 建筑物年预计雷击次数

智慧机场航站楼建筑物首先依据建筑物的功能属性、社会影响性、雷电事故发生的风险概率和引起的破坏程度，按现行设计规范《建筑物防雷设计规范》（GB 50057）第 3 节进行防雷等级的评定。然后，还应计算建筑物的年预计雷击次数。以某市智慧机场航站楼建筑物为例，按照《建筑物防雷设计规范》进行计算，得出年预计雷击次数的主要结果，详见表 7-2-1。

表 7-2-1　某市智慧机场航站楼建筑物年预计雷击次数

建筑性质	年平均雷暴日 T_d/(d/a)	雷击大地平均密度 N_g/(km²·a)	校正系数 k	建筑物尺寸			建筑物每边的扩大宽度 D/m	与建筑物截收相同雷击次数的等效面积 A_e/km²	建筑物预计年雷击次数 N/(次/a)
				长/m	宽/m	高/m			
交通	34. 3	3. 43	1	516	688	45	83. 52	0. 5780	1. 9826

依据表 7-2-1 的计算结果，某航站楼建筑物预计年雷击次数是 1. 9826（次/a），据此可确定属于为第二类。并且按现行国家标准《建筑电气与智能化通用规范》（GB 55024）第 7. 1. 4 条，属于雷击次数大于 0. 42 次/a 的第二类防雷建筑物，应采取雷电防护加强措施。

2. 建筑物电子信息系统雷电防护等级划分

只就机场航站楼建筑物电子信息系统而言，首先依据航站楼的社会影响力、国内国际进出港性质和经济价值，按现行技术规范《建筑物电子信息系统防雷技术规范》（GB 50343）表 4.3.1 选择确定级别：大中型机场属于 A 级，小型机场属于 B 级。然后，依据防雷装置的拦截效率，再次认定等级。结合以上两种方式确定的雷电防护等级，经比较，按照严格的等级最终明确该建筑物电子信息系统电防护等级，确保防护等级划分的准确性。以某市智慧机场航站楼建筑物为例，按照《建筑物电子信息系统防雷技术规范》计算拦截效率的主要结果是：

建筑物的年预计雷击数值（N_1）为：1.9826（次/a）

建筑物入户设施的年预计雷击数值（N_2）为：1.1200（次/a）

建筑物及入户设施的年预计雷击数值（$N = N_1 + N_2$）为：3.1026（次/a）

可接受的最大年平均预计雷击数值（$N_C = 5.8 \times 10 - 1/C$）为：0.0200（次/a）（$C$ 为各类因子）

防雷装置拦截效率（$E = 1 - N_C/N$）为：0.9936

由此计算得出，某航站楼建筑物电子信息系统雷电防护等级为 A 级。

7.2.2 防直击雷

1. 金属屋面体系

经初步调研，国内民用机场航站楼大多数设计采用金属板屋面和钢结构形式。金属板屋面通常由压型金属板、防水垫层、保温层、烘托网和支撑结构等组成。常用的金属屋面材料，由厚度 1mm 铝镁锰、镀锌厚度 0.8mm 结构材质钢板和厚度 2mm 的 25mm × 100mm 铝合金材质金属格栅等组成。金属板之间的连接常采用熔焊，也可使用铜锌合金焊，此外还有卷边缝接工艺，另外包括压接、螺钉或螺栓等连接手法，以便满足长期的电气导通。

在大力提倡绿色节能减排、碳排放达峰以及碳中和的背景下，航站楼建筑物与其他民用建筑物一样，要高度关注其节能设计的合理性。金属屋面板必须设计相应的保温层。常用的保温芯材有四种，一是划归为 B1 级建筑材料的硬质聚氨酯，列入难燃体；二是归纳为阻燃自熄型材料的聚苯乙烯；三是被列为不燃烧材料的岩棉；四是被列入非燃烧材料的玻璃丝棉。基于以上分析，保温层不影响借助金属屋面板作为接闪器来使用，主要是因为其满足规范针对金属板下面是否有易燃品的明确约束，也就是“下方没有易燃物，板本体厚度值≥0.5mm”。另外，阻燃型的胶粘剂，常被用于保温芯材。所以，金属屋面的智慧机场航站楼建筑物，当借助用金属板做接闪器时，厚度≥0.5mm 即达到要求。

2. 钢管柱结构形式

大跨度航站楼设计为钢结构形式，利用钢管柱支撑整个航站楼结构体系。钢结构构架之间的连接均为结构本身工艺，连接可靠，可直接将雷电流传导至接地体。所以，航站楼建筑物外围和建筑物内的所有钢管柱，可作为防雷引下线；并且航站楼建筑体量大，作为自然引下线的钢管柱远大于 10 根柱子，为保护引下线附近人身安全，可不额外采取防接触电压和防跨步电压的措施。在主体施工时，做好引下线的标记。

3. 混凝土屋面

机场航站楼建筑物的某些指廊端的屋面是混凝土，并且指廊一般是低于 24m，该指廊是多层建筑属性。从建筑美观角度出发，并结合防雷相关规范条款，可上人屋面，其女儿墙以内的接闪网格可以采取暗敷设。常规设计手法是将接闪器敷设在防水和混凝土层之间。在取得建设方同意的前提下，允许不保护该指廊屋顶钢筋网格以上的防水和混凝土层，因此防雷接闪器可直接利用屋顶楼板内的上层钢筋网。

4. 钢管隔震柱

在地震烈度大的地区，为抵御地震对航站楼钢结构主体的剧烈破坏，结构设计师通常在某个标高处，所有钢管柱设计隔震垫圈，隔震垫圈使用橡胶支座，形成钢管隔震柱。橡胶支座属于不导电体，作为防雷引下线的钢管隔震柱，电气通路被隔震垫圈阻断。为打通雷电流的通路，设计采用主动接通方案。相关规范对引下线也有相关截面的规定，设计采用 2 根 40mm × 4mm 热镀锌扁钢进行联结。2 根扁钢沿着钢管柱轴线成 90° 角设计。为了满足结构专业隔震缝隙偏离要求，扁钢需预留一定的长度，满足地震后引下线依然电气导通的基本要求。钢管隔震柱子作为防雷引下线做法如图 7-2-1所示。

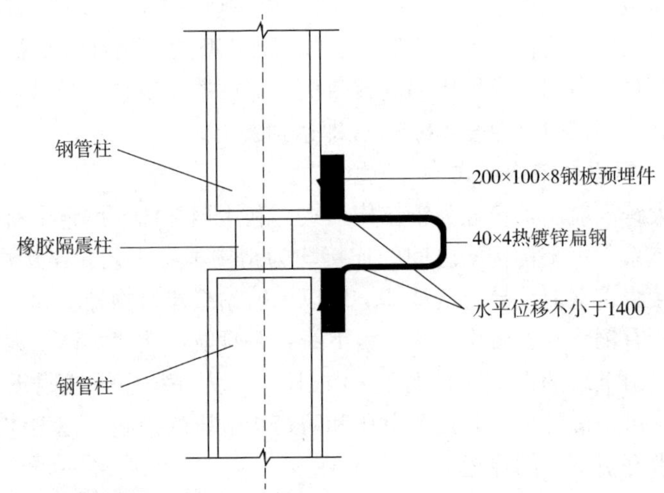

图 7-2-1　钢管隔震柱子作为防雷引下线做法

5. 膜屋面

机场航站楼外侧出发层与市政高架桥连接，在高架桥与航站楼出发层入口处，划定一块区域作为落客区。落客区通常设计一个较为轻巧的构筑物，随着生活水平的提高，以及建筑师对美观的要求和进出港旅客的更好体验，近几年此类构筑物，也有设计为膜结构的形式。当此膜屋面不在主体航站楼的防雷保护范围之内时，膜结构构筑物自身需要设计防雷措施。通常可以利用膜结构的金属龙骨作为接闪器，在此情况下，需关注发生雷击时，膜屋面有破洞、穿透、落水的风险。基于此类构筑物相对于航站楼本体来说具有辅助物特性，对此类风险在可控范围内。同时设计师需要关注，膜屋面的支撑杆作为外露的防雷引下线，其正好位于进出港旅客经常经过的人流线上。因此，需要考虑可能对来往人员造成人身风险因素包括跨步电压、接触电压，此外也不能忽略旁侧闪络电压带来的损伤，必须设计有效的措施，尽最大可能消除上述风险和隐患。最简单和粗放的策略是在支撑杆周围水平距离≥3m 处设计阻止人员进入的带警示牌的护栏；此设计方法直接、有效，但与整个航站楼功能进出港流线格格不入。上海世界博览会的某阳光谷的钢拉索防雷引下线防护栏如图 7-2-2 所示。

图 7-2-2　上海世界博览会的某阳光谷的钢拉索防雷引下线防护栏

基于此，很有必要采取其他措施，防雷相关规范也有规定，例如外露引下线距离地面 0～2.7m 区间应采用能承受 100kV、1.2/50us 波形的电压的绝缘保护管进行防护。此类绝缘保护管价格昂贵，而且也与膜结构外形不协调。解决上述对旅客可能造成伤害的有效方法，还得从跨步电压的基本原理出发。

跨步电压是指由于外力（例如雷电、大风）的破坏或接闪到雷电，防雷引下线或者断落高压导线的着落地点，将有巨大的流入大地扩散电流，促使不同电位分布在其所在的周围区域的地面上。此时，人在徒步行走或跑步，两脚分别接触不同且较远的两点，两脚之间的较大的电位差便形成，此电压差即是跨步电压，此电压造成人体中有巨大的电流通过，而使人受到伤害。

基于上述原理，结合《建筑物防雷设计规范》关于“在引下线的周围，采取的措施包括防接触电压出现和防止跨步电压形成，确保人身安全得到保护”，可运用的设计手段或做法是利用膜结构的金属构架和其所处的混凝土高架桥内的钢筋以及航站楼建筑物主体相互联结的结构钢筋形成电气通路，并且自然防雷引下线至少由≥10 根结构钢柱子构成。被利用为自然引下线的结构柱子，包括位于膜结构构筑物、高架建筑物和航站楼建筑物的所有的结构柱本体。

6. 共用接地极

利用智慧机场航站楼建筑物基础内的桩基、承台内的主钢筋、大底板内 2 根≥ϕ16 的主钢筋、建筑物外圈 2 根≥ϕ16 的通长主钢筋做共用接地极。接地线在大底板分为上下两层设计。

7.2.3 防侧击雷

设计手法通常幕墙作为智慧机场航站楼的围护结构，是国内航站楼的大部分标准设计。与其他幕墙的金属构架的建筑物一样，结构本体的防雷架构应与其联结可靠，应先清理连接处，重点是非导电的保护层，再进行接地联结。智慧机场航站楼建筑物的围护结构主要就是金属幕墙，所以幕墙已经通过联结，作为主体构架防雷系统的重要组成部分，幕墙不需要再独自做一个防雷接地系统。具体设计要求是，利用每个楼层楼板水平圈梁内的 2 根 ϕ16 的主钢筋做均压环，所有钢构架（包括各登机桥）以及混凝土内的结构主钢筋应互相联结可靠，最可靠的做法就是充分利用航站楼建筑的每层圈梁或结构梁的 2 根 ϕ16 的结构主钢筋，形成等电位框架体系，还需与防雷引下线之间相互联结。在均压环与每根防雷引下线交界处的外墙楼板侧壁上预留一块 100mm×100mm×8mm 热镀锌钢板，与幕墙焊接为一体。基于此，幕墙的立面水平接闪器是由每层幕墙的金属水平框架构成的。

7.2.4 防感应雷

智慧机场航站楼建筑物的基础钢筋网、钢管柱、幕墙金属框架和金属屋面等可靠联结，这样就组成了法拉第笼，该法拉第笼网架构成了闭合良好的防雷接地体系。航站楼建筑物设计为共同接地方式。并且与建筑物的法拉第笼体系联结良好，可很好地消除感应过电压。

结合雷电防护分区，采用逐级削弱感应电流的设计要求，挑选三个防雷分区边界处安装电涌保护器，具体做法是：

1）第一级别保护，总配电柜电源处，LPZ0 与 LPZ1 边界处，安装Ⅰ类、Ⅱ类试验的 SPD。

2）第二级别保护，楼层分配电箱电源侧，LPZ1 与 LPZ2 边界处，安装Ⅱ类试验的 SPD。

3）第三级别保护，设备用控制柜和需要进行特殊保护的电子设施本体端口侧，后续防护区的边界处，安装Ⅱ类、Ⅲ类试验的 SPD。

设计时，特别要注意位于屋面室外配电箱；从该配电箱配出的线缆应穿金属钢管保护。钢管的一侧应与配电箱内的 PE 线可靠联结；另一侧应与其供电设备的壳体联结，屋顶接闪器就近与此金属钢管再进行联结。施工时，应采取跨接方式将中间断开的金属钢管联结起来。Ⅱ级试验的 SPD 应设计在此屋面室外配电箱的进线开关的下桩头，并且应选择电压保护水平≤2.5kV 的 SPD。

此外，还应设计弱电系统防雷体系。具体做法是，应进行信号电涌保护器类别的选择，在各信号线路上以串联的形式联结信号型 SPD。与电源防雷一样，防感应雷防护措施就信息系统而言，主要是依靠信号型 SPD。另外，进入建筑物内部的各类电源线均穿金属管进行防护。

7.3 接地系统

7.3.1 高压配电系统接地方式

电网的安全可靠、经济运行等与接地方式密不可分；三相交流系统设备绝缘水平和过电压水平的选择，以及继电保护方式、防通信干扰等都与高压配电系统接地方式有着千丝万缕的联系。简单地讲，就是指变电室内的各电压等级的变压器的中性点的接地制式。

1. 中性点接地方式分类

就目前我国的电网系统来说，在项目设计的时候，电网中性点接地方式主要有：

1）大电流接地方式，包括中性点直接接地和小电阻接地等。

2）小电流接地方式，涵盖中性点不接地、经消弧线圈接地（或称谐振接地）和高阻抗接地等。小电流接地方式简而言之就是指发生接地故障时，接地电流小，阻抗大；小电流接地系统有时也称作非有效接地系统。

设计经小电阻接地的中性点，电网的过电压迅速下降，同时还能消除电网的谐振过电压，确保安全运行，控制系统过电压在合理范围。

2. 110～500kV 电网接地方式

大多使用中性点直接接地方式，此系统方式的优点是短路电流大，另外还有继电保护容易发现的特点，特别是具有隔离故障快的属性。

3. 10～66kV 电网接地方式

10kV 配电网一般都设计为中性点经小电阻接地。

某智慧机场航站楼由 3 组二路 35kV 双重电源进线，35kV/10kV 变压器的二次侧为中性点经过小电阻接地。流过中性点的电阻的电流≤1000A，其接地电阻值为 5.77Ω 极值，选择 10s 瞬时工作制的电阻柜。

4. 变压器中性点接地电阻柜

这是一种限流保护装置。当配电网内部发生相位之间短路，有时也出现相地之间短路，甚至还有相线和中性线之间短路等情况，配电网将发生中性点偏移。设计采取电阻柜，可靠地对配电网和电气设备进行电气保护。

△/Y0-11 型变压器中性点的接地电阻柜的工作原理如图 7-3-1 所示。

△/Y0-11 型变压器中性点的接线原理如图 7-3-2 所示。

5. 发电机中性点工作制

三相交流发电机中性点与大地两者之间的电气关系，通常被称作发电机中性点工作制。

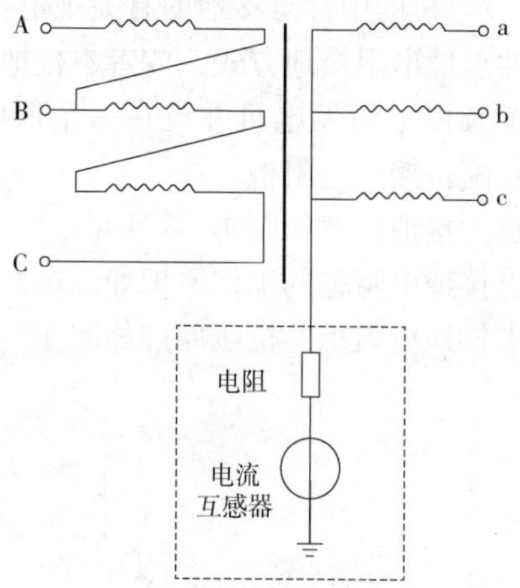

图 7-3-1　Δ/Y0-11 型变压器中性点的接地电阻柜的工作原理

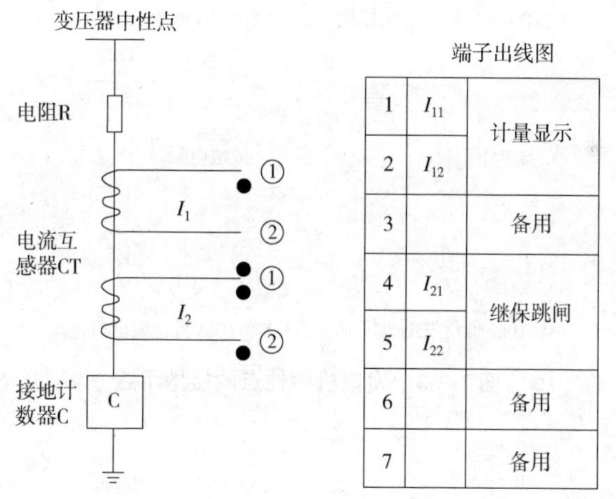

图 7-3-2　Δ/Y0-11 型变压器中性点的接地电阻柜的接线原理

1）1kV 及以下发电机的中性点接地的相关规定：

①一台机组时，发电机中性点设计采取的形式是直接接地制式，机组的接地形式宜与低压的接地方式保持一致。

②两个及以上组发电机并机时，每个机器的中性点均应通过刀开关接地，或者设计采用接触器接地。

2）3～10kV 发电机的中性点接地的有关规定：

①设计为中性点低电阻接地方式，或者不接地制式。

②若设计两个及以上组发电机并机在一个低电阻接地的系统中，每个机器都宜配备接地电阻柜。

发电机中性点的接地示意如图 7-3-3 所示。

发电机中性点接地电阻柜的工作原理如图 7-3-4 所示。

发电机中性点接地电阻柜的接线原理如图 7-3-5 所示。

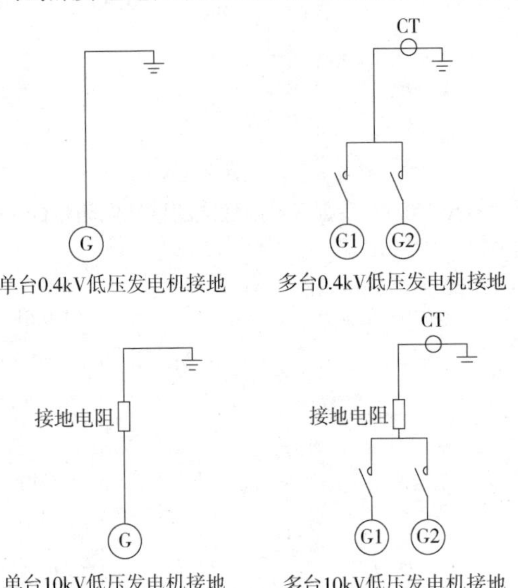

图 7-3-3　发电机中性点的接地示意

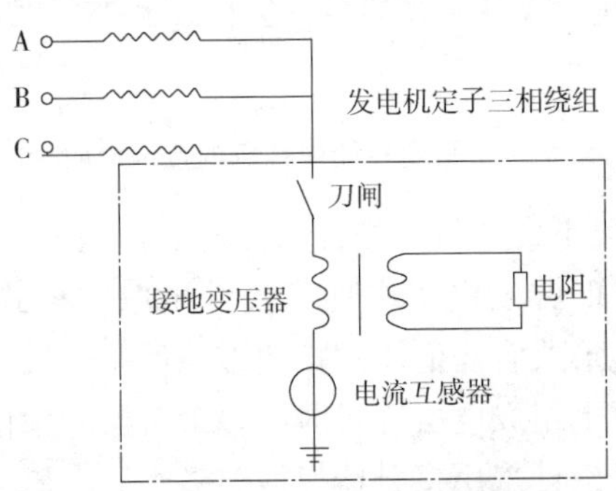

图 7-3-4　发电机中性点接地电阻柜的工作原理

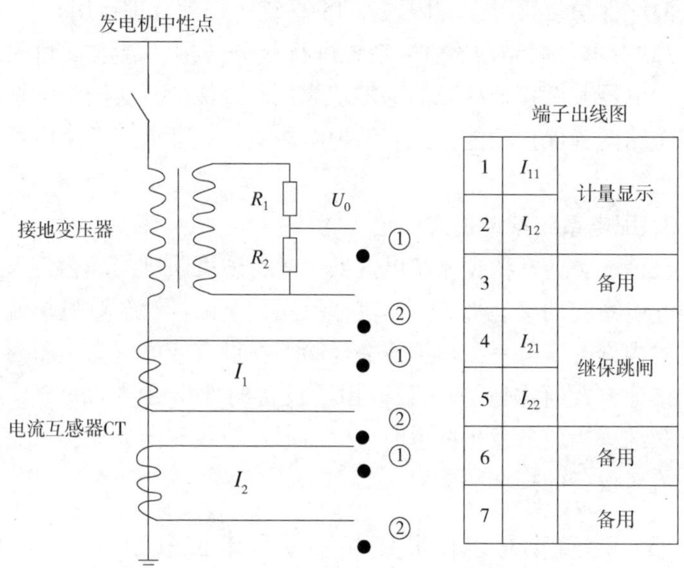

图 7-3-5　发电机中性点接地电阻柜的接线原理

3）按照航站楼电气专业设计推荐品牌中的各主流厂商提供的发电机接地电流限值，一般设定为 100A。10kV 线电压是发电机出口侧的，若产生单相接地故障，就是指相线接触大地中性线。经计算，其接地电阻值为 57. 7Ω，选择对应阻值、10s 瞬时工作制的电阻柜。

7. 3. 2　低压配电系统接地形式

1. 系统接地方式分类

主要有 IT、TT 和 TN 制等三种。

2. 配电系统接地形式特点

1）IT 系统因为供电连续性较高，所以常用于环境恶劣的矿井通风场所、工艺要求高且距离短的炼钢等厂区和人身安全必须得到可靠保障的医疗手术室等区域。

2）因为 TT 系统本身虽然可以大幅度地把漏电设备上的故障电压降低，但是通常又不能使其下降至安全合理限制区间。所以，设计漏电保护装置可以有限地在 TT 系统中得到合理运用。

3）等电位联结应在 TN 系统进行充分应用。通常可利用过电流保护电器兼做接地故障的保护功能，此过保护开关同时承担过负荷和短路两种保护功能，此类保护电器主要包括低压开关电器和熔断器组等。

3. 配电系统接地形式确定

设计人员通常依据系统电气安全进行适度防护的理念，来选定低压配电系统的接地形式。与其他民用建筑一样，智慧机场航站楼建筑物内设有变电室。依据相关经验，在设有变电室的房屋内，最优的接地方式通常是 TN-S 制。由于设备的外露可导电的部位与中性点联结，当设备发生漏电时，电流通过地线流向大地，从而避免了电流对设备的损坏。

7.3.3 建筑物总电位联结和辅助等电位联结

1. 共用接地系统

（1）保护性接地

交流安全的保护接地、防静电的接地、防雷的保护接地和屏蔽接地，通常统称为保护性接地。

（2）功能性接地

交流工作接地、直流逻辑接地和信号接地，则可构成功能性接地。

（3）接地电阻

保护性的接地和功能性的接地，共用一组接地体，就形成共用接地系统；共用接地电阻要求≤1Ω，这是智慧机场航站楼建筑物常用的接地方式。

（4）机房接地

机房接地引上线一般都应由共用接地体引出，并在墙或柱内敷设，且在相应机房内预埋热镀锌接地钢板，作为接地端子板。热镀锌接地钢板规格为 100mm × 100mm × 10mm，下口距室内地面 0.3m。接地端子板与共用接地体连接如图 7-3-6 所示。

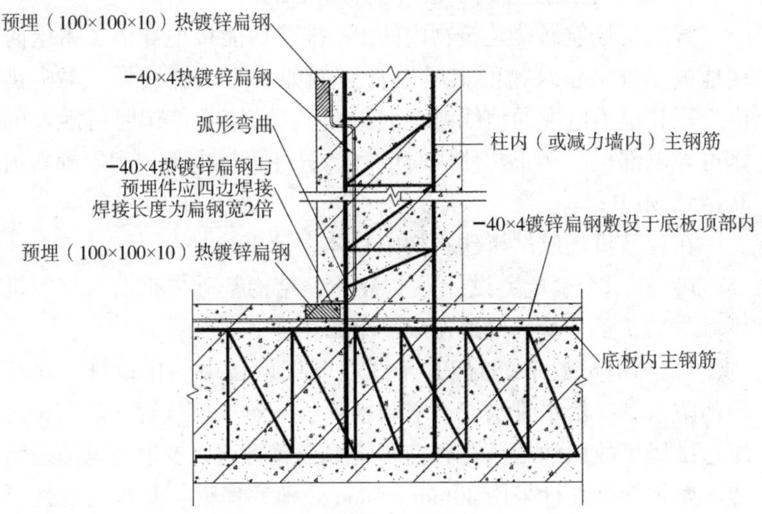

图 7-3-6　接地端子板与共用接地体连接

2. 主要设备机房接地

机房接地线设计通常采用 40mm×4mm 的热镀锌扁钢，由附近的楼板内的主钢筋引到机房，在距离建筑完成面 0.3m 处预留 100mm×100mm×6mm 热镀锌扁钢。同时，均压环的做法是沿机房内四周设计一圈 40mm×4mm 热镀锌扁钢，该均压环与预留接地扁钢相连。机房内所有不带电金属外壳设备、楼板内主钢筋均设计采用 40mm×4mm 热镀锌扁钢与均压环进行可靠联结。

3. 电梯设备接地

电梯底坑在地下室的每台电梯的接地干线，设计采用 40mm×4mm 的热镀锌扁钢由就近楼板内主钢筋引到电梯底坑，在电梯底坑 0.3m 标高位置预留 100mm×100mm×6mm 热镀锌扁钢，用于电梯导轨的接地使用。在电梯房内，距离机房面层 0.3m 标高位置预留 100mm×100mm×6mm 热镀锌扁钢，设计作为电梯机房的接地用途。同时在电梯房内，由楼板内主钢筋敷设出 40mm×4mm 热镀锌扁钢，并与预留 100mm×100mm×6mm 热镀锌扁钢进行可靠地联结。

4. 总等电位接地端子板（简称 MEB）

智慧机场航站楼建筑物内的 PE 排、功能接地导体、雷电防护接地极、进出建筑物的金属导管（例如水管、燃气管、集中供暖供冷管和电力电缆通信线缆金属护套）、在正常使用时可触及的外露可导电部位、在正常使用时电气装置外可导电部位和电梯轨道等联结到 MEB。

在智慧机场航站楼建筑物中具体设计手法是：

1）在每个变电室设计一个 MEB，结构基础主钢筋与该板进行可靠联结，整个基础接地连成一个共用体。

2）所有电源系统的 PE 干线、电气设备中的接地排、建筑物的消防水管、给水排水管、空调水管、天然气煤气管、防烟排烟正压送排风事故风油烟风管和空调管等金属管道以及电力电缆通信线缆金属护套，设计采用 40mm ×4mm 热镀锌扁钢与基础接地网形成共用联合接地系统。

5. 进出建筑物的外来导电物接地

1）进出建筑物的金属导管（例如水管、燃气管、集中供暖供冷管和电力电缆通信线缆金属护套）的接地干线，设计采用 40mm × 4mm 的热镀锌扁钢由大底板引至室外管线进口处的 100mm × 100mm ×6mm 热镀锌扁钢。

2）设计为 ZR-BVR-10mm^2 黄绿双色铜芯线穿 PVC25 套管，把进出建筑物的金属导管与预留热镀锌扁钢进行可靠联结；外进线管道由首层结构底板（例如 ±0.000 标高）上引入，预留扁钢上口埋深地坪下 0.8m；若由首层结构底板（例如 ±0.000 标高）下引入，预留扁钢位置于板下 1m。

6. 辅助等电位联结（简称 SEB）

智慧机场航站楼建筑物内的所有厨房、卫生间、淋浴间、水泵、污水间等潮湿用电场所，都应设计等电位端子板。首先，该板与楼板钢筋以及该板与柱网钢筋进行可靠联结。其次，设计采用 ZR-BVR-4mm^2 黄绿双色铜芯线穿 PVC20 套管，将该场所内的外部可导电部位与 SEB 进行可靠接地联结。

7.3.4 变电室和柴油发电机房的接地

1. 变电室、发电机房或人防电站接地

1）每个机房不少于两个接地引上点。在机房内设计 MEB 板。从大底板接地装置，联结 1 根 100mm×5mm 热镀锌扁钢，再联结 MEB。设计要求机房内的 MEB 应与系统保护接地线、设备接地线和等电位联结线等，进行可靠联结。其中，需单独联结的保护接地线，主要有高低压柜内 PE 排、变压器中性点和发电机中性点。

2）利用结构内主钢筋做等电位金属网格；扁钢中心距建筑完成面 0.3m，围绕机房一周作为均压环。所有电气设备的金属壳体、金属架构及主钢筋均设计采用 40mm×4mm 热镀锌扁钢通过该环与 MEB 相联结。

3）在柴油发电机房的油罐间，预留 100mm×100mm×6mm 热镀锌扁钢，扁钢中心距建筑完成面 0.3m，该接地扁钢通过均压环与 MEB 相联结，作为日用油箱间的油箱接地用；并且作为静电防护措施。

2. 强电间接地

强电间的接地干线，由大底板接地体引出 40mm×4mm 的热镀锌扁钢至地下室最底部的楼层的强电间内，然后通过相同规格的热镀锌扁钢沿管井竖向明敷；依据《建筑物电子信息系统防雷设计规范》第 5.2.2 条，在每个强电间内预留 100mm×100mm×10mm 的热镀锌扁钢，并利用 40mm×4mm 的热镀锌扁钢分别与竖向明敷的热镀锌扁钢以及强电间楼板内结构主钢筋可靠电气联结。

3. 储能电站接地

储能电站接地装置，以水平用的接地体为主，辅助于垂直接地体，形成复合接地网构造。水平用的接地体及接地引下线入地部分设计采用扁铜，垂直用的接地体的设计选择是镀铜钢棒，避雷器设计要求汇聚接入接地体。放热焊接是设计要求的材料之间连接的形式。设计要求，完成施工接地网施工之后，若实测接地电阻 > 设计值，则扩大接地网面积或采取降阻剂接地棒。

特别需要指出的是，土壤有酸碱性，扁钢在土壤中存在腐蚀现象。土壤中的扁钢与混凝土基础内的钢筋在电气上是导通的，且土壤中的扁钢的电位相比较基础内的钢筋的电位是负，极易腐蚀，并被称作电化学腐蚀。所以，土壤中的接地线应设计采用扁型铜带或者镀铜钢棒。

7.3.5 电子信息机房的接地

雷电电磁脉冲（简称 LEMP）会造成电子信息机房内的设备损坏，导致不能正常工作。需要指出的是，LEMP 是由雷电感应引起的，另一种则是雷电波侵入。

1. 机房接地干线

（1）电子信息机房接地干线

设计采用 ZR-BVR-50mm^2 黄绿双色铜芯线穿 PVC32 套管，引到电子信息机房，同时在距离建筑完成面 0.3m 处预留 100mm × 100mm ×6mm 热镀锌扁钢作为弱电专业接地的接口。

（2）弱电间的接地干线

由大底板接地体引出 1 根 40mm ×4mm 的热镀锌扁钢至地下室最底部楼层的弱电间，然后通过相同规格的热镀锌扁钢沿弱电管井垂直明敷。在每个弱电间内，预留 100mm ×100mm ×10mm 的热镀锌扁钢，并设计为局部等电位接地端子箱（简称 LEB 端子箱），端子箱底部距地 0.3m。弱电间楼板内结构主钢筋，利用 40mm ×4mm 的热镀锌扁钢与预留 100mm ×100mm ×10mm 的热镀锌扁钢进行可靠电气联结。

2. 机房内接地做法

（1）均压环

在机房防静电地板下方，距离墙体 400mm 处，围绕机房墙一周，明敷 1 根等电位紫铜条，其规格尺寸是 40mm ×3mm，ϕ10 螺母将紫铜条之间进行可靠联结。铜焊接闭合环接地汇流母排，一个 M 型的地网，作为机房均压环。

（2）等电位网格

等电位用的铜带与机房内的动力配电柜 PE 排进行联结，设计采用 ZR-BVR-10mm^2 黄绿双色铜芯线穿 PVC25 套管。然后，用

100mm × 0.3mm 铜箔形成 1200mm × 1200mm 等电位的铜制网格状。

设计采用 ZR-BVR-4mm^2 线穿 PVC20 套管，把机房动力设备的电源 PE 线、电涌保护器接地端、电缆金属铠装层、电子设施的不带电金属外壳、金属线管道和门窗、金属的桥架外壳、地板支架和墙身顶板龙骨等金属构件与等电位铜网格，就近进行可靠联结。设计采用 ZR-BVR-2.5mm^2 接地线，把电线管与电线盒、电线管与电线管进行跨接处理。

（3）局部等电位端子箱

设计采用 ZR-BVR-50mm^2 黄绿双色铜芯线穿 PVC32 套管，把 LEB 与 MEB 进行可靠接地联结。为了确保不产生电位差，以上设计采用共用接地方式。

3. 接地电阻

电子信息系统的直流的逻辑地、交流安全的保护地、防雷的保护地和交流的工作地等四种接地，是电子信息机房主要的接地防护。

各系统接地阻值不同，主要包括计算机系统设备直流的逻辑地接地阻值≤1Ω、交流安全的保护地接地阻值≤4Ω、防雷的保护地接地阻值≤10Ω 和交流的工作地接地阻值≤4Ω。与其他民用建筑物接地做法基本一致，智慧机场航站楼建筑物的电子信息机房的功能性接地和保护性接地等系统的接地，设计为与建筑物主体供配电系统的接地进行共用接地处理。该接地电阻应取两者中的最小值，一般该阻值≤1Ω。

4. 降低电阻措施

对共用接地电阻 > 1Ω 的大楼地网，设计为单独人工接地体。通过沿机房所处的大楼设计水平用的接地体和垂直用的接地体的措施，放大人工网的面积，增强网格的构造密度形式。设计常采取的做法是，50mm × 5mm 的热镀锌扁钢作为水平用的接地体，垂直用的接地体采用 50mm × 50mm × 5mm 的热镀锌角钢，垂直用的接地体长度是 2.5m，垂直用的接地体之间的间距是 5m。把水平用的接地体和垂直用的接地体都埋入地下 0.8m 标高处。围绕机房所在大楼外 5m 处，设计水平用的接地体和垂直用的接地装置。水平用的接地体应在地面下0.8m处与大楼内非防雷引下线的结构主钢筋焊接联结。之后，把土回填的时候，应分层进行处理，每次完成高度30cm，还要加合适的水进行压实；设计采用导电状态较好的新黏土，进行回填。

若接地阻值满足不了设计值，补偿降低阻值的药剂，撒盐，洒水，使阻值在1Ω范围之内，并预留多处防雷接地测试点。

智慧机场航站楼建筑物，体量大，采取以上传统的廉价实用的接地措施，基本上就达到了接地电阻的效果。随着科技水平地不断提高，目前市场上出现了很多新型技术接地体，也是降低接地阻值的有效措施。据调研，除了免维护型电解离子的接地系统，还有低电阻型的接地模块。当然，也有长效型铜包钢的接地棒等。

7.4 安全防护

7.4.1 交流电气装置安全防护

机场航站楼建筑物内有大量的交流电气装置，做好这些装置或设备的接地，才能起到基本的安全防护作用。例如中性点的系统的接地、电气装置或设备的保护性的接地等，这些都属于交流电气装置的接地的范畴。

太阳能光伏板材的防直击雷，设计采用传统扁钢接闪带，同时搭接联结光伏板材金属支架，可以替代普通接闪针、提前预放电接闪针，但是接闪器需高出光伏板，可能较避雷针更不美观。光伏板材防直击雷也可利用光伏金属框架（不仅仅是金属支架）做接闪器，此种类的光伏板材应选购金属框架结构，不可采购无边框光伏板。

电子设备和系统，相互在六面维度上与电磁脉冲辐射环境相屏蔽。同时，设计采用既导电而且导磁的特殊的两种功能的材料，做成屏蔽体，减少电磁脉冲对电子电气设备的耦合的影响和电子系统的耦合的辐射。使用滤波器，提高屏蔽功能。滤波器从信号角度有专用滤波器，另外从电源角度也有专属滤波器。

7.4.2 管廊的电气安全防护

1. 综合管廊的定义

综合管廊是利用城市道路下方的空间，安装建设工程管网的构筑物或附属设施，管网种类应不少于两种。也可以理解为，是两种及以上设备、设施和系统，敷设在一体的地下隧道。综合管廊内部安装国家电力、市政热力、城市自来水雨水污水、燃气、运营商通信等管道，有时也称作共同沟。一般地，导致管廊火灾的安全隐患因素有以下几点：接触不良引发灾害；系统中产生相位之间短路；系统中的线路过载；消防设备供电电源出现故障不能及时启动灭火。

2. 综合管廊接地

(1) 共用接地

综合管廊一般属于地下建筑，不需要进行防直击雷设计。管廊内的共用接地体阻值≤1Ω，应组成环状架构的接地网，包括工作性的接地和保护性的接地。

为了形成共用接地体，首先沿着综合管廊电缆支吊架或综合吊架；如果条件受限，则沿管廊侧墙或者管廊顶部，敷设40mm×5mm热镀锌扁钢、通长，作为接地使用的干线，并每隔20~30m与电缆支吊架或综合吊架进行可靠联结。管廊内金属构件、金属风管水管、桥架金属支吊架或综合吊架以及铠装电缆金属外皮等外界可导电金属、电气设备金属外壳等外露可导电金属和供配电系统的PE排等与接地干线做可靠的电气联结，并且路径越短越好。

(2) 分散接地

燃气舱内设计防静电接地体，阻值<0.1Ω。若采用单独接地体，与防雷接地体的距离设计值一般≥20m。

(3) 照明设计

综合管廊内人行道的照度标准值≥15lx，防触电保护等级Ⅰ类、≥IP54等级灯具才能用于电力舱内，并且ExdⅡBT4的灯具才可使用在燃气舱内。

(4) 电气设备防爆等级

燃气管道舱内的电气设施，应严格执行现行设计规范《爆炸危险环境电力装置设计规范》（GB 50058）的爆炸性气体环境2区的约定。

设备选型要求：Gb级保护，隔爆型（d），Ⅱ（B）的类别，T4温度组别和EXdⅡBT4等级。

7.4.3 室外电气装置的安全防护

1. 箱变

站内的高低压开关柜、变压器和低压控制箱，按照预先设计的一二次供配电控制方式组合成一体，高压经变压器降压和低压配电等功能融合在一起的箱式设备。该钢结构箱体具有可以移动、紧凑节能、绿色环保以及可定制外立面和图案等特点。

箱变的接地阻值≤4Ω。水平用的接地体和垂直用的接地体顶端的埋设深度≥1m，以满足跨步电压的安全要求。

高低压开关柜、变压器和低压控制箱的底座和箱变本体底座，均应与接地体直接联结，联结点选择在底座四个端处，以使得其可靠接地联结。

所有热镀锌搭接点应做热镀锌和防腐蚀处理。

接地装置边缘经常有人经过的区域，应铺设碎石混凝土或者沥青。

站内的接地排与零线排之间，共同接入一个地网。在箱式变电站的四个端头各打一个垂直接地体，并通过水平接地体连成一片。站的4个底座与接地钢筋网格进行可靠接地联结。站本体的接地的阻值≤4Ω。运行后，应按预先制定的检测时间进行接地电阻值的测定，应经常检查4个接地联结处，确保不松动和无锈蚀。室外箱式变电站接地示意如图7-4-1所示。

2. 机场机坪泛光照明高大杆灯

高大杆灯是指杆长超过15m、钢制灯杆、锥形状、光源功率大、多个光源组合而构成的照明装置，其光源目前大多可设计采用LED灯。主要组成部件包括光源、内部灯具、控制电器和杆体。

由电杆灯的地下混凝土结构基础主钢筋引1根长度1m的25mm×4mm热镀锌扁钢接地线并与地下螺栓焊接。需设计断头式接地卡，用于监测接地电阻≥10Ω。

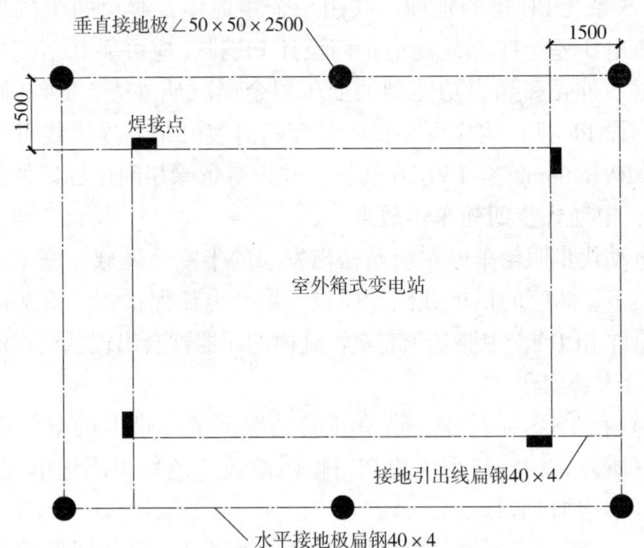

图 7-4-1　室外箱式变电站接地示意

依据实际情况，有的电杆灯顶部应增设接闪针，材质为 ϕ25 热镀锌圆钢，针长一般为 0.5m，针尖不可喷塑处理。

7.4.4　其他场所的电气安全防护

1. 室内儿童乐园、母婴室、带洗浴的卫生间

设计采用 ZR-BVR-6mm^2 黄绿双色铜芯线穿 PVC20 套管，把 SEB 与结构柱内主钢筋、墙内和楼板内的钢筋网、金属材质构件、金属材质管道、用电设施的平时不带电的金属外壳和用电柜 PE 端子排等进行可靠电气联结。

2. 医疗隔离室

智慧机场航站楼建筑物的低压接地的方式，通常设计为 TN-S 制，医疗隔离室等医疗区域，设计为带绝缘电阻监视的隔离电源系统局部 IT 制。把 TN-S 制改成了不接地的 IT 制，当然设计中利用隔离功能型的变压器。

在医疗隔离室内设计 LEB，通过 ZR-BVR-1×50mm^2 黄绿双色铜芯线穿 PVC32 套管与基础接地装置连通。IT 系统 PE 排是航站楼

内 TN-S 系统 PE 排的延伸，共用一个接地体，避免两个接地装置之间有电压差。IT 系统配电柜内设计 PE 排，应可靠联结配电柜的金属材质外壳和隔离功能型的变压器金属材质外壳。TN-S 制的配电柜内设 PE 排，均应可靠接入医疗隔离室 LEB。连接线可设计采用 ZR-BVR-6mm^2 穿 PVC20 套管，并设有黄绿相间色标以便识别。

3. 电动代步四轮车停放点

电动代步四轮车停在航站楼出发层的半室外区域，停车点设计充电插座。插座的供电线路，应设计剩余电流保护器（≤30mA、A 型，简称 RCD）。主要基于充电设施内的元器件会出现脉动直流。

4. 人身安全

1）在 TN-S 系统中，所有正常情况下的不带电的电气设施的金属材质外壳均应与系统的 PE 排（绿/黄双色）可靠地电气联结。所有灯具均加 PE 线。

2）一般插座回路、潮湿场所供电回路以及户外埋地敷设的配电线路，均应设计漏电保护开关。随排水泵配套带来的控制箱，也应标配漏电保护器。

3）低于 2. 5m 的灯具回路中，应设计漏电保护功能。

4）锅炉房的送排风机，应设计除去静电的接地板，风机的进风口、出风口的柔性连接管两端及法兰两端应用 ZR-BVR-1 × 2. 5mm^2 黄绿双色铜芯线进行联结。

5）室外移动柴油发电机组停放处，设计专用接地干线，也就是说设计 1 根 40mm ×4mm 的热镀锌扁钢由大底板接地体引来，供发电机接地用；燃气管井设计局部等电位端子箱作为燃气管的接地使用；爆炸性气体和粉尘等危险环境的排风管道和排风机应设计防静电接地装置。

7.5 智慧防雷及接地创新技术

7.5.1 提前预放电直击雷防护创新技术

提前预放电直击雷防护是在传统式避雷针放电的概念上，结合了“加速电离”预放电式避雷针的基本要素。一般地，处于雷电状态下，一旦雷电下行先导接进大地，就会出现上行先导。在被动式接闪时，要经过足够长时间才会出现上行先导。

1. 技术要求

标准 UNE 21186，NFC17—102 和 NP 4426 的最新版本要求连续对同一样品进行下列试验：

1）环境试验：在盐、硫的浓度比较高的大气中进行，以确保避雷针在高腐蚀性环境中能正确运行。

2）电流试验：在避雷针上施加 3 次电流波为 10μs/350μs 的 100kA 电流冲击，以确保其在多次雷击后仍能运行。

3）先行时间试验：以计算系数，进而使用该系数确定其保护范围。

2. 产品特点

1）具有微秒级别先行放电时间，提前引雷。

2）相对于高度相等的普通避雷针，其保护半径扩大数倍。

3）具有没有电子元器件、没有长期使用变质和无需维护特点，属于纯物理构造材质避雷针。

4）由于设计采用不锈钢材料，所以能安装于条件特别恶劣的防雷环境或场所，也可运用于极端气候环境下。

5）配置远程发射和接收装置，可随时监测避雷针的工作状态和故障信息。

3. 产品参数

某提前预放电型避雷针相关技术参数见表 7-5-1。

表 7-5-1　某提前预放电型避雷针相关技术参数

最大放电电流/kA	≥100（10μs/350μs）
抗风强度≤	210km/h
激发器直径/mm	72
阻抗变换体直径×高度/mm	175

7.5.2　雷电智能预警系统创新技术

雷电智能预警系统针对监测区域范围内雷云形成、临近、移动轨迹、雷暴发生及发展趋势等活动情况进行实时监测，帮助维保人员提前做好雷电防范措施。提前预知雷电的到来显得尤为重要，这可以帮助工作人员提早采取有效的防范措施，减少或避免雷电对人们造成的伤害，提升机场的雷电防范等级。

大气电场仪器的工作机理，是充分运用导电体在电压电流场中感应产生的电子，进行电压电流场的能量测量。电场强度越大、变化率越快，其转化的电压量越大，代表雷电活动越频繁。

雷电预警监测仪，设计采用先进的数据处理，连续监视和测量大气中的电场的强度值，可以完成实时启动各自级别雷电预报警的功能。雷电预警监测仪如图 7-5-1 所示。

图 7-5-1 雷电预警监测仪

预警级别主要分为一、二、三级。预警级别见表 7-5-2。

表 7-5-2 预警级别

预警级别	描述	功能
级别 1	黄色预警	远方的雷电活动，提前 30min 左右发出预警信号
级别 2	橙色预警	近处雷电活动，根据雷电强度大小提前 5～20min 发出预警信号
级别 3	红色预警	本地雷电活动，可能随时有雷电发生

1. 技术要求

1）检测探头设计采用全封闭非机械旋转部件设计，具备免维护、防止异物进入造成停机的特性。

2）探测范围 15～20km。

3）电场测量范围：不低于0～±300kV/m。

4）大气电场测量精度：优于±3%。

5）响应时间：10μs。

6）工作温度：－20～＋60℃。

7）防护等级：不低于IP65。

2. 大气电场仪预警系统技术参数

某大气电场仪预警系统相关技术参数，详见表7-5-3。

表7-5-3　某大气电场仪预警系统相关技术参数

设备类型	场磨式雷电预警测试仪
探头尺寸/mm	240×100×240
有效监测半径/km	15～20(根据现场特征)
测量范围/(kV/m)	+/－300(+/－代表电场极性)
分辨率/(V/m)	10
相对误差	+/－3%
预警	三级雷电告警级别
采样速率	5ms
电源	220VAC(市电)或24VDC(太阳能)
外壳、结构	铝压铸、倒置式,浇灌树脂
工作温/湿度	－23～65℃/0%～100%
防护等级(IP)	53
重量/kg	2.5
固定	50mm圆支撑杆及支撑
功耗/mA	110(不包括加热丝)
平均无故障运行时间	MTBF>10000h
平均修复时间	MTTR<0.5h
电动机最高转速/rpm	3000
通信连接线	4芯屏蔽电缆RS485
符合标准	安全认证标准,ECM测试
适用场合	含运动部件,不适合在易燃易爆、有粉尘等场所安装使用

7.5.3 电涌保护器智能监控系统创新技术

依据现行技术规范《建筑物防雷检测技术规范》(GB/T 21431)第5.8.2.1条要求，SPD由于长时间工作将逐年老化，SPD所处的环境条件也会逐渐劣化，SPD也会接收到雷电电流脉冲而引起功能损坏或者降低性能等情况，所以应针对SPD进行定期检测。如果发现SPD已经劣化、损坏，或者状态指示显示SPD已经失效，应及时调换新的、同类型的SPD。

定期检验的时间要求：对于爆炸场所的防雷建筑物以及火灾危险场所的防雷构造物而言，检测周期为6个月/次；其余的防雷构造物，检测频率为12个月/次。

传统非智能化SPD在日常运行及维护中存在缺陷，主要有以下情况：

1）SPD安装分散，维护需要专业人员，成本高，效率低。

2）SPD并联于配电系统中，损坏并不会中断系统中的设备运行，难以实时监测，无法及时发现和处理故障。

3）传统SPD只有正常和损坏两种状态，无法为防雷管理和决策提供有效的依据。

为了解决这些问题，电涌保护器智能监控系统应运而生。监控系统使用智能化的SPD，实现对整个防雷系统的运行监视（雷击信息、寿命信息）、报警（SPD寿命报警、SPD专用保护装置报警、SPD阻性泄漏报警、电压报警）和事件管理、历史数据（SPD数据、电网环境数据、雷电数据）分析及用户管理，并能与建筑设备监控系统进行通信联网。被动防雷转为主动，完成雷电降灾的主动预防，从而提高防雷的效率和效果。

智能化SPD具有强大的本地监控显示功能，用户无需登录后台现场就可以掌握SPD关键信息，如图7-5-2所示。具体关键信息包括电源状态、SPD寿命告警、泄漏电流预报警、后备保护装置跳闸、通信状态指示。

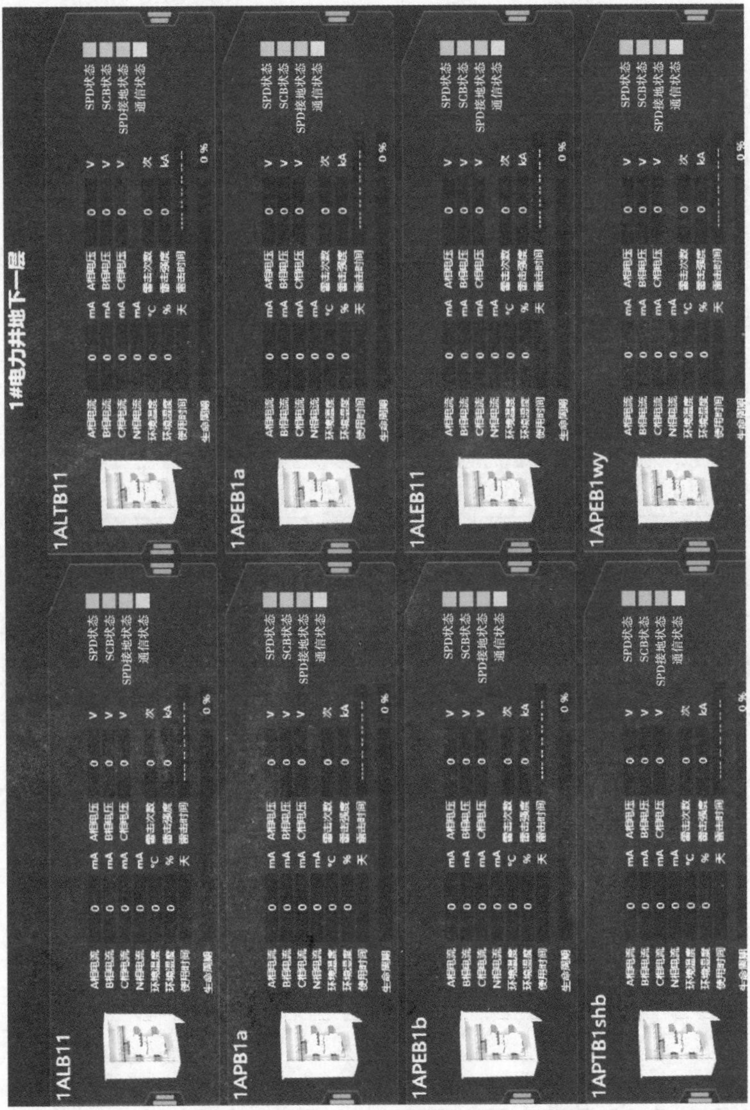

图 7-5-2　智能化SPD关键信息

智能化电涌保护器监控系统，能随时随地知晓 SPD 工作状态和参数，快速应对故障，保障其有效运行，预防火灾风险。

电涌保护器智能监控系统，运用云物联网、生物传感器、AI 智能算法技术和移动互联互通等创新科技手段，可监测雷电流的最大值、正负性、出现时间、雷电频率、SPD 预期使用寿命、三相电压、温湿度等，实现实时监视和智慧管控等功能。

不同类型的电涌保护器及智能监视和测量装置的技术参数和要求，见表 7-5-4 ~ 表 7-5-10。

表 7-5-4 T1 类 SPD 技术指标

SPD 类型	T1 类 SPD
最大持续工作电压（U_c）	385
额定频率/Hz	50/60
冲击电流 I_{imp}（10us/350us）/kA	25
标称放电电流 I_n（8/20）/kA	25
最大放电电流 I_{max}（8/20）/kA	120
电压保护水平（U_p）/kV	1.8
配套后备保护器	GP-BP/B25
本地状态指示	指示灯显示状态
远程遥信功能	可选（11 公共端、12 常闭、14 常开）
遥信线规格	≤1.5mm²
端子接线能力	4 ~ 25mm²
保护等级	IP20
温度	-40 ~ +85℃
工作环境湿度	5% ~90% RH(25℃)
组合方式	1P/2P/3P/4P/1P + N/3P + N
安装卡轨	35mm 标准导轨

表 7-5-5　T1 类 SSD 技术指标

配合 SPD 类型	T1 类 SSD
额定工作电压(U_e)	230/400
额定频率/Hz	50/60
标称放电电流 I_n(8/20)/kA	25
最大放电电流 I_{max}(8/20)/kA	100
冲击电流 I_{imp}(10us/350us)/kA	25
低短路动作电流 I_t/A	3 ±1
短路分断能力(I_{sc})/kA	100
外壳保护等级	IP20
遥信功能	可选
遥信线能力	≤1.5mm^2
端子接线能力	4 ~ 25mm^2
工作环境温度	-25 ~ +60℃
工作环境湿度	5% ~ 90% RH(25℃)
安装卡轨	35mm 标准导轨

表 7-5-6　1 类智能监视和测量装置技术指标

供电电源		AC220V
采集功能	电压监测	实时电网电压采集
	电流监测	三相漏电流监测
	遥信	SPD 状态,SSD 状态,SPD 接地状态
	温度	SPD 温度
	雷击数据	雷电峰值、次数、雷击时间
本地显示		LED 数码管显示
设置范围		雷击计数范围:0 ~ 9999 次(清零)
		雷电峰值监测范围:1 ~ 25kA
通信方式		RS485
安装方式		导轨安装

表 7-5-7　T2 类 SPD、SSD 技术指标

SPD 类型	T2 类 SPD
最大持续工作电压(U_c)	320/385
额定频率/Hz	50/60
标称放电电流 I_n(8/20)/kA	40
最大放电电流 I_{max}(8/20)/kA	80
电压保护水平(U_p)/kV	2.0/2.2
后备保护功能	内置
低短路动作电流 I_t/A	3 ±1
短路分断能力(I_{sc})/kA	25
外壳保护等级	IP20
本地状态指示	指示窗显示状态
远程遥信功能	可选(11 公共端、12 常闭、14 常开)
接线能力	4 ~25mm^2
温度	-40 ~ +85℃
工作环境湿度	5% ~90% RH(25℃)
安装卡轨	35mm 标准导轨

表 7-5-8　2 类智能监视和测量装置技术指标

供电电源		AC220V
采集功能	电压监测	实时电网电压采集
	电流监测	三相漏电流监测
	遥信	SPD 状态,SSD 状态,SPD 接地状态
	温度	SPD 温度
	雷击数据	雷电峰值、次数、雷击时间
本地显示		LED 数码管显示
设置范围		雷击计数范围:0 ~9999 次(清零)
		雷电峰值监测范围:1 ~80kA
通信方式		RS485
安装方式		导轨安装

表 7-5-9　T3 类 SPD、SSD 技术指标

SPD 类型	T3 类 SPD
最大持续工作电压(U_c)	320/385
额定频率/Hz	50/60
标称放电电流 I_n(8/20)/kA	20
最大放电电流 I_{max}(8/20)/kA	40
电压保护水平(U_p)/kV	1.8/2.0
后备保护功能	内置
低短路动作电流 I_t/A	3 ±1
短路分断能力(I_{sc})/kA	25
外壳保护等级	IP20
本地状态指示	指示窗显示状态
远程遥信功能	可选(11 公共端、12 常闭、14 常开)
接线能力	4 ~ 25mm^2
温度	-40 ~ +85℃
工作环境湿度	5% ~90% RH(25℃)
安装卡轨	35mm 标准导轨

表 7-5-10　3 类智能监视和测量装置技术指标

供电电源		AC220V
采集功能	电压监测	实时电网电压采集
	电流监测	三相漏电流监测
	遥信	SPD 状态,SSD 状态,SPD 接地状态
	温度	SPD 温度
	雷击数据	雷电峰值、次数、雷击时间
本地显示		LED 数码管显示
设置范围		雷击计数范围:0 ~9999 次(清零)
		雷电峰值监测范围:1 ~40kA
通信方式		RS485
安装方式		导轨安装

7.5.4 接地电阻智能监测系统创新技术

本系统运用监测、自学和运算，随时呈现故障数据、状态和信号，为应急响应提供解决方案。

1. 监测要求

1）接地电阻≤4Ω，针对交流的工作地。

2）接地电阻≤4Ω，就交流安全的保护地而言。

3）依据电子信息系统的设计要求，确定直流的逻辑地的接地阻值。

4）接地阻值≤10Ω，是对防雷的保护地的要求。

5）如果设计采用共用接地时，接地阻值≤1Ω，对于屏蔽系统来说。

2. 监测功能

1）实时测量接地阻值和电压等。

2）针对接地电阻、回路联结阻值和接地情况等随时监视和测量。

3. 接地电阻智能监测系统技术参数

某接地电阻智能监测系统技术参数见表7-5-11。

表7-5-11　某接地电阻智能监测系统技术参数

功能配置	工作电源	AC 220V
	接地电压	AC 0～600V
	检测方式	三极法
采集功能	电阻量程	0.1～300Ω
	分辨率	0.1Ω
	显示范围	0～300Ω
	精度	±2% rdg ±3dgt(20℃ ±5℃,70% RH以下)
	显示值最高	30kΩ,分辨率 ±10Ω
通信	通信方式	RS485串口通信
	通信协议	工业标准Modbus通信协议
外形	工作温度	－20～＋55℃;20%～90% RH
	安装	箱体壁挂式,测量电极-预埋

第8章　火灾自动报警及消防监控系统

8.1　概述

8.1.1　分类、特点及要求

火灾自动报警及消防监控系统作为机场航站楼电气设计的重要组成部分，系统功能贯穿火灾预警、火灾探测、人员疏散、自动灭火及消防救援全过程，其设计应该严格遵循国家的有关政策、规范。根据航站楼的建筑与功能特点，系统配置通常包括火灾自动报警系统、消防联动控制系统、大空间水炮控制系统、气体自动灭火控制系统、火灾消防通信系统、电梯多方通话系统、消防应急广播系统、电气火灾监控系统、消防设备电源监控系统、防火门监控系统、排烟窗控制系统、消防应急照明与疏散指示系统等。

其中火灾自动报警系统分为区域报警系统、集中报警系统、控制中心报警系统三种形式，在机场航站楼设计中通常根据项目规模、联动设备设置情况、管理模式、投资概算等因素进行选择，具体可参考表8-1-1。

在设计中要采取可靠的技术措施，积极采用成熟的先进防火技术、设备或材料，既要满足航站楼的消防安全要求，又要合理节约投资，也要易于运营维护，更要满足管理需求，实现消防安全水平、建设投入与使用运维的高效统一。此外，设计中还需注重与其他安全系统的协同配合，共同构建完善的航站楼安全保障体系。

表 8-1-1　机场航站楼火灾自动报警系统选型参考表

序号	系统形式	旅客吞吐量规格	建筑面积规模	是否分期建设	网络架构	总线形式
1	区域报警系统	小型机场	≤2000m²	否	—	树形结构
			≤5000m²	否	—	树形结构
				是	一层网络架构	树形/环形结构
2	集中报警系统	中型机场	0.5 万~15 万 m²	是	一层网络架构	树形/环形结构
				否	一层网络架构	环形结构
3	控制中心报警系统	大型机场	15 万~35 万 m²	—	两层网络架构	环形结构
			≥35 万 m²			

8.1.2　本章主要内容

1. 主要内容介绍

本章详细阐述了智慧机场航站楼火灾自动报警及消防监控系统的核心设计要点，涵盖消防控制室的专业设计、火灾报警与消防联动的精细化规划、典型场所消防系统的针对性设计、其他消防电气监控系统的集成管理，以及智慧消防报警与监控的创新技术应用。本章内容旨在为建筑电气设计师提供一套全面、专业的智慧机场航站楼火灾自动报警及消防监控系统设计指南。

2. 与关联系统的接口界面

在设计过程中，火灾自动报警系统需与多个关联系统实现高效协同。这些关联系统包括公共广播系统（通常与消防应急广播系统合并，满足消防特定需求）、视频监控系统（负责火灾现场的实时监控）、垂直电梯多方通话系统（由电梯厂商提供，用于紧急通信），以及电动排烟窗控制系统（实现火灾时的排烟功能）等。通常接口界面设计见表 8-1-2。

表 8-1-2 机场航站楼火灾自动报警系统与关联系统设计界面

关联系统名称	设计方/实施方	设计界面与要求
公共广播系统	民航弱电/民航弱电	(1)公共广播设计按消防广播要求进行选型、设计，并在各消防控制室内分别设置应急广播控制盘 (2)火灾自动报警系统通过输入输出模块启动消防应急广播、接收广播系统状态信息
视频监控系统		(1)视频监控系统在各消防控制室内设置视频监控分控站及显示屏，作为人工报警、指挥灭火及人员疏散的辅助手段 (2)火灾自动报警系统预留与视频监控系统的通信接口，并开放通信协议，提供相关报警信息。视频监控系统接收火灾报警信号后，可联动相关区域视频信号弹窗
出入口控制系统		(1)火灾报警系统在设有控制疏散通道常闭防火门的门禁控制器的弱电机房/弱电间设置输入/输出模块箱，模块箱至门禁控制器或疏散通道常闭防火门的通信线由民航弱电负责 (2)火灾确认后，火灾自动报警系统通过总线模块输出报警干接点信号给门禁控制器或电磁锁电源回路，打开疏散通道上的常闭防火门
垂直电梯多方通话系统	建筑弱电/电梯产品配套	消防控制室内设置多方通话主机，系统设备与线缆选型满足消防要求
电动排烟窗控制系统	电气专业/幕墙或屋面(电动窗供应商)配套实施	(1)消防控制室设置系统控制主机，实现电动排烟窗的控制与管理 (2)电动排烟窗主控制箱提供干接点控制信号输入端子与直接硬线控制信号输入端子，用于火灾自动报警系统联动控制电动排烟窗的开启 (3)电动排烟窗主控制箱提供足够的干接点反馈信号输出端子，将消防总控箱的手/自动状态、故障状态及每组窗的开窗到位信号等反馈给火灾自动报警系统

通过上述系统的整合与协同，确保在火灾发生时，各系统能够迅速响应、准确联动，为机场航站楼的安全运营提供坚实保障。

8.1.3 航站楼建筑特殊消防设计

根据《建设工程消防设计审查验收管理暂行规定》(2020 年 4 月 1 日住房和城乡建设部令第 51 号公布，根据 2023 年 8 月 21 日住房和城乡建设部令第 58 号修正）第十七条有关要求，总建筑面积大于 1.5 万 m^2 的民用机场航站楼属于特殊建设工程，实行消防设计审查制度。设计中需针对消防设计难点问题进行研究，提出特殊消防设计方案，并通过论证、方案比选、模拟分析，最终实现预期的火灾下人员生命安全、减小财产损失和保障运营连续性的目标，确保航站楼的整体消防安全性能不低于现行国家工程建设消防技术标准要求的同等消防安全水平。电气专业涉及的常见难点见表 8-1-3。

表 8-1-3 航站楼特殊消防设计电气专业涉及的常见难点

序号	项目特点	建筑设计难点	电气设计难点与措施
1	建筑规模大、占地广、流程复杂,很多防火分区位于内区(不靠近外墙)	存在人员疏散距离超长、部分疏散楼梯需要在封闭通道内进行转换、避难走道长度超长等问题	提高相关区域主要疏散通道的消防疏散应急照明照度,延长应急照明连续供电时间
2	航站楼办票大厅、安检大厅、候机厅、行李提取大厅等空间较为高大且顶部建筑构造连续	难以严格按防火分区进行防火分隔,所有高大空间作为一个防火分区设置	60s 内难以开启防火分区内所有自然排烟窗
		大量无墙、无柱大面积公共空间	应急疏散指示标志灯、保持视觉连续的疏散指示标志灯及手动报警按钮等难以正常设置
		大量四周为玻璃幕墙的高度超过 12m 公共空间	难以分层设置两种火灾参数的火灾探测器;采用视频安防监控作为火灾报警确认的辅助手段
3	航站楼除航空功能外,通常还集餐饮、购物、休息、娱乐等多种功能于一体	内部结构复杂多变、楼内人员密集且流动性大	防火舱防火分隔处防火卷帘联动控制方案

（续）

序号	项目特点	建筑设计难点	电气设计难点与措施
4	航站楼往往与地铁、轻轨、高铁车站和公共汽车站等城市公共交通设施组合建造	不同业态间连通空间的防火分隔设计	不同业态连通口防火卷帘联动控制方案
5	机械行李分拣输送系统工艺复杂、上下相互交错，部分行李处理用房高度超过12m	难以用防火墙、防火门、防火卷帘的分隔方式完全隔断，导致多层行李用房连通	行李分拣输送带穿越防火分区处防火卷帘联动控制方案
		高度超过12m行李处理用房设置多层行李输送平台	高层行李处理用房火灾探测器选型与设置方案

8.2 消防控制室设计

8.2.1 消防控制室设置原则与要求

消防控制室作为火灾自动报警与消防控制的中枢，负责火灾报警信号的接收、显示、处理及消防设施的控制任务。特别在超大型机场航站楼设计中，应依据机场航站楼规划、建筑规模、业务流程、管理分工及运维方式，合理设置消防控制中心、消防控制室、消防值班室、微型消防站。并确保消防系统与航站楼运行控制中心（简称TOC）、机场运行控制中心（简称AOC）的协同运作，以实现火灾发生时的高效响应与安全保障，同时也避免过度消防设计投入与运维难题。

数量规划上，依据航站楼建筑面积、线路通信距离和火灾报警处理能力及响应时间，建议按每10万~15万m^2设置一个消防控制室或消防值班室。位置选择应便于救援，通常设置在航站楼首层靠近外墙的区域，且疏散门直通室外。对于纵深较大或指廊较多的航站楼，建议在建筑中心或指廊增设消防值班室或微型消防站，提高响应效率。

在布局方面，若设置多个消防控制室，应分别位于空侧和陆侧，并将其中一个定义为消防中控中心。同时至少一个消防控制室靠近消防水泵房，确保两者间步行距离不超过 180m。若仅设置一个消防控制室，则优先设置在空侧。

面积与配置方面，根据航站楼建筑面积调整消防控制室面积。通常，5 万 m^2 以下的航站楼，消防控制室面积约 $60m^2$；5 万 ~ 10 万 m^2 的，面积约 $90m^2$；10 万 m^2 以上的，面积约 $120m^2$。此外，应配置独立的 UPS 间、休息室及带淋浴功能的卫生间，确保值班人员的工作环境与生活需求得到满足。相关设置原则与要求见表 8-2-1。

表 8-2-1　航站楼消防控制室设置原则与要求

名称/要求	消防控制中心	消防控制室	消防值班室	微型消防站	TOC	AOC
主要功能	全楼消防监控管理、指挥火灾扑救，具备完整消防控制室功能	管理辖区内的火灾报警，具备联动设备功能	管理辖区内的火灾报警，不具备联动设备功能	存放灭火器材、具备消防通信功能，初期火灾快速响应	航站楼内的日常运营和协调工作，紧急情况响应	机场运行的指挥中心，特殊情况下的救援指令下达
设置数量	每座航站楼设一个	根据航站楼规模与管理模式设置 消防控制室与消防值班室在设置数量上互补		根据规模与管理模式、响应时间要求设置	每座航站楼设一个	每个机场设一个
设置位置	首层并直通室外安全出口，便于统一管理和指挥的位置	首层并直通室外安全出口	利于统筹管理范围内系统设计与便于到达现场处置火情的位置	特定区域，如指廊便于到达现场处置火情的位置	具体取决运行需求与航站楼建筑设计	具体取决运行需求与机场规划设计
面积规划	120 ~ $180m^2$	60 ~ $90m^2$	约 $30m^2$	约 $20m^2$	取决于航站楼设计	取决于机场设计

（续）

名称/要求	消防控制中心	消防控制室	消防值班室	微型消防站	TOC	AOC
信息共享	实现与消防控制室、值班室、微型消防站及TOC、AOC的信息融合共享	与消防控制中心联网，共享信息	与消防控制中心或消防控制室联网，共享信息	与消防控制中心或消防控制室共享信息	与消防控制中心和AOC交换信息	接收消防控制中心和TOC的信息，发布公共信息
相互协作	紧密合作，信息共享，资源配置	执行消防控制中心的指令，操作联动控制系统	跟随消防控制室的指令进行紧急响应	与上级消防系统协同工作，执行快速响应	紧急情况下与消防部门合作进行人员疏散和资源调配	指挥所有救援部门，包括消防部门的行动
值班要求	24h值班制，每班不少于2名高级消防管理人员	24h值班制，每班不少于2名中级消防管理人员	24h值班制，每班不少于2名初级消防管理人员	经过专业培训的消防人员值班	运营管理和紧急响应相关人员	紧急情况管理和指挥相关人员

8.2.2 消防控制室功能

消防控制室内设置的消防设备应包括火灾报警控制器、消防联动控制器、消防控制室图形显示装置、消防专用电话总机、消防应急广播控制装置、消防应急照明和疏散指示系统控制装置、消防电源监控器等设备或具有相应功能的组合设备，以确保火灾报警与消防控制的全面性和高效性。图8-2-1展示了某航站楼消防控制室的实际交付情况，直观地体现了设备的配置与布局。

对于设两个及以上消防控制室的项目，消防控制中心作为主消防控制室，其他控制室为区域消防控制室。主控室除负责对所管辖区域的火灾报警与消防设备进行统一监管及报警信息的接收、显

图 8-2-1　某航站楼消防控制室实际交付图

示、处理与联动控制相关消防设施外，还应能集中显示整个航站楼内的火灾报警信号和联动控制状态，并能显示其他消防控制室内设备的状态信息。同时，为便于信息沟通和共享，各消防控制室内的消防设备应能互相传输和显示状态信息，但不应互相控制，以防止指令冲突。重要的消防设备，如消防水泵，可根据实际情况由主消防控制室统一控制或各消防控制室分别控制，具体见表 8-2-2。

表 8-2-2　消防控制室消防设备受控表

系统名称	火灾消防通信系统	电气火灾监控系统	消防电源监控系统	防火门监控系统	消防应急照明与疏散指示系统	消防水泵	防烟排烟风机	大空间消防水炮控制系统	电动排烟窗控制系统
主控	★★	★★	★★	★★	★★	★★	★	★★	★★
区域控	★	★	★	★	★	○/★	★	★	★

注：★★—除监控所属区域外还负责管理其他区域；★—仅监控所属区域；○—不控制。

随着现代综合交通航空枢纽建设的推进，机场航站楼已经与交通中心、停车楼、旅客过夜用房、高铁站、城轨站、地铁站等业态深度融合建设，各种业态间存在功能空间连通、消防设置重合等情况。对于不同业态通常由于投资方不同、运营单位不同、管理模式不同等原因需要分别设置独立的消防报警系统，消防控制室的设置也应结合上述因素统筹考虑。不同业态报警系统间通常采用通过总线输入输出模块互相对接方式互通报警与报警确认信息，并实现联动控制交界处防火卷帘；对于同一投资方、同一运营主体的业态，当系统招标可保证采用同一品牌同系列产品时，也可通过总线通信的方式实现通信与联动控制。

8.2.3 系统网络架构

机场航站楼火灾报警系统的网络架构通常采用一层或两层网络架构。集中报警系统采用单层网络，以环网连接消防控制室内的火灾报警控制器，并设置集中控制功能的火灾报警控制器，实现信息整合。而控制中心报警系统则采用双层网络架构，各消防控制室内的火灾报警控制器组成区域环网，并通过光纤环网连接所有集中控制功能的火灾报警控制器，形成全局环网。主消防控制室内的集中控制功能火灾报警控制器作为全局主机，负责全面显示、管理航站楼消防信息。图 8-2-2 为某航站楼火灾报警系统网络架构图。

系统构架特点如下：

1）该项目设置一个消防总控室、三个消防分控室、一个消防值班室，并设有全楼的运行控制中心（TOC）。

2）该项目采用多台火灾报警控制器（联动型），在消防控制室设置一台起集中控制作用的集中火灾报警控制器，其余控制器为区域火灾报警控制器。

3）集中火灾报警控制器与区域火灾报警控制器采用二级环网或全光纤环网通信，与远端图形显示装置则采用光纤通信。

4）报警与联动控制总线采用二总线制环形连接，消防设备选用内置短路隔离器型号，以减少短路导致的失效情况。

5）每台火灾报警控制器所连接的设备总点数不超过 3200 点，其中联动点总数不超过 1600 点，每一报警总线回路报警点数不超过 200 点，每一联动总线回路模块点数不超过 100 点，各回路留有不少于 20% 的余量，确保系统稳定运行并预留足够的扩展条件。

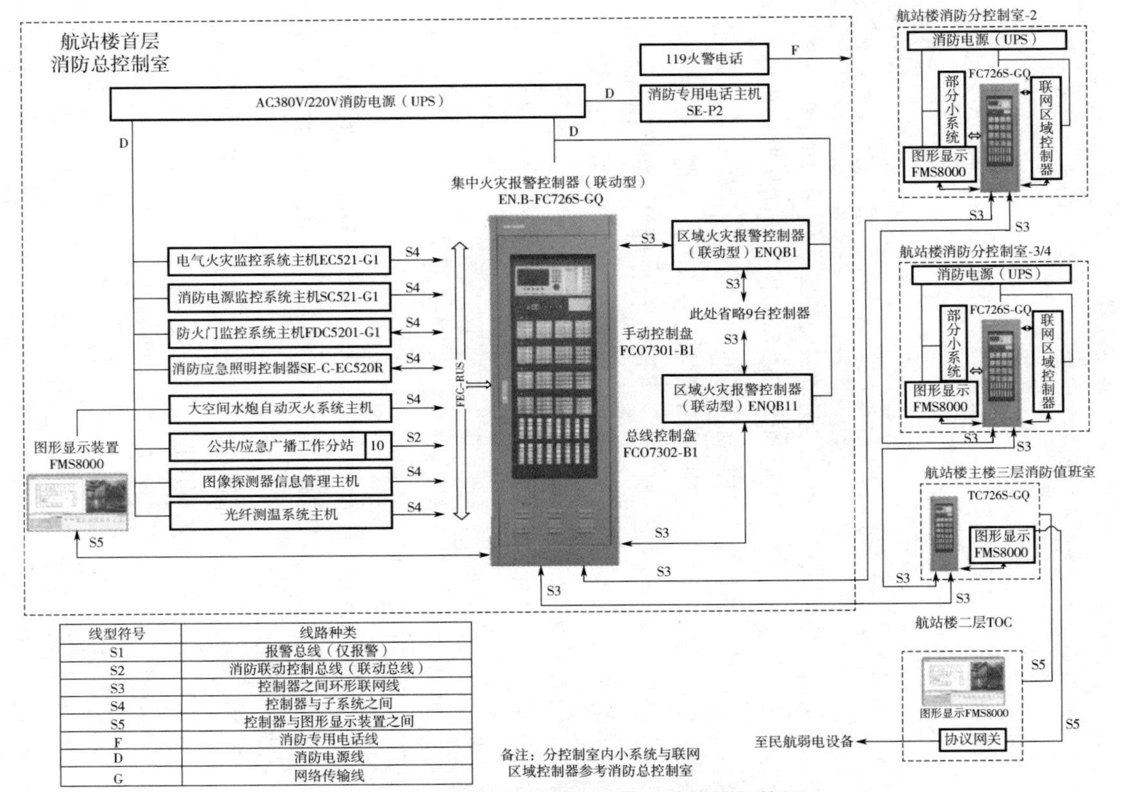

线型符号	线路种类
S1	报警总线（仅报警）
S2	消防联动控制总线（联动总线）
S3	控制器之间环形联网线
S4	控制器与子系统之间
S5	控制器与图形显示装置之间
F	消防专用电话线
D	消防电源线
G	网络传输线

备注：分控制室内小系统与联网区域控制器参考消防总控制室

图 8-2-2　某航站楼火灾报警系统网络架构图

6）火灾报警控制器采用集多线控制点与总线联动点于一体的立柜式主机，回路数量满足未来扩容需求。

7）消防值班室配置全视野报警控制器，无需额外配置回路设备。

8）为提高系统可维护性和时效性，采用具有线路拓扑显示功能的控制器或提供相应功能的线路测试工具品牌。

8.3 火灾报警及消防联动设计

8.3.1 报警系统形式的选择与设计要求

火灾报警系统的选择与设计应根据建筑的实际情况和需求来确定，同时应遵循相关的标准和规范，确保系统的有效性和可靠性，具体详见表8-3-1。

表8-3-1 火灾自动报警系统设计要求

遵循原则	具体要求
可靠性与稳定性	能够在恶劣环境下长时间运行，确保火灾发生时能够及时报警和联动控制
环境与设备兼容性	能适应振动、灰尘、大跨度结构、高大空间等环境条件；能够与其他子系统和谐共存，避免因电磁干扰等问题导致误报或失效
可扩展性与可升级性	能适应未来建筑功能的变化、扩建与改建的需求及技术的发展；预留足够的接口和容量，方便后续设备的接入和系统的升级
可系统集成性	应能与其他系统，如电气火灾监控系统、应急照明系统、视频监控系统、入侵报警系统等进行集成，实现信息的共享和协同工作
安全防护措施	具备一定的安全防护措施，如防雷击、防静电、防电磁辐射等；同时，系统中的关键设备应设置备份和冗余，确保在设备故障时能够自动切换，保证系统的连续性
用户体验	满足用户的实际需求和体验，如报警信号的显示和声音提示应清晰明了，便于用户快速了解火灾情况并采取相应的应对措施
电源与接地	应有独立的电源供电，并应有良好的接地，以确保系统的稳定运行
智能化与信息化	未来通过引入人工智能、大数据等先进技术，系统能够实现对火灾风险的智能分析和预警，提高火灾防控的效率和准确性

8.3.2 火灾探测器的选择与设置要求

1. 火灾探测器的选择

需充分考虑探测区域内可能发生的火灾特性、房间高度、环境条件以及可能引起火灾的原因等因素。在满足相关设计规范的基础上，推荐使用高性能火灾探测器，并根据火灾初期特点与环境特性选择合适的灵敏度等级。具体选型参见表8-3-2。

表8-3-2 火灾探测器选型表

序号	场所名称	探测器类型	备注
1	普通办公室、消防控制室、业务用房、员工用房、商业零售、餐饮、库房、商业储藏室、登机桥固定端配电间	点型感烟探测器	智能型
2	空调机房、消防泵房等设备机房	点型感烟探测器	智能型
3	用电厨房、操作间	感温探测器	智能型
4	湿式报警阀间、垃圾处理间、吸烟室	感温探测器	智能型
5	高度超过12m的公共空间	线型光束感烟火灾探测器、图像型火焰火灾探测器、吸气式感烟探测器中的两种类型的组合	具体选型分析详见8.4.1节
6	楼梯间及前室、走廊	点型感烟探测器	智能型
7	TOC等民航弱电主机房	空气采样、烟感、温感	智能型
8	行李处理机房、行李传送带	点型感烟探测器、线型光纤感温火灾探测器	智能型(附加过滤装置)
9	变电所、SCR/UPS间等做气体灭火的区域	点型感烟探测器、感温探测器	智能型,联动气体灭火
10	设备管廊	点型感烟探测器、线型光纤感温火灾探测器	智能型

2. 火灾探测器的设置要求

1）吊顶区域内，若闷顶净高大于 0.8m 且吊顶内有可燃物，应设置火灾探测器。

2）在格栅吊顶场所，探测器的设置需根据楼空面积占比确定：占比不大于15%时，探测器置于吊顶下方；占比大于30%时，探测器置于吊顶上方顶板，并避开管线以确保保护范围；占比介于15%至30%时，根据实际测试结果确定安装位置。探测器若设在吊顶上方且火警确认灯无法观察，应在吊顶下方增设确认灯。

3）点型探测器周边 0.5m 内不得有遮挡物，至空调送风口水平距离不小于 1.5m，并宜靠近回风口安装。对于顶板上的点型探测器，其与风管的距离应不小于 0.5m，且下方不得有大型设备管道穿过。

4）若风管布置过密导致无法安装点型探测器，可考虑将探测器安装于风管底部。具体安装要求为：当风管并排安装于走道或公共空间上方且占满空间或紧贴梁底时，应在风管下方设探测器。

3. 火灾自动报警设备选型

除火灾探测器外，火灾自动报警系统主要设备涵盖手动火灾报警按钮、火灾警报器、区域显示器、消防应急广播、消防专用电话及输入输出模块等，选型与设置应遵循以下要求：

（1）手动火灾报警按钮

每个防火分区至少设置一只手动火灾报警按钮，确保步行距离不超过 30m 至最近按钮。按钮宜设在疏散通道或出入口处，位置明显、便于操作。壁挂安装时，底边距地高度应为 1.3～1.5m，并设有明显标志。

（2）火灾警报器与火灾应急广播

火灾警报器包括光、声及声光警报器，应均匀布置于各报警区域，并在疏散楼梯口、消防电梯前室及走道拐角处设置。声警报器声压级不得低于 60dB，环境噪声大于 60dB 时，应高出背景噪声 15dB。确认火灾后，应启动所有声光警报器，且能同时控制其启停。

消防应急广播通常与公共广播共用系统，具备强制切入功能，每个消防控制室可设广播分站。平时分站受总站管控，火灾确认后，分站获得最高权限，可独立启动本楼广播或进行人工广播。系统支持半自动和手动紧急广播，并具备消防状态下的全音量输出功能。应急广播优先级最高，可中断所选及相邻区域的正常广播。应急广播与声光报警应分时播放，交替循环。

（3）区域显示器

各报警区域应设置区域显示器，楼层较多时，各楼层宜设独立显示器，仅显示本楼层信息。显示器应置于出入口等明显和易操作位置，壁挂安装时底边距地高度为1.3～1.5m。

（4）消防专用电话

应采用独立的消防电话系统，可选用总线制或多线制。电话总机应设于消防控制室，并具备通话录音功能。在消防水泵房、配变电室、计算机网络机房、主要通风和空调机房、防烟排烟机房、灭火控制系统操作装置处或控制室、消防值班室、消防电梯机房及其他与消防联动控制有关的且经常有人值班的机房设置消防电话分机。手动报警按钮应附带消防电话插孔。各消防控制室应设消防专线电话，接入主消防控制室。避难走道也应设消防专线电话。消防控制室应设可直接报警的外线电话，并预留与城市消防网络的接口。消防电梯轿厢内应设置能直接与消防控制室通话的专用电话，当利用消防电梯轿厢内的多方通话系统满足此功能时，消防电梯轿厢内的多方通话系统至消防控制室的线缆应满足消防系统燃烧性能要求。

（5）输入输出模块

各类消防输入输出模块应集中设置于本报警区域的金属模块箱内，不得跨区控制其他设备，且严禁置于配电箱（柜）内。输入模块应能区分监管反馈、故障及报警信号，报警控制器对监管反馈信号不弹窗提示，仅在接收到故障或报警信号时弹窗，以提醒值班人员注意。

8.3.3 消防联动控制设计

1. 基本要求

消防联动控制器在接收到信号后，应在3s内按照预设的控制逻辑向受控设备发出联动控制信号，并实时接收其反馈。受控设备的接口参数必须与发出的控制信号相匹配，确保信号传输无误。对于消防水泵、防烟和排烟风机等关键设备，除了采用自动联动控制外，还应在消防控制室设置手动控制装置，以便于紧急情况下的直接操作。所有需由火灾自动报警系统联动的消防设备，其触发信号必须基于两个独立报警装置的“与”逻辑组合，以增强系统的可靠性。整个联动控制系统的响应时间应严格控制在2s以内，以迅速响应火灾事件。此外，整个设计过程应严格遵守国家标准《消防联动控制系统》（GB 16806）的相关规定。

2. 消防联动（或联锁、手动）控制逻辑

火灾确认后，消防联动控制逻辑如下：

1）立即将消防控制室火灾报警联动控制开关转入自动状态（已处于自动状态的除外），同时拨打119报警外线电话。在消防控制室消防联动控制器通过总线模块自动或手动切断失火区域的广告照明、商业、地面通用插座、平时通风空调设备、自动扶梯、自动步道、非消防排污泵等一般非消防电源。

2）自动启动建筑内所有的火灾声光警报器，强制切入消防应急广播，向全楼播放。

3）经消防联动控制器总线输出模块，解除相关区域门禁系统，打开疏散通道上门禁系统控制的常闭防火门、电动大门。

4）在发生火灾的报警区域消防水系统启动前，切断相关区域的正常照明、生活水泵、地下室非消防排水泵等非消防电源。

5）控制发生火灾及相关危险部位的电梯回降首层，非消防电梯回降首层开门后切除电源。迫降后切除的电梯回路需要确保回路上所有的电梯迫降首层并开门到位后，才切除电源。

6）民航弱电配电系统主要负责航站楼内安防系统、网络系统、民航信息系统等配电。火灾确认后安防监控系统需作为火灾报警系统的辅助手段进行火灾确认、指导救援，网络信息系统保障楼内通信不中断。因此，民航弱电配电系统电源的切除不纳入消防联动控制系统的自动联动控制策略，但在应急状态可由消防专业管理人员在消防控制室通过火灾自动报警系统远程按区域人工手动切除其电源。

7）由发生火灾的报警区域开始，顺序启动全楼疏散通道的消防应急照明和疏散指示系统，系统全部投入应急状态的启动的时间不大于5s。

8）联锁或联动、手动直接启动消防水系统。

9）按设定的程序联动或手动开启加压送风口、排烟口、电动排烟窗或排烟阀、电动挡烟垂壁等；联动（或手动）启动加压送风机、排烟风机、消防补风机。

10）根据联动触发信号自动关闭相关部位的常开防火门和防火卷帘。

3. 航站楼与楼内其他业态交界处防火卷帘的联动控制

对于航站楼与其他业态，高铁站、城轨站、APM、地铁站等交界处的防火卷帘，其联动控制设计需特别关注。在两业态交界处设置两组分别接于两套系统报警主机的总线输入输出模块，实现报警与报警确认、防火卷帘状态等信息的互通。根据防火卷帘控制箱的归属情况，确定联动控制策略。例如，若防火卷帘控制箱归于航站楼，则当地铁站侧发生火灾时，由地铁站火灾报警控制器将报警信息传递给航站楼火灾报警控制器，由后者联动防火卷帘降落，反之亦然。

8.3.4 报警系统的线缆选型与敷设要求

1. 线缆选型

火灾自动报警系统的导线及电缆选择至关重要，应确保在火灾时能够连续供电或传输信号。表8-3-3为某大型机场航站楼火灾自动报警系统各类线缆选型参考表。所有消防线路均采用铜芯电线或电缆，以提高导电性能和耐高温性能。传输线路和50V以下供电的控制线路应选用不低于交流300V/500V的电压等级；而采用交流220V的供电和控制线路则应选用不低于交流450V/750V的电压等级。考虑到机场航站楼的人员密集性，报警总线应选用燃烧性能B_1级的电线、电缆，而消防联动总线及联动控制线则应选用耐火铜芯电线、电缆。所选电线电缆的燃烧性能需符合现行国家标准

《电缆及光缆燃烧性能分级》（GB 31247）的规定。

表 8-3-3 各类线缆选型参考表

线缆功能	型号规格
总控与分控报警主机间通信线	低烟无卤阻燃耐火型 4 芯单模光纤 OS2（B_1 级燃烧性能、燃烧产烟毒性为 t_0 级、燃烧滴落物/微粒等级为 d_0 级）
水炮自动灭火控制系统主机联网通信线	
报警总线/联动总线	WDZCN-RYJS-B_1(t_0,d_0)-450V/750V-2×1.5
模块引出的线路	
消防水泵设备手动直接控制硬线	NW-BTTQ-A-500V-4×4
除消防水泵外其他消防设备手动直接控制硬线	≤150m：NS-BTTQ-A-500V-4×1.5
	>150m：NS-BTTQ-A-500V-4×4
消防电话通信线	WDZCN-RYJSP-B_1(t_0,d_0)-500V/750V-2×1.5
24V 直流电源线	干线：WDZCN-BJY(F)-B_1(t_0,d_0)-500V/750V-2×6
	同层支线：WDZC-BJY(F)-B_1(t_0,d_0)-500V/750V-2×2.5
火灾复示盘	WDZCN-RYJS-B_1(t_0,d_0)-500V/750V-2×1.5 + WDZCN-BJY(F)-B_1(t_0,d_0)-500V/750V-2×6
湿式报警阀直接启泵线路	WDZCN-BYJ(F)-B_1(t_0,d_0)-450V/750V-2×4

2. 敷设要求

为确保线缆的安全可靠运行，不同电压等级的线缆不应穿入同一根保护管内；当合用同一线槽时，线槽内应有隔板分隔。穿管水平敷设的线路中，除报警总线外，不同防火分区的线路也不应穿入同一根管内。对于电压等级超过交流 50V 以上的消防配电线路，在吊顶内或室内接驳时应采用防火接线盒，以增强线路的防火性能。重要消防设备的手动直接控制线路、消防应急广播和消防专用电话线路应单独穿管或合用槽盒中独立槽孔敷设，以确保其独立性和安全性。在明敷时，这些线路的金属管或金属线槽应采取防火保护措施，以进一步提高其耐火性能。

8.4 典型场所消防系统设计

8.4.1 高大空间火灾自动报警及联动设计

1. 高大空间火灾自动报警探测器选型

机场航站楼作为交通枢纽，其内部存在大量层高超过 12m 的高大空间。这些空间的火灾探测一直是设计难点，需要选用适合的火灾探测方案以确保火灾的及时发现和报警。

根据《火灾自动报警系统设计规范》（GB 50116）的规定，对于高度大于 12m 的空间，建议同时采用两种或以上火灾参数的火灾探测器，以增强探测的准确性和可靠性。目前市场上常见的高大空间火灾探测手段有线型光束感烟火灾探测器、管路吸气式感烟火灾探测器以及图像型火焰火灾探测器等。表 8-4-1 对目前市场上较为常用的大空间火灾探测器进行了综合性对比。

综合上述比较分析，机场航站楼高大空间火灾探测器选型建议如下：

吸气式感烟火灾探测器：适用于探测到达顶棚的被稀释烟雾。然而，若要探测分层的烟雾，则需要在多个层面上设置管网，这在航站楼高大空间中难以实现。同时，其报警可靠性易受空气中的灰尘影响，因此需要完善的维护条件。

线型光束感烟火灾探测器：包括多种类型，如红外对射式、光截面式、双鉴式等。这些探测器能够快速响应上升的烟气，但红外对射式火灾探测器安装和调试工作量大，特别是在后期运营中，由于建筑沉降和移动可能导致误报，增加了维护难度。线型光束光截面感烟火灾探测器和双鉴式线型光束感烟火灾探测器由于生产商相对较少，在设备采购环节存在一定困难。线型光束感烟火灾探测器（智能型）是在传统红外对射火灾探测器的基础上升级，其性能特点与双鉴式线型光束感烟火灾探测器有很多相似之处。

图像型火焰火灾探测器：采用视频图像技术，适用于明火火灾探测，具有反应快、准确性高的特点。其维护工作量相对较小，且不易受环境因素的影响。

表 8-4-1　常用的大空间火灾探测器选型方案对比表

比较项	吸气式感烟火灾探测器(空气采样探测器)	线型光束感烟火灾探测器				图像型火灾探测器		
		红外对射式火灾探测器	线型光束光截面感烟火灾探测器	双鉴式线型光束感烟火灾探测器	线型光束感烟探测器(智能型)	双波段图像型火焰火灾探测器	图像型火灾探测器(火焰型)	图像型火灾探测器(烟+火焰型)
组成	由吸气泵、过滤器、激光探测腔等组成的探测器与采样管网组成	由一对一的接收器与发射器组成	由一个接收器对应多个红外线发射器与图像处理器组成	由一个接收处理器对应多个双波段射线发射器组成	由一对一的接收器与发射器组成	图像型火灾探测器、信息处理主机、硬盘录像机等		
类型	接触式吸气感烟火灾探测器	感光式感烟火灾探测器	图像式感烟火灾探测器		感烟火灾探测器	图像型火焰火灾探测器		图像感烟、火焰火灾探测器
系统形式	独立系统或与火灾自动报警系统为同一系统	可与火灾自动报警系统为同一系统	完全独立系统	独立系统或与火灾自动报警系统为同一系统	可与火灾自动报警系统为同一系统	可完全独立、可与自动跟踪定位射流灭火系统为同一系统		
传输方式	通过监视模块就地将报警、故障信号接入火灾自动报警总线	可直接接入火灾自动报警总线	通过总线方式或监视模块在消防控制室将报警、故障信号接入火灾自动报警系统		可直接接入火灾自动报警总线	网络传输、通过总线方式或监视模块在消防控制室将报警、故障信号接入火灾自动报警系统		
探测方式	主动侦测	被动侦测	主动红外光源探测	主动脉冲光束探测	主动探测	图像识别		

（续）

<table>
<tr><td rowspan="2">比较项</td><td rowspan="2">吸气式感烟火灾探测器（空气采样探测器）</td><td colspan="4">线型光束感烟火灾探测器</td><td colspan="3">图像型火灾探测器</td></tr>
<tr><td>红外对射式火灾探测器</td><td>线型光束光截面感烟火灾探测器</td><td>双鉴式线型光束感烟火灾探测器</td><td>线型光束感烟探测器（智能型）</td><td>双波段图像型火焰火灾探测器</td><td>图像型火灾探测器（火焰型）</td><td>图像型火灾探测器（烟+火焰型）</td></tr>
<tr><td>保护范围</td><td>平面式覆盖</td><td>点对点，平面式覆盖</td><td colspan="2">点对面，立体式覆盖</td><td>点对点，平面式覆盖</td><td colspan="3">锥形，立体式覆盖</td></tr>
<tr><td>抗振性</td><td>好</td><td>差</td><td colspan="3">较好</td><td colspan="3">好</td></tr>
<tr><td>热障影响</td><td>有</td><td colspan="4">无</td><td colspan="3">有</td></tr>
<tr><td>安装要求</td><td>采样管网建筑顶棚下方布置安装</td><td>发射与接收器需精确的对准；分层设置</td><td colspan="3">发射器与接收器不需精确的对准；分层设置</td><td colspan="3">无遮挡</td></tr>
<tr><td>安装/调试工作</td><td>安装工作量大，调试工作量适中</td><td>安装工作量适中，调试工作量大</td><td>安装与调试工作量适中</td><td>安装工作量适中，调试工作量小</td><td colspan="4">安装与调试工作量适中</td></tr>
<tr><td>维护工作</td><td>工作量适中（清洁采样孔和过滤网）</td><td>工作量大（擦拭探测器外表面、纠正对射面、调整灵敏度）</td><td colspan="6">维护量小且方便</td></tr>
<tr><td>适用场所</td><td>洁净环境</td><td>中等洁净且没有振动的环境</td><td colspan="3">中等洁净环境</td><td colspan="2">易产生明火的各类场所</td><td>易产生烟或明火的各类场所</td></tr>
<tr><td>综合造价</td><td>中</td><td>低</td><td>高</td><td>较高</td><td>中</td><td colspan="3">高</td></tr>
<tr><td>可选产品</td><td>多</td><td>很多</td><td>较少</td><td>少</td><td>多</td><td>较少</td><td colspan="2">多</td></tr>
</table>

综上所述，在选择高大空间的火灾自动报警探测器时，需要综合考虑探测器的性能特点、安装要求、维护工作量以及环境因素等多方面的因素，以确保火灾探测的及时性和准确性。同时设计时多种探测器相结合的布置方案应形成互补的探测网络，提高火灾探测的可靠性和准确性。

2. 高大空间内消防设备联动设计

高大空间内的消防联动设备主要有防烟和排烟风机、火灾应急照明、消防应急广播、火灾声光报警器、消火栓按钮、电动（气动）排烟窗等，具体要求在本书第8.3.3节已做说明，此处不再赘述。电动（气动）排烟窗的联动控制将在8.5.4节内做进一步探讨。

8.4.2　行李库房与输送系统的报警及联动设计

行李传输系统是机场航站楼必不可少的组成部分，特别在大型机场航站楼中更是维持机场正常运行的基础，但是由于行李库房与行李系统本身结构的复杂性，且火灾危险性高，在进行火灾报警与联动设计时应特别注意。

行李库房与输送系统作为机场航站楼工艺流程中的关键组成部分，且火灾危险性高，其火灾报警与联动设计的合理性直接关系到机场的安全运行。鉴于行李库房结构的复杂性和行李输送系统的特殊性，设计过程中需充分考虑探测器的布置与联动控制的逻辑。

1. 行李库房内的报警设计

图8-4-1为某机场航站楼行李库房火灾报警设计方案剖面图，该空间从地面起至梁底净高为12.35～12.55m，结构板底净高13.4m。考虑到库房净高较大、内部行李输送系统分层设置，为确保探测的全面性，在顶部全覆盖设置线型光束感烟火灾探测器。同时，针对中间钢平台区域，采用点型感烟火灾探测器进行探测，并在探测器的上方设置1200mm×900mm金属板作为集烟措施；另外，设计中在3.7m、7.3m两层钢平台安装的感烟火灾探测器错开布置，以提高探测效率。此外，钢平台上的行李传送带区域，设置线型光纤感温火灾探测器，以局部探测传送带火灾。为弥补探测盲

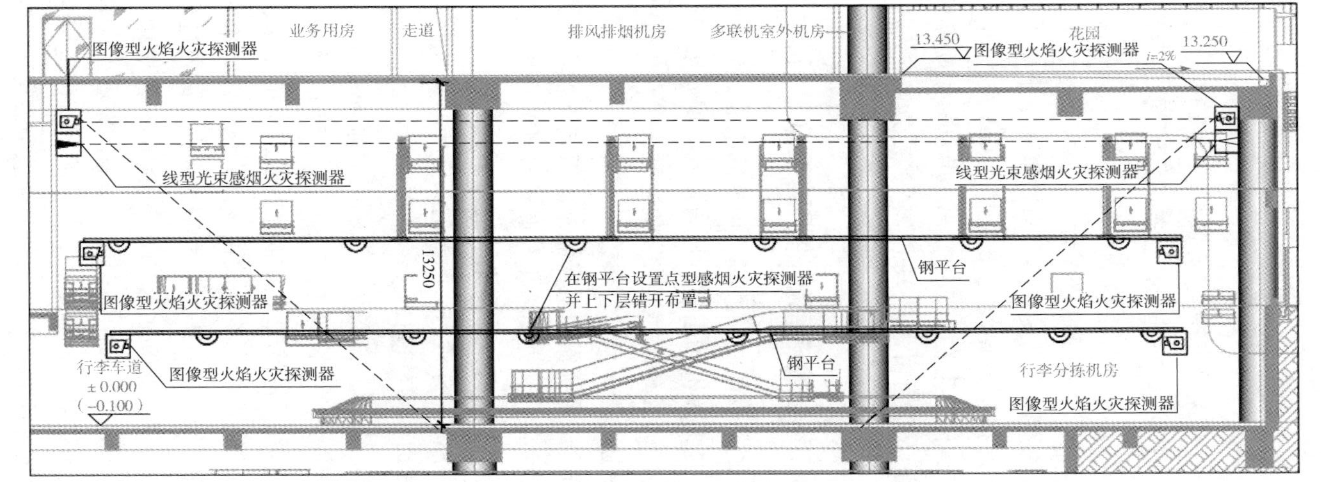

图 8-4-1　某机场航站楼行李库房火灾报警设计方案剖面图

区，顶部及钢平台还设置了图像型火焰火灾探测器。最后，采用安防视频监控作为辅助手段，当行李系统发生报警时，自动弹出对应画面，协助快速确认火灾。

2. 行李输送系统的报警设计

行李输送系统的报警设计则需遵循相关规范，尽管缆式线型感温火灾探测器是理想的探测手段，但由于输送带下方空间有限且需维护检修，安装探测器存在困难。考虑到行李系统的主要火灾隐患来自辊筒与输送带的摩擦，且输送带采用阻燃材质，火灾危险性较低。因此，在结构顶板下设置点型感烟火灾探测器，同时在输送带上方布置缆式线型感温火灾探测器，实现有效探测。

3. 火灾自动报警系统与行李输送系统的联动设计

在联动设计方面，当行李系统所在任一防火分区确认着火时，火灾自动报警系统通过输出模块给行李系统 PLC 末端控制器发送信号。行李系统在接收到信号后，迅速清空相关防火卷帘下方的行李传送带，并将清空信息通过干接点信号方式反馈给火灾自动报警系统。一旦接收到反馈信号，火灾自动报警系统立即切除该区域行李系统电源，并联动控制相关防火卷帘降落到底。防火卷帘动作后，火灾自动报警系统再次通过输出模块给行李系统发送信号，阻止其重新启动，直至所有防火卷帘复位。

综上所述，行李库房与输送系统的报警及联动设计需综合考虑探测器的布置、联动逻辑以及实际运行维护的需求，确保在火灾发生时能够及时探测并与行李输送系统实现有效监控和快速响应，保障机场的安全运行。

8.4.3 其他特殊场所火灾自动报警及联动设计

1. 设备管廊火灾自动报警及联动设计

航站楼设备管廊包括电舱与水空舱，其中电舱承载强弱电主干桥架，水空舱则用于安装水暖管线。鉴于管廊内管线密集、交错复杂、空间紧凑，火灾风险高，火灾自动报警设备的选择与安装成为设计关键。依据《城市综合管廊工程技术规范》（GB 50838），舱室顶部设置线型光纤感温或感烟火灾探测器，电力电缆桥架则应配置线型感温火灾探测器。经对国内大型机场航站楼的调研，建议电舱与水空舱顶部均设置感烟探测器，电力电缆桥架采用正弦波式线型感温探测器。考虑管廊湿热环境，为降低误报率，所有探测器均应配备防潮底盒。

2. 公共区内成组布置的商业服务设施火灾自动报警及联动设计

根据《民用机场航站楼设计防火规范》（GB 51236），航站楼公共区商业服务设施通常成组布置并划分防火舱。为确保防火安全，每间商业服务设施均设有防火卷帘与公共空间分隔。在该防火卷帘的联动控制设计上，不应简单照搬规范条文，而是根据实际需求，设定只有当商业服务设施内两只独立的火灾探测器同时动作时，自动报警系统才会联动防火卷帘降落至楼板面；而当商业设施外公共空间的火灾探测器动作则不触发此联动。这一设计旨在在火势蔓延时迅速隔离火源，同时减少不必要的恐慌。

此外，考虑到商业服务设施在日常运营中可能发生的二次装修、拆改等情况，为减少对周边火灾自动报警设备的影响，商业服务设施内的火灾探测器应接入独立的火灾报警回路内，确保报警系统的稳定性和准确性。

8.5 其他消防电气监控系统

8.5.1 电气火灾监控系统

电气火灾监控系统是航站楼建筑电气消防系统的重要组成部分，它利用传感器和计算机控制技术，实时监测电气线路上的关键参数变化，包括漏电、负载、短路、接触电阻超标、温度异常、电火花及电弧等。一旦监测到被保护线路中的参数超过预设报警阈值，系统能立即发出报警信号和控制指令，并精准显示报警位置，从而有效保护用电设备，预防电气火灾的发生。

在机场航站楼这一特殊环境中，电气火灾监控系统尤为关键。

系统通常由电气火灾监控器、剩余电流式探测器、测温式探测器、故障电弧探测器以及系统管理工作站等核心组件构成。鉴于航站楼供电系统的高可靠性要求，系统在发现异常时仅发出报警信号，不直接切断电源。为了满足消防规范要求，监控器与管理工作站均设置在消防控制室。同时根据机场运营分工界面，为满足日常管理需求，在设备监控室或 TOC 也设有日常管理工作站，系统框图如图 8-5-1 所示。

监控点的规划方案，建议非消防负荷配电回路在楼层配电箱进线处设置剩余电流式和测温式探测器；对于高度超过 12m 的照明线路，则特别配置具备故障电弧探测功能的探测器。具体报警阈值设定如下：剩余电流报警值设为 300mA，系统具备自然泄漏电流补偿功能；测温式探测器设定报警温度为 75℃；故障电弧探测器在 1s 内检测到 14 个及以上半周期故障电弧时，将在 30s 内触发报警。

此外，电气火灾监控器发出的报警信号和故障信息将实时传送至火灾自动报警控制器（联动型），并在消防控制室的图形显示装置上清晰展示，确保与其他报警信息区分明确，为快速响应和准确处理提供有力支持。

8.5.2 消防电源监控系统

消防电源监控系统是消防设备电源管理的重要工具，能够实时、精准地监测消防设备电源的工作状态。系统主要由消防设备电源状态监控主机、监控模块以及各类传感器组成，通过集成工业计算机技术、通信技术、抗电磁干扰技术以及数字传感技术，确保消防设备的电源供应稳定可靠，为机场航站楼的安全运营提供了坚实保障。为了满足消防规范要求，监控器与管理工作站均设置在消防控制室。同时根据机场运营分工界面，为满足日常管理需求，在设备监控室或 TOC 也设有日常管理工作站，该管理工作站可与电气火灾监控系统及防火门监控系统共用，系统框图如图 8-5-2 所示。

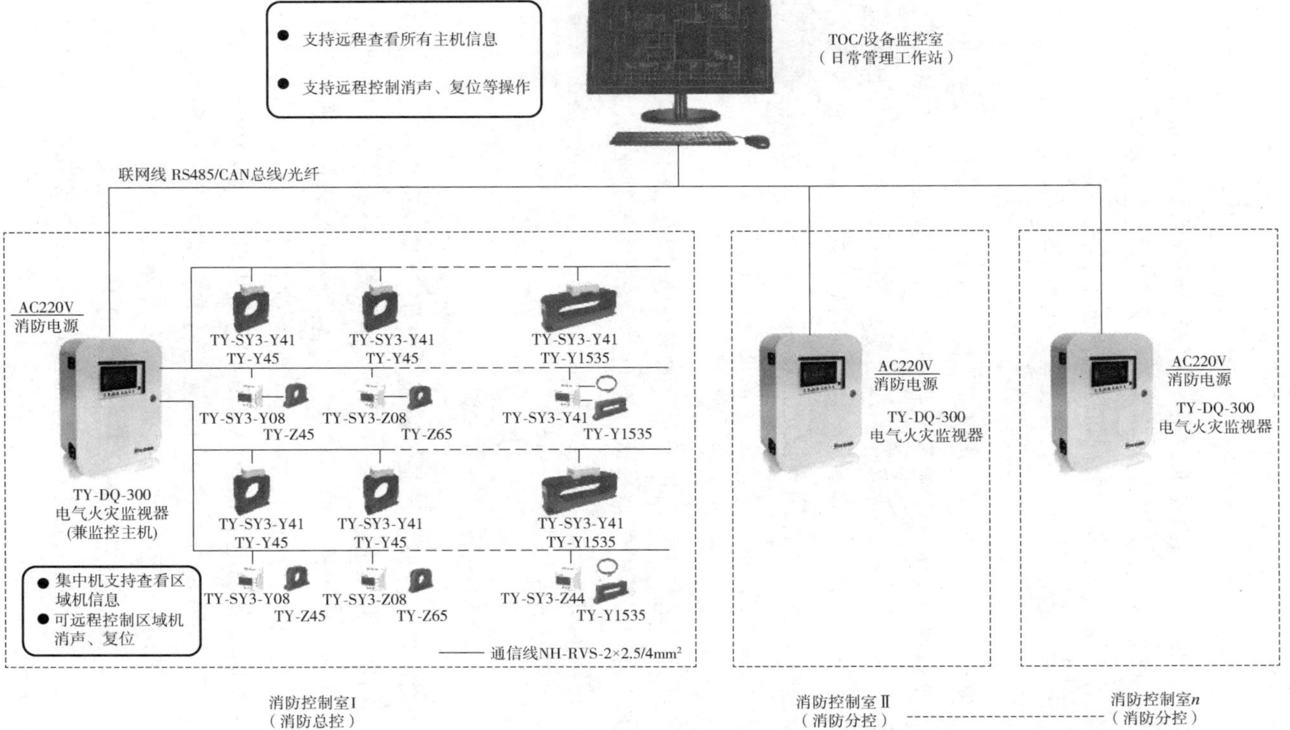

图 8-5-1　电气火灾监控系统框图

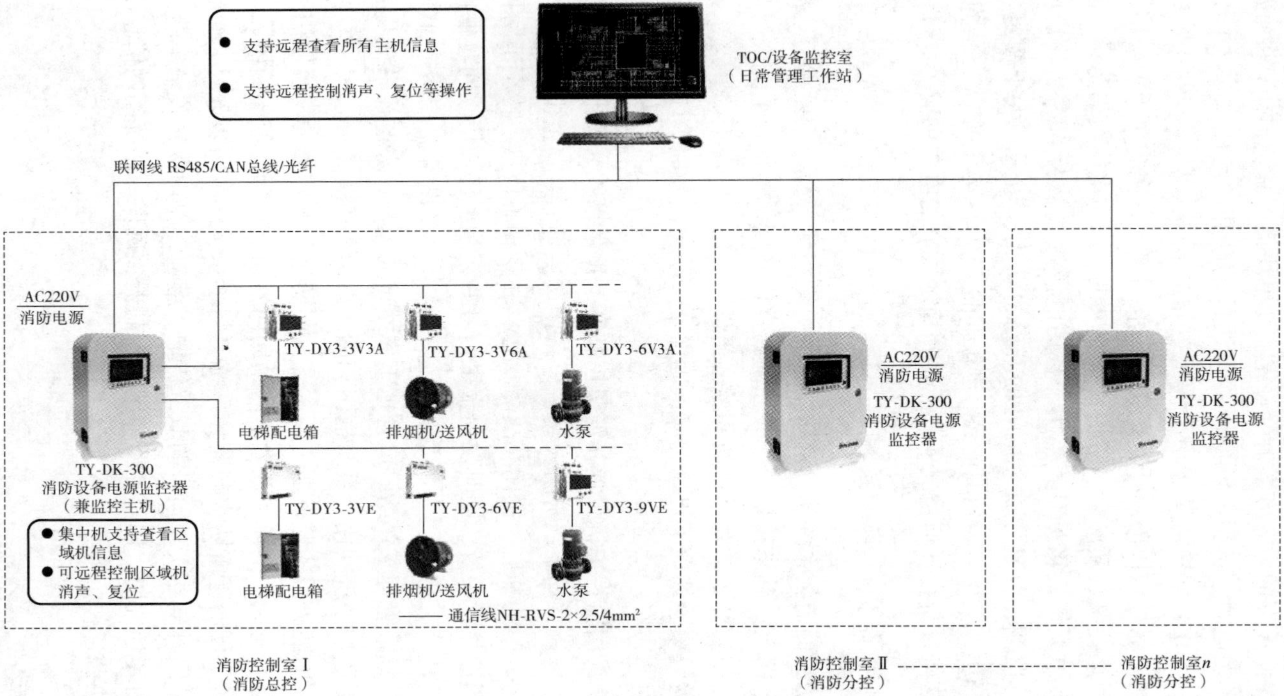

● 支持远程查看所有主机信息
● 支持远程控制消声、复位等操作

TOC/设备监控室
（日常管理工作站）

联网线 RS485/CAN总线/光纤

AC220V
消防电源

TY-DK-300
消防设备电源监控器
（兼监控主机）

● 集中机支持查看区域机信息
● 可远程控制区域机消声、复位

TY-DY3-3V3A
电梯配电箱
TY-DY3-3V6A
排烟机/送风机
TY-DY3-6V3A
水泵

TY-DY3-3VE
电梯配电箱
TY-DY3-6VE
排烟机/送风机
TY-DY3-9VE
水泵

—— 通信线NH-RVS-2×2.5/4mm²

消防控制室 I
（消防总控）

AC220V
消防电源
TY-DK-300
消防设备电源监控器

消防控制室 II
（消防分控）

AC220V
消防电源
TY-DK-300
消防设备电源监控器

消防控制室n
（消防分控）

图 8-5-2　消防电源监控系统框图

在监控点的设置方案上，首先在变电所低压系统中，对接有消防设备主电源、备用电源变压器母线段的缺相、超压（大于额定电压的110%）及欠压（小于额定电压的85%）等工作状态实施监控，确保母线段的运行状态在正常范围内。其次，对于消防控制室、消火栓泵、喷淋泵、防烟和排烟风机、消防电梯等消防设备的末端双电源切换箱，对其主用、备用电源进线端及ATS后输出电源进行监测，分别监视相应处的开路、缺相、超压（大于额定电压的110%）及欠压（小于额定电压的85%）等工作状态信息，确保这些设备在任何情况下都能得到稳定可靠的电源供应。

8.5.3 防火门监控系统

防火门监控系统作为消防安全的关键组成部分，主要承担疏散通道上防火门状态监控及开关控制的重任。该系统整合了防火门监控器、门磁开关、联动模块等核心组件，实时追踪防火门状态，并在火灾等紧急情况下迅速响应，确保常开防火门及时关闭，有效阻断火势蔓延。

防火门监控主机设置在消防控制室，负责接收火灾报警控制主机的指令，并向下级分机及终端设备传达执行命令。主机能够清晰显示防火门的开启、关闭及故障状态，并将相关信息上传至消防控制室图形显示装置，同时发出报警信号并记录事件详情。同时根据机场运营分工界面，为满足日常管理需求，在设备监控室或TOC也设有日常管理工作站，该管理工作站可与电气火灾监控系统及消防电源监控系统共用，系统框图如图8-5-3所示。

常闭防火门的监控通过门磁开关与防火门监控器的配合使用实现。常开防火门的监控依赖于联动闭门器与防火门监控器的协同工作。对于同时配置防火门监控系统与门禁系统的常闭防火门，通过设置中间继电器实现信号的双重传输。继电器将门磁开关采集的信息同时传递给防火门监控器与门禁控制器，确保两系统间的信息同步与协调运作。

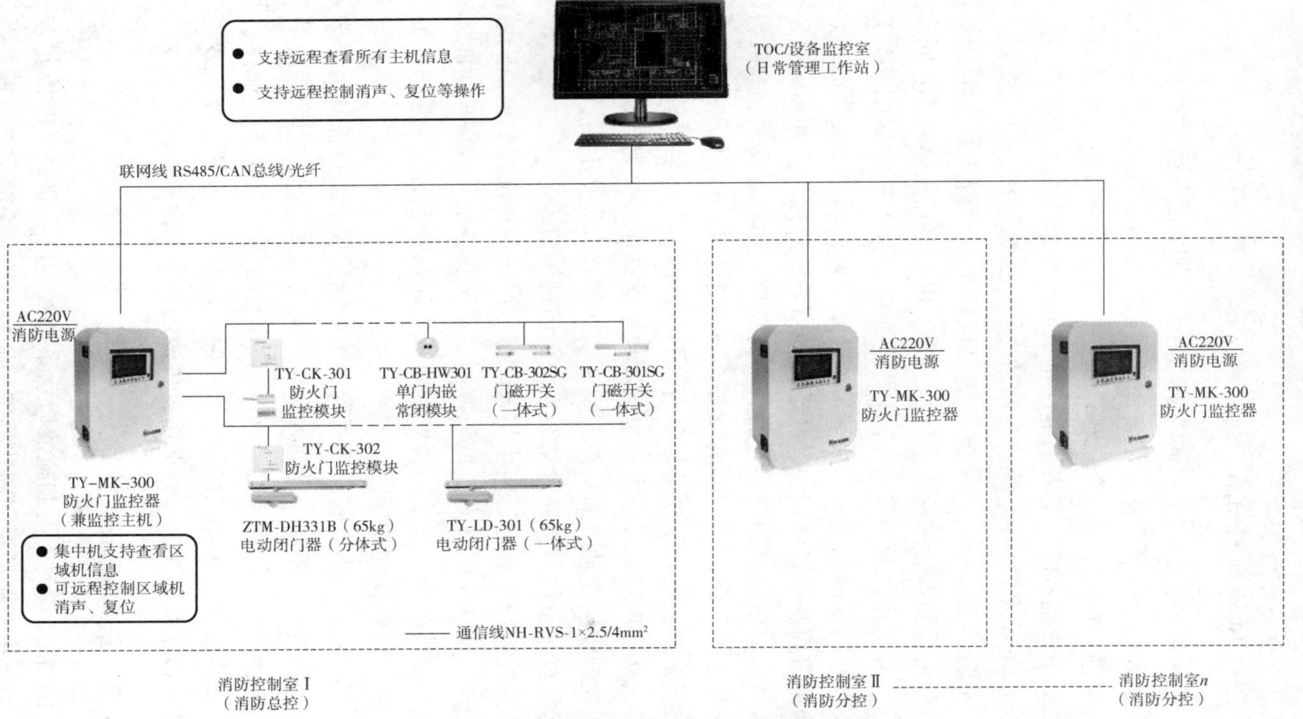

图 8-5-3　防火门监控系统框图

8.5.4 排烟窗监控系统

机场航站楼公共空间通常采用自然排烟方式，各防烟分区均在幕墙和天窗处设置消防联动自动开启的排烟窗，火灾时开启相应的排烟窗进行自然排烟。目前排烟窗的控制方式有气动与电动两种类型，由于篇幅有限，笔者以电动排烟窗监控系统为例进行介绍。

电动排烟窗监控系统作为航站楼特别是大型机场航站楼安全体系的重要组成部分，系统核心配置包括主控管理平台、消防总控箱、分级控制器、螺杆式电动开窗器、电子多点锁驱动器、同步控制器、手动开关及紧急按钮等关键部件，系统框图如图 8-5-4 所示。其联动控制机制尤为关键：当防烟分区内确认发生火灾，火灾自动报警控制器将迅速通过联动排烟窗消防总控箱，在 60s 内完成该区域所有电动排烟窗的开启。消防总控箱的状态反馈、故障报警及排烟窗的开闭信号均实时反馈至火灾报警系统，实现远程操控。火灾确认时，消防联动信号享有最高优先级，其他信号暂时失效。

电动排烟窗的开启方式包括就地手动操作、火灾自动报警系统总线控制模块联动及消防控制室手动开启。火灾扑灭后，消防控制室可复位开窗信号，通过总线模块关闭排烟窗。

主控管理平台通过网络与各防烟分区内的电动排烟窗消防总控箱相连，实现实时状态监控与控制。系统具备防失效保护功能，确保在火警情况下，无论因何原因造成控制信号不稳，排烟窗均能自动开启，保障排烟功能。

主控制箱提供火灾自动报警系统控制模块干接点控制信号输入端子与直接硬线控制信号输入端子，实现与火灾自动报警系统的无缝对接。同时，提供干接点反馈信号输出端子，将消防总控箱状态、故障信息及开窗到位信号等实时反馈至报警系统。通信线缆由电动排烟窗系统提供，确保信息传输的准确与高效。

8.5.5 疏散指示系统

1）消防应急照明和疏散指示系统按消防应急灯具的控制方式可分为集中控制型系统和非集中控制型系统。系统配电应根据系统

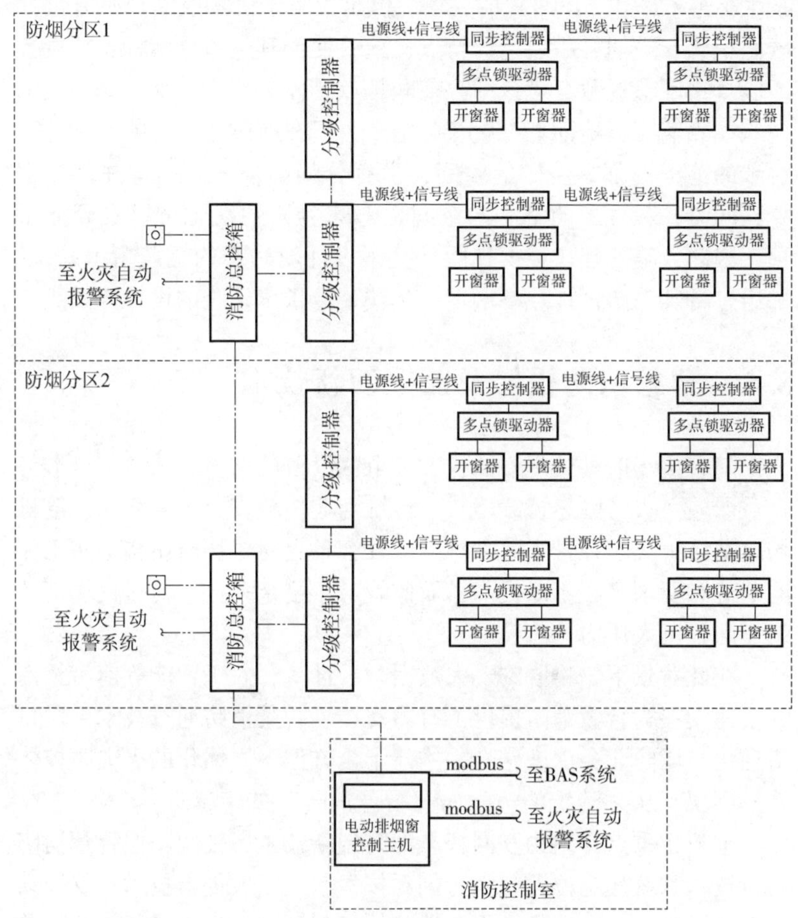

图 8-5-4　电动排烟窗控制系统框图

的类型、灯具的设置部位、灯具的供电方式进行设计，可分为集中电源供电方式和灯具自带蓄电池供电方式。对于设置消防控制室的机场航站楼，一般采用集中电源集中控制型系统。

2）系统由应急照明控制器、应急照明集中电源装置和集中电源集中控制型消防应急灯具等组成。

3）机场航站楼内疏散指示标志的设置应满足《消防应急照明和疏散指示系统》（GB 17945）及《消防应急照明和疏散指示系统

技术标准》（GB 51309）的要求。但是，由于机场航站楼具有公共区面积大、空间开敞通透等特点，这就使得其疏散指示标志的设置不能直接硬套规范，应该结合空间特点具体分析。例如，普通民用建筑在隔墙靠近地面处设置疏散指示，但在航站楼，可能在长达数百米的范围内都是空旷的空间，没有分隔墙，甚至结构柱都非常少，同时，数百米的空旷的空间也意味着人的视觉可以看到非常远。因此，笔者建议根据视距计算来设计航站楼的疏散指示系统，并通过特殊消防设计最终确定航站楼疏散指示系统的设计方案。

8.6 智慧消防报警及监控创新技术

随着机场航站楼规模的扩大和电气设备的增多，消防安全形势日益严峻。火灾隐患持续增长，传统与非传统安全因素交织，给机场航站楼火灾防控带来巨大挑战。社会各界对机场航站楼消防工作的期待和要求也在不断提高，而监管对象复杂多样，使得机场消防工作面临巨大压力。

在此背景下，物联网、大数据、云计算、人工智能等前沿技术的快速发展为智慧消防提供了有力支撑。智慧消防通过技术手段将信息化与消防业务深度融合，构建了全方位、立体化的火灾防控体系，实现了从“传统消防”向“智慧消防”的跨越。

本节将重点介绍物联网智慧消防创新技术、视频图像智慧消防创新技术和蓝牙定位智慧消防创新技术，这三大创新技术不仅推动了消防设备的升级迭代，更在消防技术与理念上实现了革新。随着科技的不断进步和政策的有力支持，智慧消防将成为未来机场航站楼消防设计的重要发展方向。

8.6.1 物联网智慧消防创新技术

物联网智慧消防系统作为机场航站楼电气设计的重要创新，其核心理念在于通过物联网技术，实现火灾预防、初期火灾的快速响应，以及消防设施的智能化管理与监测。这一系统不仅优化了消防设施检查和测试流程，更确保了各类消防设施的稳定运行，从而构筑起一道坚实的消防安全屏障。

系统采用层次化、模块化设计，由感知层、传输层、数据处理层、系统应用层和服务对象构成，形成了一套高效、智能的消防管理体系，如图 8-6-1 所示。感知层负责实时采集消防设施数据，传输层则利用有线或无线网络实现数据的高效传输。数据处理层则负责数据的存储、处理与分发，为系统应用层提供全面、准确的数据支持，同时可提供定制化云服务。系统应用层则通过智慧感知、智慧管理等功能，实现对消防设施的全面动态管理。

在机场航站楼的应用中，物联网智慧消防系统展现了其独特的优势。云平台作为系统的核心，集警情监测、数据分析、智能化管理于一体，实现了对消防设施的远程监管与信息共享。火灾自动报警系统的物联网化改造，使得火警信息能够即时传输，大大提高了应急响应效率。同时，室内消火栓系统、自动喷水灭火系统等关键设施，通过无线监测装置，实现了实时监测与智能管理，极大地提升了消防安全保障能力。

此外，对于机场航站楼中的自动跟踪定位射流灭火系统，物联网技术的引入，使得系统能够即时接收报警、故障等关键信号，实现远程核实火情并一键启动操控。这一创新不仅提高了巡查精度，更在远程预警、人员疏散、靶向灭火等方面展现出显著优势。

综上所述，物联网智慧消防创新技术以其高度的智能化、高效性和精准性，为机场航站楼等建筑电气设计领域带来了革命性的变革。随着这一技术的不断发展和完善，将为构建更加安全、智能的建筑环境提供有力支撑。

8.6.2 视频图像智慧消防创新技术

视频图像智慧消防创新技术应用大数据、人工智能等技术，充分利用航站楼内既有视频监控系统资源，特别是在出发大厅、安检大厅、候机大厅、行李提取大厅等大空间及行李库房与输送系统夹层等特殊区域，实现了高效火灾探测。该技术以较低成本显著提升了火灾报警效能，为降低火灾风险、减少损失、维护社会安全提供了有力保障，如图 8-6-2 所示。

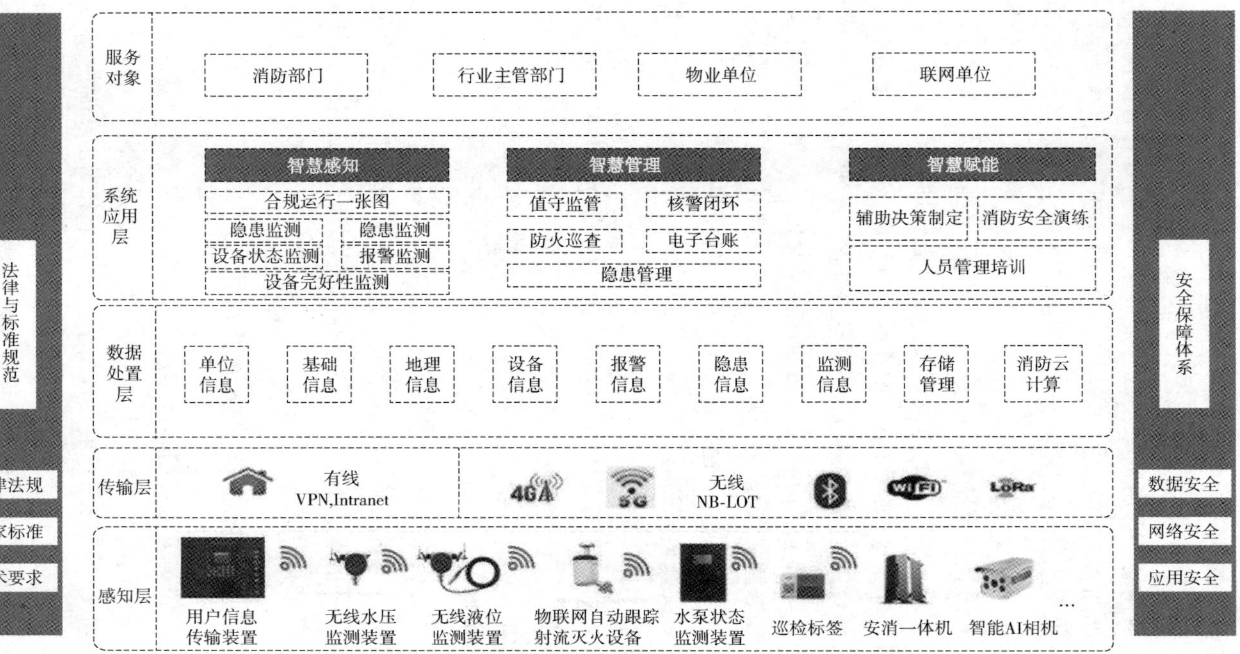

图 8-6-1　物联网智慧消防架构图

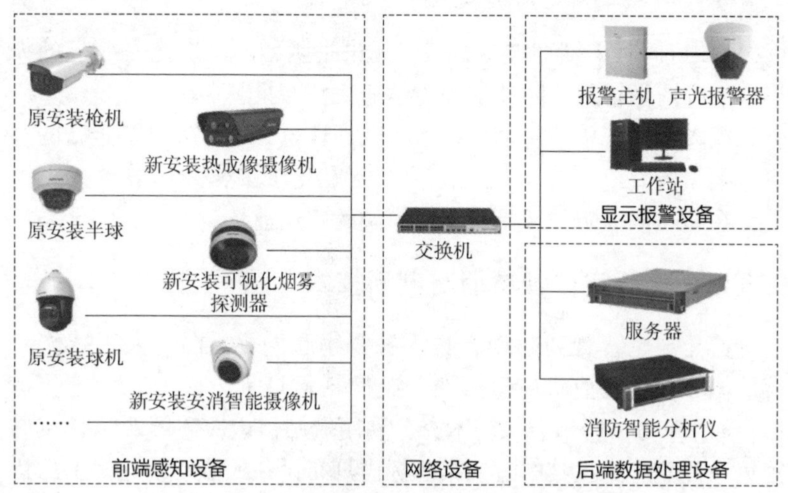

图 8-6-2　视频图像智慧消防系统框图

相较于传统火灾报警系统，视频图像智慧消防技术作为有效补充，展现了其独特的优势。该技术的主要特点如下：

1）探测速度快。传统的感温或感烟探测器需要探测器处的烟雾浓度或温度达到设定数量值才能报警，探测时间通常超过 1min，甚至长达几分钟。而采用视频图像模式识别火灾，可在火灾视频图像出现的 10～30s 内发现烟雾或火焰并发出火灾报警信号，为灭火救援提供宝贵的时间。

2）火灾探测可视化。相对于传统的火灾报警系统，视频图像智慧消防技术最大的优势是可视性。一般情况下，所有的火灾报警系统都存在一定的误报率，当出现火警时，由于传统的火灾报警系统无法看到火灾现场的实际情况，也就无法确定是火警还是误报。而视频图像智慧消防技术是在视频图像上发出的报警，消防值班人员可以根据图像很方便地确认火警或误报。

3）精准定位火灾。视频图像智慧消防技术具备实时存储报警图片功能，有助于快速定位火源。当消防人员到达现场后，可根据最初的火灾图片，判断起火点和起火原因。即使火场烟雾弥漫，消防人员仍能通过火警信息存储功能，准确地找到起火部位，采取有效措施扑灭火灾。

4）可同时识别烟雾和火焰。无论是阴燃的烟雾还是明显的火焰，视频图像智慧消防技术都能迅速识别并报警。

视频图像智慧消防创新技术为航站楼电气设计提供了全新的解决方案，极大地提升了火灾防控的智能化水平，大幅减少火灾损失，在航站楼消防领域具有非常广阔的应用前景。

8.6.3 蓝牙定位智慧消防创新技术

蓝牙定位智慧消防创新技术融合物联网（IoT）、人工智能及大数据分析，在消防应急照明与疏散指示灯具中嵌入蓝牙定位信标，如图 8-6-3 所示。该技术充分利用航站楼内应急照明灯具布局密集、覆盖广泛且其中疏散指示标志灯布设在人流动线地面上的特点，实现消防疏散与室内精准定位的双重功能。在日常运营中，该技术可服务于旅客的室内高精度定位导航；在紧急情况下，则能迅速转化为应急疏散与救援的利器。

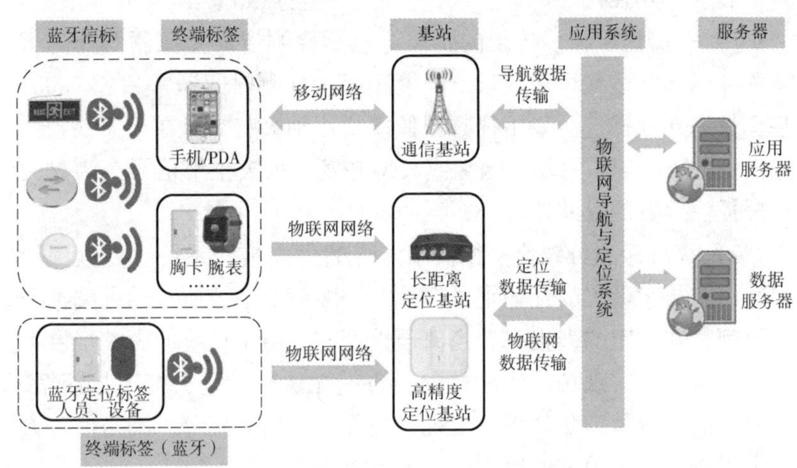

图 8-6-3 蓝牙定位智慧消防疏散系统框图

该技术的主要优势如下：

实时动态调整：基于蓝牙定位，系统能实时感知环境与用户位置，动态规划疏散路径，突破传统固定路线的局限。

个性化疏散指导：通过精准定位，为每个用户提供定制化疏散方案，提升疏散效率，避免拥堵。

高精度定位：相比传统系统，蓝牙定位技术提供更精确的位置信息，确保疏散安全。

易维护升级：软件与蓝牙定位的结合，使系统维护升级更为便捷，适应性强。

增强安全性：遇险人员可一键求救，精准定位发送至消防控制室，提高救援效率。

成本效益高：整合定位与消防照明，降低独立铺设蓝牙信标及其相关设备的成本；同时免去后续更换蓝牙信标更换纽扣电池的维护工作。

大型机场航站楼因其体量大、功能复杂、人流量大等特点，对日常人员通行与紧急定位需求高。蓝牙定位智慧消防技术的应用，不仅满足应急疏散需求，还可实现日常定位导航及紧急救援，并为未来物物互联提供了技术基础。随着技术发展与市场需求增长，该技术将在航站楼中发挥日益重要的作用。

第9章　机电节能及管理系统

9.1　概述

机电节能及管理通常包含两部分内容，一是机电各类设备的选择，二是管理系统（如建筑设备监控系统、智能供配电系统、能源管理系统等）的选择。

9.1.1　分类、特点及要求

1. 机电设备及节能管理分类

航站楼的机电设备可以根据其使用功能和用途进行分类。主要包括以下几类：

（1）电力系统

包括电力配电系统、电气照明系统、自备电源系统、可再生能源以及电力监控系统等。照明系统主要为建筑物提供照明设施，可以通过智能化控制实现自动开关和光线调节，提高节能效果。电力监控系统用于实时监测和控制电能的使用情况，提高电力利用效率。

（2）空调系统

用于调节航站楼内部的温度、湿度和空气质量。智能化控制可以根据楼内不同区域的空气质量（包括温度、湿度、CO_2、PM2.5、PM10、TVOC）和人员数量来实现自动调节，提供舒适的环境。

(3) 地板辐射供暖系统

用于辅助调节航站楼内部的温度。智能化控制可根据不同区域的温度自动调节相关设备，为北方地区冬季采暖提供更优的节能措施。

(4) 给水排水系统

给水系统是指楼内供水的系统，可以通过智能化控制来进行监测和调节水流量。排水系统用于将楼内的废水排放出去，可以通过智能化控制来检测和控制排水管道的状况，提高排水效率。

(5) 电扶梯、步道

主要用于乘客或物品的垂直及水平运输。智能化控制可以实现电梯运行的监测和调度，提高运行效率和安全性。

2. 机电节能的特点

(1) 高效能源利用

建筑机电节能设计注重高效能源利用，通过选择高效节能设备、优化系统运行方式，降低能源消耗。

(2) 系统优化设计

通过对建筑机电系统的全面分析，找出能耗瓶颈，提出优化方案，实现系统的高效运行。

(3) 智能化控制

通过智能化控制系统，实现对建筑机电设备的实时监控和智能调节，确保设备在最佳状态下运行，减少能耗。

(4) 环保材料应用

采用环保材料不仅可以减少对环境的污染，还可以降低能耗。

(5) 绿色建筑设计

绿色建筑设计强调建筑与环境的和谐共生，通过合理的建筑布局和设计，来减少建筑对环境的影响。

(6) 能耗监测管理

通过对机电设备的能耗进行实时监测，及时发现能耗异常，提出改进措施，确保设备的节能运行。同时，通过能耗数据的收集和分析，为建筑的能源综合管理和后续节能改造提供数据支持。

(7) 可持续技术创新

通过不断的技术创新和研究，推动建筑机电节能技术的不断进步和发展。例如，研究和开发新型高效节能设备、优化系统运行算法等，提高建筑机电节能的效果和水平。

(8) 成本效益分析

通过对节能措施的投资成本和节能效益进行分析与比较，判断节能措施的经济效益和可行性。

3. 机电节能基本要求

随着全球对可持续发展的日益重视，建筑机电节能成为了行业内的核心要求。以下是对建筑机电节能的主要要求：

(1) 高效节能设备选用

建筑机电节能的首要要求是选用高效节能的设备。在选择设备时，需要综合考虑其能效比、节能效果、使用寿命以及维护成本等因素。

(2) 能源管理系统集成

通过集成能源管理系统，可以对建筑内的各种能源使用情况进行实时监控、分析和优化。

(3) 智能照明控制

通过智能照明控制系统，可以根据室内外的光照情况、人员行为等因素自动调节照度，实现节能减排。此外，智能照明控制还可以与建筑的其他系统（如空调系统）进行联动，进一步提高能效。

(4) 空调系统优化

空调系统优化包括使用高效能的空调设备、优化空调系统的运行策略、提高空调系统的自动化水平等。

(5) 能源监测与审计

通过对建筑内的能源使用情况进行实时监测和数据分析，可以发现能源使用中的问题和瓶颈，提出改进措施。

(6) 可再生能源应用

可再生能源如太阳能、风能等具有清洁、可再生等特点，可以显著降低建筑的碳排放。

(7) 节能设计与规划

在设计阶段，应充分考虑建筑的功能、所处地理位置、气候条件等因素，进行合理的节能设计。

（8）维护与运行优化

定期对建筑内的各类机电设备进行维护和保养，使其处于良好的运行状态。同时，通过对设备的运行数据进行分析，可以发现潜在的问题和节能空间，提出相应的优化措施。

9.1.2　本章主要内容

1）系统设计：涵盖建筑设备监控系统、建筑能效监管系统两部分内容；对机电设备的系统控制、监测内容、数据采集等加以描述。

2）节能管理：主要介绍包括设备本身的节能管理，控制系统的节能措施以及运维过程中的检查、保养、维修。

3）可再生能源的利用：简要介绍太阳能光伏发电的特点、系统模式及运营模式；地源热泵系统的特点、系统组成、工作原理；以及对直流和柔性用电的特点、原理和利用加以说明。

4）创新技术应用：通过智慧运维管理平台创新技术、综合能源管理平台创新技术和交直流柔性互联装置创新技术的应用的总结，对未来可持续发展做出展望。

9.2　建筑节能系统设计

9.2.1　建筑设备监控系统

1. 系统平台

（1）基本要求

建筑设备管理平台应具有各子系统之间的协调、信息的全局管理和对应急事件的处理能力。具体要求如下：

监控系统的运行参数；检测各子系统及控制设备对控制命令的响应情况；显示并记录各种检测数据及设备的运行状态、故障报警等信息。

（2）系统规模的确定

按监控点数量进行系统规模划分见表9-2-1。

表 9-2-1　按监控点数量进行系统规模划分

系统规模	实时数据点数量(硬件点)
小型系统	1999 以下
中型系统	2000 ~ 4999
较大型系统	5000 ~ 9999
大型系统	10000 及以上

按投资额及航站楼规模划分见表 9-2-2。

表 9-2-2　按投资额及航站楼规模划分

规模	控制点数	系统一次性投资	航站楼规模
小型系统	2000 以下	400 万元以下	5 万 m^2 以下
中型系统	5000 以下	1000 万元以下	12 万 m^2 以下
大型系统	10000 以下	2000 万元以下	30 万 m^2 以下
超大型系统	10000 以上	2000 万元以上	30 万 m^2 以上

(3) 系统结构的确定

系统结构可采用两种形式：

1) 网络 + 总线结构：网络设备与现场控制总线满足不同设备的通信需求，网络交换机与现场控制器之间利用网络控制器连接，如图 9-2-1 所示。

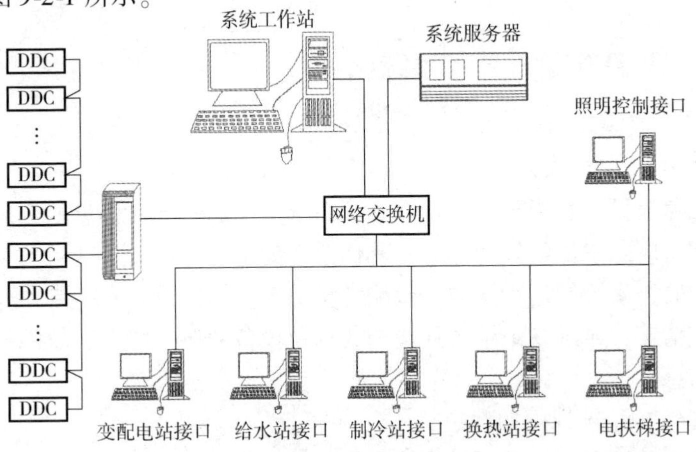

图 9-2-1　建筑设备监控系统图（一）

网络控制器一般是作为协议转换使用，功能复杂的网络控制器可以实现数据存储、程序处理以及路由选择等功能，也可直接扩展接入输入输出模块，起到现场控制器的作用。

2）以太网结构：利用以太网分流现场控制总线的数据量，结构相对简单、通信速率快、布线简单，是目前建筑设备监控系统的主流发展方向，如图 9-2-2 所示。

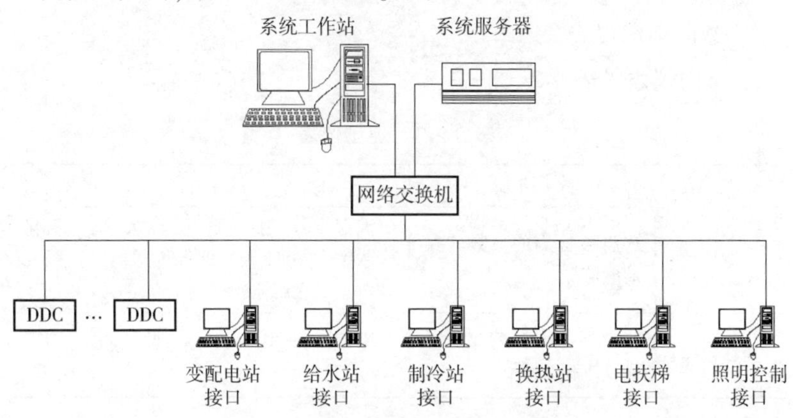

图 9-2-2　建筑设备监控系统图（二）

上述两种系统结构，均可满足航站楼建筑设备监控系统的使用要求。

2. 管理系统

基于 TCP/IP 或 BACnet 协议，对系统进行有效的管理和控制，实现不同区域间的数据交互。此系统基于浏览器/服务器结构，管理层支持 Web 数据访问方式。

管理系统由服务器（由于机场功能复杂、数据量大、联动控制需求多，因此至少配置两台服务器，满足互为备份的要求）、存储设备、管理工作站等组成，服务器具备连接数据库的能力。服务器及存储设备建议设在数据中心机房内，航站楼在运行指挥中心内设置系统的工作站，同时配备运维人员，对系统及设备及时进行维护。

3. 系统设备

(1) 现场控制器

现场控制器是安装于被监控设备附近的专用控制设备，把现场设备的运行参数进行采集和测量，并将所采集的数据传输给管理系统对数据进行控制运算，通过运算结果输出控制信号至现场执行机构。

现场控制器一般安装在被控设备较为集中的场所，例如冷热源机房、水泵房、空调机房等；当水泵、风机等受控监控设备较为分散并且监控信号数量较少时，现场控制器宜设置在弱电间或相对集中的控制箱附近，尽量减少管线敷设。

（2）现场仪表

现场仪表见表 9-2-3。

表 9-2-3　现场仪表

现场仪表	设备功能	包含内容
检测仪表	将被检测的参数转换成电信号	温湿度、压力、流量、压差、水位、一氧化碳浓度、二氧化碳浓度等传感器以及照度和电量变送器等
执行仪表	根据数据对被控制量进行控制或调节	电动风阀、电磁阀、电动调节阀、电动蝶阀等

4. 系统功能

1）按建筑设备管理系统设计规划，航站楼设相对独立的建筑设备监控管理子系统，建筑设备监控系统是整个建筑设备管理系统最基础的部分。

2）采用集散控制系统，通过现场控制器、传感器、执行机构等，对各类机电设备进行检测及控制管理。

3）建筑设备监控系统主要包括冷热源系统控制、空调通风系统控制、给水排水系统控制等，涉及设备包括定风量或变风量空气处理机组、新风处理机组、进风机、排风机、热交换设备、循环水泵（一次、二次）等设备监控。

4）通常情况下，现场控制器可自主运行，包含 ROM、EPROM、Flash-EPROM 以及后备电池等元器件，同时配置以太网卡和 RS485 等通信接口，采用模块化设计，具有过电压保护功能，维护工程师可以实现现场编程和操作。

5）允许用户根据该区域当前的占用情况，利用 AODB（机场运营数据库）的数据信息来管理通风、空调以及给水排水系统。

6）建筑设备监控专业管理软件完成整体监控要求，设 OPC 服务器协助接入 IBMS。

7）建筑设备监控系统主要监控功能：

①每个区域的通风和空调命令（开、关）。

②根据航班信息而定的通风和空调运作安排。

③根据航站楼运行时间而定的通风和空调安排。

5. 主要监控内容

主要监控内容见表 9-2-4。

表 9-2-4 主要监控内容

分类	设备类型	监控内容
空调水系统	冷水机组/热泵	冷凝器、蒸发器进出口的温度、压力检测，确保冷却水温度满足冷水机组/热泵设定温度的要求；监测水流开关状态，根据开关信号的状态关闭设备；检测冷水机组/热泵的启停和故障状态，可按顺序或预定时间自动控制设备启停，也可远程手动控制设备启停
	热交换机组	检测一二次侧水的进出口温度、压力，并将二次侧水的出水温度与预设值进行比较，控制一次侧水的调节阀，通过改变一次侧水的供给量，调节二次侧水的供水温度
	水泵	水泵进出口的压力检测，检测水泵启停和故障状态，按设定时间或系统顺序自动调整水泵的运行台数和转速
	分集水器	检测分集水器供回水的温度、供水压力、供水流量等数据，系统根据上述数据进行供冷/热量计算，也可作为收费参考
	冷却塔	检测冷却塔风机的启停及故障状态，按设定时间或系统顺序自动调整冷却塔风机的运行台数和转速；自动调节旁通阀的开度
	冷源群控系统	启动顺序（开启冷却塔蝶阀、启动冷却塔风机、开启冷却水蝶阀、启动冷却泵、开启冷冻水蝶阀、启动冷冻泵，水流开关检测到信号后，开启冷水机组）；停止顺序（与启动顺序相反）

（续）

分类	设备类型	监控内容
室外空气参数	温湿度监测	分别在建筑的室外有代表性区域(或者室外有代表性的进风风道中),设置室外温湿度传感器,实时测量室外空气的温湿度参数,并将这几组数据在系统中求取平均值(算数平均),作为室外空气实时温湿度的代表性参数
空调/新风系统	空调/新风机组	送风温湿度、送风量;冷凝排风的温湿度、排风量(包括室外新风冷凝和室内排风冷凝);新风温湿度及预冷后新风的温湿度;机组内压缩机、风机等设备的运行状态、故障报警及手/自动状态;风机的运行频率及故障报警;新风/排风电动风阀的启停及状态;过滤器压差报警
显热空调末端设备	风机盘管	宜采用联网型风机盘管控制器,将其纳入集中控制系统之中
	大型柜式空调机组	送风温湿度,回风温湿度监测;风机的运行频率及故障报警状态;回水管的电动调节水阀的启停控制及开启度控制 空调末端设备的控制目标为控制空调区域的温度保持稳定,主要控制要求如下:通过监测回风温度与室内温度的差值控制风机变频,调节送风量,以满足室内显热负荷需求;通过调节电动调节水阀的开度,控制送风温度在设定值。送风温度设定值可根据室外温度变化及室内温度要求进行优化设定;盘管电动调节水阀与送风机连锁启停
通风系统	送/排风机	按设定的时间程序自动启/停,也可以根据航班动态信息控制启/停时间的变化。监控送排风机工作状态、手/自动状态、故障信号报警等,累计运行时间
排水系统	潜污泵	现场液位控制器设备成套提供,根据液位信号独立工作,两个水位控制污水泵(一用一备)的启/停,低水位停水泵,高水位启水泵;监视集水坑超高、超低水位;并监测泵的运行故障状态
照明系统	智能照明控制系统	通过系统编程可实现自动控制灯光;通过协议转换单元或采用公开协议通信,自动接收智能照明控制信号;通过集成航班到达及出发信息,联动控制各分区的空调系统

（续）

分类	设备类型	监控内容
空气质量	空气质量探测器	人员密度大或者旅客体验感要求较高的场所，例如值机区、安检区、候机厅等，监测该区域的空气质量，并能联动控制机组送风质量
水质监测	水质检测仪	检测生活给水的物理、化学及微生物指标
建筑设备	电扶梯/步道	检测其运行状态和故障状态；监测电梯楼层门的开关状态；当有多台电梯几种排列时，电梯系统应具备群控功能；监测扶梯、步道空载/负载时运行状态，并对运行速度进行调节，达到节能目的
供配电系统	智慧配电	通过智慧配电系统主机，读取供配电系统数据。主要包括高低压配电柜进、出线回路的开关状态、故障报警，能读取其电压、电流、频率、功率因数、有功功率、无功功率、电量等参数；读取变压器状态、运行温度和超高温报警信号并记录变压器运行时间；监测柴油发电机的油箱油位；监测不间断电源装置蓄电池组的电压及异常报警，并监测进出线开关状态

9.2.2 建筑能效监管系统

（1）基本要求

为了确保航站楼正常运行的用能需要并实现有效节能，建议建设建筑能效监管系统（能源管理系统平台），平台收集航站楼用水、用电、燃气用量等数据，对各类不同的能源使用进行监控与管理。通过能源监管平台可实现航站楼用能的分类、分项、分户的计量和收费，监测数据将为节能控制提供有效的数据支撑。

（2）系统组成

1）监控层。监控层主要由系统计算机、服务器、核心交换机、打印机、通信管理设备及软件部分等组成。通过对各类能耗的数据采集、统计、分析、显示、控制决策计算，并在满足逻辑时，对相关数据进行计算，对能耗数据进行统计和分析，同时提供多种系统接口，是软件系统的部署和运行站点。

2）网络层。一般基于机场的建筑设备网搭建，主要由交换机、数据采集器、网络线路等构成。将数据采集器所采集的各种能耗数据进行分析处理，并按企业所需的规则进行记录及数据存储，并把所有数据通过建筑设备网传送至系统监控层，同时传输系统监控层的控制命令至设备层设备以实现费控功能。

3）设备层。设备层主要由智能电表、智能水表、智能燃气表、智能能量表等组成。相应表具通过通信线就近接入数据采集器。

（3）系统功能

系统功能见表9-2-5。

表9-2-5 系统功能

数据管理分析	通过数据的初始化，生成用户分类报表，实现能耗同比环比分析、趋势分析。支持按日、周、月、季、半年、年或任意时间段进行用能数据查询，并能生成报表等
设备管理	实现不同功能分区的表计管理，定期对系统设备进行自动巡检，当数据出现异常时，工作站及时提示警告信息，并能明确显示该故障设备的类型、编号、所在区域位置等信息
实时报警	通信故障、过负荷、设备故障（表计、通信管理机）等报警
系统访问	获得权限的相关人员可通过移动终端应用或计算机网页登录的方式随时随地进行查看，不受地域限制
能源统计、收费管理	可按照运营需求进行能耗数据的分类管理，满足能源计量分析统计、收费管理的功能需求
建筑能耗管理模块	建立用能管理消费台账。系统提供实时抄表和数据补抄功能，统计查询具备数据过滤功能，操作人员可以自由选择数据过滤条件，便于查出任何想要得到的记录
系统监测及安全管理	通过高度准确的用能监测数据，减少用能过程中的“跑、冒、滴、漏”现象和计量误差；并结合设备使用情况，及时发现并改正运行过程中存在的能耗异常
小型气象站	获取气象信息的平台，通过该系统对气象数据进行整合和分析，融合相关的业务流程，减少人员操作误差

9.2.3 系统接口

1. 与航班信息集成系统

从数据库获取：航班的静态与动态、资源分配、登机桥状态、行李分拣盘状态等信息。控制相对应区域空调设备的启停和监视部分机电设备运行状态。

2. 与智能安防管理平台

从安防平台获取：控制指令。如当门被非法打开或发生报警时，智能楼宇综合管理系统接收到综合信息管理平台出入口控制系统的报警信号，打开报警区域灯光，便于视频监控系统进行录像、监控。

3. 与电力监控系统

从电力监控系统获取：开关设备的工作状态、运行时间、维修时间等；故障、跳闸、市电等报警信息；耗电量、最大需求量、功率因数等能源信息；各种不间断电源的工作状态、运行时间、维修时间等应急信息。

4. 与电梯、扶梯、自动步道监控管理系统

从电扶梯监控系统获取：电源状态、轿厢停靠位置等信息；故障、跳闸等报警信息；运行时间、呼叫等候时间统计；单位时间启动次数等统计信息；根据航班信息合理调整运行时间；紧急报警状态、消防操作、锁梯、备用电源操作等应急信息。

5. 与火灾报警系统

从火灾报警系统获取：火灾报警系统运行过程中主要位置参数、探测器及24V电源工作状态、故障报警以及紧急状况报警等各类实时参数。

6. 时钟系统

从时钟系统获取：校时信号，用于时间同步。

7. 环境噪声平台

从环境噪声平台获取：室外环境参数、室内温湿度、CO_2、PM2.5、PM10等参数，用于配合控制调节室内空调机组运行。

9.3 建筑设备管理节能

9.3.1 建筑设备节能

1. 对空调系统的优化控制

(1) 变风量和变水量系统

航站楼设备中用于风机、水泵的电动机耗能在系统能耗占比较

大，其中大多数设备适合采用调速运行。

变风量（Variable Air Volume，VAV）空调系统根据空调负荷的变化自动调节风机的转速，利用变风量末端设备调节房间送风量，达到控制房间温度的目的。系统风机采用变频控制，当空调送风量发生变化时，变频器可调节系统风机的转速，满足人员舒适性的需求，同时减小了风机的动力，可达到节能效果。

利用风机盘管的空调末端系统，可通过变水量系统，对水泵进行台数控制及转速控制。

（2）水泵变频技术

在空调系统的水泵运行中，因为工况的实时变化，水泵需随时调节，因此采用变频控制可达到水泵节能的目的。一般而言，通过实施变频控制可以降低40%～60%的能源消耗，其中节约的主要能耗来自设备选型偏大而产生的泵损耗以及由变频操作所带来的流量减小所引起的泵损耗。

（3）制冷机组节能技术

制冷机组是中央空调系统的最重要组成部分，同时也是耗能最大的设备，其能耗可占到空调系统总能耗的45%～73%。

因此制冷机组的节能至关重要，其节能主要分以下几个方面：①调整制冷机组的合理的运行负荷。②采用变频设备，调节机组压缩机的转速。③提高冷冻水温度。

2. 电扶梯、步道系统

机场因其交通建筑属性，楼内步行距离很长，因此建筑内配置了大量的电扶梯及步道供旅客使用。主要节能措施如下：

（1）扶梯、步道设置感应启动技术

在电扶梯步道安装感应器，当有人经过时自动启动，无人时则自动关闭或转入低功耗待机状态。

（2）智能调速技术

根据电扶梯/步道上行人和货物的数量及重量，自动调节电扶梯的运行速度，以减少不必要的能耗。

（3）变频调速电梯

电梯节能采用变频变压的控制方式及群控技术，电梯采用变频变压驱动供电比可控硅供电方式能耗可降低5%～10%，功率因数可提高20%左右。

（4）控制方式节能

电梯控制系统基本采用计算机控制，根据不同使用条件，分为计算机控制、单片机控制、PLC 控制等不同模式的控制系统。

为提高航站楼垂直及水平运输的输送效率并能满足客流量的需要，电梯群控技术非常重要，故应充分发挥计算机所具有的复杂数值计算能力、逻辑推理能力和数据记录能力，并通过多种算法实现电梯群控的优化控制。

3. 智能照明控制系统

“节能、智能科技与美学，21 世纪建筑业的主题”。灯光照明对于能源的消耗越来越大，因此引入了“绿色”照明的概念，其核心是最大限度采用自然光源、按时序自动控制、利用照度感应和人体感应等新技术。

智能照明控制系统通过计算机网络技术将照明设备进行在线控制，做到由控制中心进行统一管理的照明控制系统。智能照明控制系统一般由控制系统中心设备、控制信号传输系统、现场照明控制模块组成。

9.3.2 建筑智能化运维节能

1. 设备运行状态监管

（1）建筑机电设备监管

建筑设备管理系统的建设目的就是对机电设备进行监视、操作、控制等综合管理功能，最终实现节能的效果。

建筑设备管理系统设计时，会根据项目所在地的气候情况及建筑规模，设置最适合的风机运行、供冷供暖、给水排水策略，在满足建筑符合需求的前提下，尽最大可能节能。

（2）建筑机电设备能耗管理

“节能降耗，数据先行”，大量的能耗数据与设备运行数据是航站楼节能的基础。监测各类机电设备的运行情况、能耗数据，可有效地对航站楼的能效进行分析；再建立能耗模型，监控设备各项状态，优化系统配置，最终达到节能降耗的目的。

建设能耗管理体系，首先要做到能耗分类、分项、分级计量，明确航站楼中各个系统的实际用能数据。根据系统采集到的各项能耗数据以及未来发展空间，设定航站楼节能降耗的目标，并可根据用能数据衡量和检查各项节能措施、管理办法的效果，确保航站楼节能的健康发展，降低运行能耗。

2. 能耗统计分析及设备维护

（1）能耗统计分析

利用平台进行数据分析，使运营团队能针对不同阶段操作改进策略做到有据可查。

在能耗计量的基础上，建立以能耗数据为核心，应用于规划、设计、建设、验收、运行管理等全过程的航站楼节能管理体系，形成能耗数据贯穿始终，在不同阶段有不同能耗数据获取方法的全过程节能管理体系。

（2）设备维护

由于环境因素，建筑机电设备在运行一段时间后，都或多或少会出现不同的问题，如风机、水泵污垢增加，管道污垢沉积，电气设备绝缘层老化等。这些问题都需要通过对设备进行维护来解决。

设备的维护保养一般通过日常检查、定期保养、设备维修进行养护。

这些养护措施都是为了让设备保持在最佳运行状态，由此所产生的能耗也是最低的，以此达到节能的目的。

9.4 可再生能源应用

9.4.1 太阳能光伏发电系统

1. 建筑光伏发电系统模式

航站楼大多建筑规模大，屋顶面积和建筑表面积巨大，具备开展建筑分布式光伏发电系统建设的优势和潜力。这样既能承担一定的电力供应，也不占用土地资源，还可减少电费，提升经济价值。

光伏与建筑的结合有 BAPV 和 BIPV 两种模式，都可以通过逆变器和控制装置组成发电系统：

（1）BAPV 模式

建筑物与光伏发电系统相结合，把封装好的光伏组件（平板或曲面板）安装在建筑物的屋顶上，光伏组件的维护更换不影响建筑功能。

BAPV 模式下，光伏组件通常采用组合型光伏建筑构件和普通光伏组件，多采用晶体硅光伏组件。光伏组件可以根据要求调整安装朝向和安装角度，以获得最大的发电效益。但是由于其需要采用压块、导轨、夹具或支架固定于建筑屋面，对建筑效果有一定的影响，如图 9-4-1 所示。

图 9-4-1　BAPV 安装方式案例

（2）BIPV 模式

建筑物与光伏组件相结合，将光伏组件与建筑材料集成化，例如将太阳能光伏电池制作成玻璃栏板、光伏玻璃幕墙、光伏瓦、太阳能防水卷材等，与建筑物主体同时建设。

BIPV 模式下，一般采用复合型光伏建筑构件或复合型光伏建筑材料，集实用与装饰美观于一体，同时实现节能环保的目的，是今后光伏建筑发展的趋势，如图 9-4-2 所示。

BAPV 形式对光伏组件要求较低，且光伏组件朝向、倾角可控，发电效率高，故其每峰瓦综合造价相对 BIPV 形式较低；BIPV 组件采用复合型光伏建筑材料或复合型光伏建筑构件，安装朝向和

图 9-4-2　BIPV 安装方式案例（光伏屋顶）

安装倾角受到建筑限制，发电效率较低，故其每峰瓦综合造价相对较高。

由于机场航站楼对建筑效果要求高，光伏系统的建设应优先保证建筑效果，其光伏发电系统宜优先采用 BIPV 模式进行建设，且应与建筑专业协调确定组件的安装方式。

2. 光伏组件选择

太阳能光伏组件选择应根据光伏组件安装模式、安装位置、建筑效果及造价等因素综合考虑后确定，见表 9-4-1。

表 9-4-1　太阳能光伏组件选择

<table>
<tr><th colspan="2">常见光伏组件种类</th><th colspan="2">光电转化效率</th><th>优缺点</th><th>适用场景</th></tr>
<tr><td rowspan="2">硅基光伏组件(晶硅组件)</td><td rowspan="2">晶体硅</td><td>单晶硅组件</td><td>15% ~25%</td><td>转化率高、寿命较长、硅耗较大、成本较高</td><td rowspan="2">屋面、立面</td></tr>
<tr><td>多晶硅组件</td><td>17% ~20%</td><td>转化率较高、寿命较长、硅耗小、成本低</td></tr>
<tr><td rowspan="2">多元化合物薄膜光伏组件(非晶硅组件)</td><td>二元素 CdTe</td><td>碲化镉薄膜组件</td><td>10% ~17%</td><td rowspan="2">转化率高、成本较高、稳定性好</td><td rowspan="2">一体化光伏幕墙、光伏屋面</td></tr>
<tr><td>四元素 CIGS</td><td>铜铟镓硒薄膜组件</td><td>12% ~19%</td></tr>
</table>

3. 光伏组件安装方位角和安装倾角选择

光伏组件安装方位角和安装倾角需结合建筑朝向和建筑屋面形

式确定。当采用BAPV模式时，建议按建筑物当地最佳倾角设置。当采用BIPV模式，其安装方位角和安装倾角均无法调节，需与安装位置的建筑构件一致。对于光伏玻璃幕墙等发电系统，若组件安装面积不足，也可将组件布置在东、西方向，由于东西朝向的发电效率降低较多，故宜进行经济技术比较后确定。

4. 光伏接入方式

(1) 交/直流接入方式确定

当机场航站楼建筑内设置了直流配电系统时，光伏发电系统优先采用直流接入方式，其直流接入容量应根据直流配电系统容量确定。

(2) 接入电压确定

依据光伏系统的装机容量，按现行《分布式电源接入电网技术规定》(Q/GDW 1480) 中规定，不同电压等级、装机容量配电网分类见表9-4-2。

表9-4-2 不同电压等级、装机容量配电网分类

配电网分类	接入配电网电压等级	单点推荐接入容量
高压配电网	110/66/35(kV)	6MW以上
中压配电网	20/10/6(kV)	400kW～6MW
低压配电网	380V	8～400kW
	220V	8kW以下

根据《光伏电站接入电网技术规定》(Q/GDW 617)，光伏电站总容量不宜超过上一级变压器供电区域内最大负荷的25%。由于机场航站楼屋面面积大，变配电室多，光伏发电系统宜分散接入就近变配电室。当光伏发电系统同时具备低压接入和中压接入条件时，宜优先选择低压接入。由于各地电力公司对光伏接入政策有差异，接入电压需满足当地电力公司的政策要求。

5. 光伏并网与消纳方案

1) 分布式光伏发电系统应采用“自发自用、余电上网”模式并网。当光伏装机容量小，用电负荷大且负载容量稳定，光伏可以全额实时消纳时，也可以采用“自发自用”模式。

2）根据国家电网《分布式电源接入系统典型设计》（2016版），光伏发电接入系统典型设计共给出了8种方案，其中适用于“自发自用，余电上网”模式的光伏接入方案见表9-4-3。

表9-4-3　适用于“自发自用，余电上网”模式的光伏接入方案

方案编号	接入电压	接入模式	接入点	送出回路数	单个并网点参考容量
XGF10-Z-1	10kV	自发自用/余电上网(接入用户电网)	接入用户10kV母线	1回	400kW～6MW
XGF380-Z-1	380V	自发自用/余电上网(接入用户电网)	用户配电箱/线路	1回	≤400kW,8kW及以下可单相接入
XGF380-Z-2			用户配电室、箱变或柱上变压器低压母线	1回	20～400kW

机场航站楼光伏系统建议采用其中的方案XGF10-Z-1和XGF380-Z-2，如图9-4-3、图9-4-4所示。

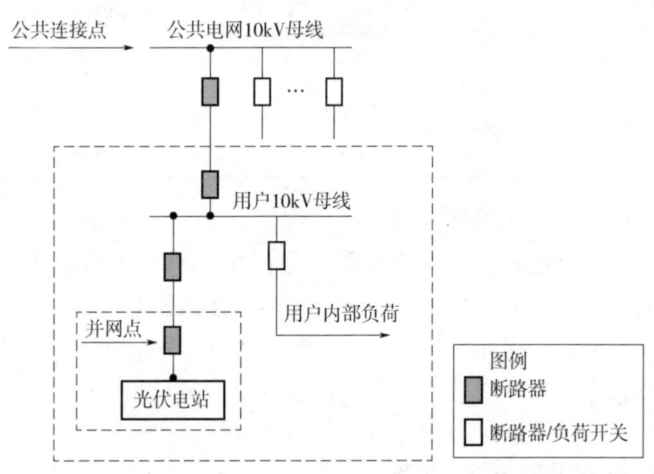

图9-4-3　XGF10-Z-1方案一次系统接线示意图（方案一）

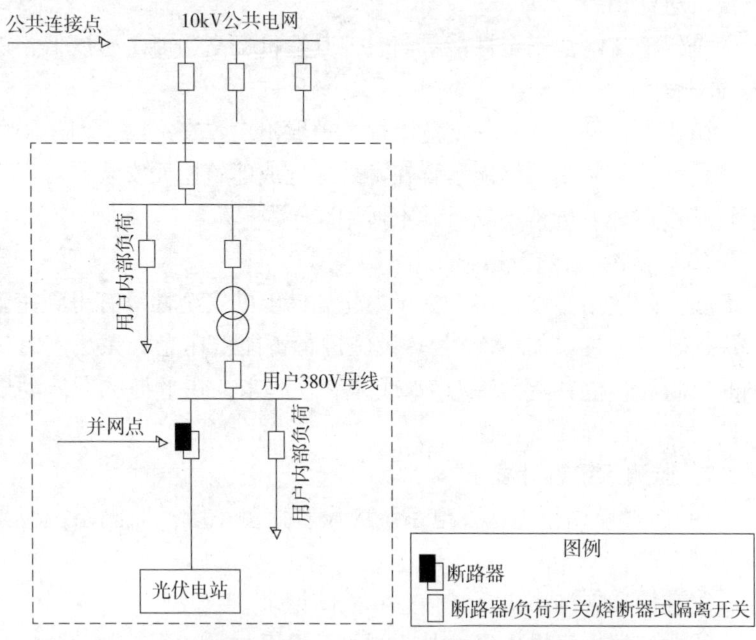

图 9-4-4　XGF380-Z-2 方案一次系统接线示意图（方案二）

6. 储/蓄能方案

（1）储/蓄能设置的必要性

由于光伏发电具有波动性、间隔性和随机性的特征，大规模新能源接入给电力系统的安全稳定运行带来挑战。随着新能源装机的增大，功率波动急剧增大，形成了典型的“鸭子曲线”。

在国内，2021 年至今，为了缓解“鸭子曲线”对电网造成的冲击和不利影响，全国共有 26 个省份发布了新能源配置储能的政策。总体来看，各地要求光伏电站配储规模为装机容量的 5% ~ 30%，配置时间多以 2 ~ 4h 为主，少部分地区为 1h。

（2）电化学储能方案

目前常用的电化学储能装置主要为磷酸铁锂电池，也有部分安全等级要求高的场所采用全钒液流电池。

磷酸铁锂电池造价低，能量密度高，占地面积小，安全性较全钒液流电池稍差。

全钒液流电池安全性能最高，但其造价偏高，能量密度低，占地面积较大。

由于电化学储能有一定危险性，一般不设置在室内，而是采用一体化室外集装箱式储能装置在室外绿地或建筑屋面安装，对于机场航站楼这种人员密集场所并不适用。

（3）蓄冷/蓄热方案

在实际航站楼项目中，由于电化学储能的安全性没有得到完全解决，建议尽量增加蓄冷/蓄热设施进行蓄能，在光伏无法实时消纳时，将光伏电转化为冷/热水或冰储存起来，在平抑电网波动性的同时，也可确保安全性。

7. 监测系统设计要求

1）机场航站楼光伏发电系统应设置监测系统。监测系统应具备下列功能：

①存储和查询历史运行信息和故障记录。

②友好的人机操作界面与监测显示界面。

③如设置储能系统，还应与储能系统的电池管理系统相集成。

④接入远程监控的接口，且能以规定的数据格式与远程数据中心传输数据。

2）监测系统由数据采集系统和数据传输系统组成，且应采用开放的通信协议和标准通信接口。

3）监测系统应能监测、记录及保存以下参数：

①太阳总辐射、环境温度、湿度、风力、光伏组件温度等环境参数。

②直流侧电压、电流和功率等。

③交流侧的电压、电流、功率、频率和发电量、电能质量等。

④涉及的全部开关量，包括与断路器相关的程控、报警等信号开关量。

8. 典型光伏发电系统方案示意图

典型光伏发电系统方案示意图如图 9-4-5 所示。

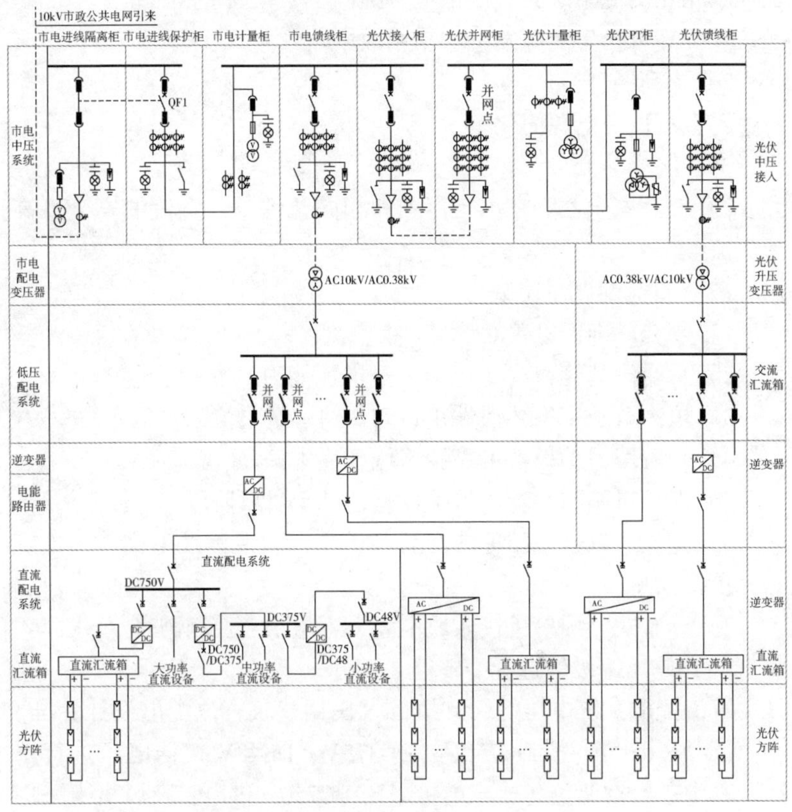

图9-4-5 典型光伏发电系统方案示意图

9.4.2 直流和柔性用电

1. 直流配电系统

(1) 直流配电系统优点

1) 提高效率

①输电损耗小。

②供电可靠性高。

③具有环保优势。

④电气设备直流化，减少 AC/DC 环节损耗。

⑤相比交流系统，直流供电可提高1%～2%的效率。

⑥提高可再生能源发电的利用效率。

2）提高经济性

①直流设备电源简化。

②线路成本低。

3）提高安全性。在一定范围和相同条件下，直流的安全性高于交流。

（2）直流配电系统缺点

1）规范标准不完善。

2）承受过载能力（过电压、过电流能力）差。

3）电力电子变换器惯性小、动作快、过电流耐量低。

4）现阶段关键设备可靠性略低，成本偏高。

5）保护机制不完善，保护设备还处于研发阶段。

6）直流用电设备相关的产品种类少，制造标准不完善、不统一，价格偏高。

7）分布式电源单机接入成本高、容量小、控制困难。

（3）电压等级的选择

直流配电系统电压等级宜执行《民用建筑直流配电设计标准》（T/CABEE 030），按DC750V、DC375V、DC48V三档电压进行选择。其中一般空调负荷、充电桩采用DC750V供电，新风机组采用DC375V或DC750V供电，风机盘管、照明采用DC48V供电。

（4）接线形式

根据《民用建筑直流配电设计标准》（T/CABEE 030），直流配电系统拓扑宜采用单极结构。当系统有多级电压要求时，可通过DC/DC变换器进行电压变换，如图9-4-6所示。

（5）接地形式

直流配电系统接地方式对接地故障检测、故障电流大小、人身与设备安全等有很大影响，同时也会影响保护方案配置。根据IEC 60364-1对直流系统接地形式的定义，可分为TT、IT和TN三种，见表9-4-4。

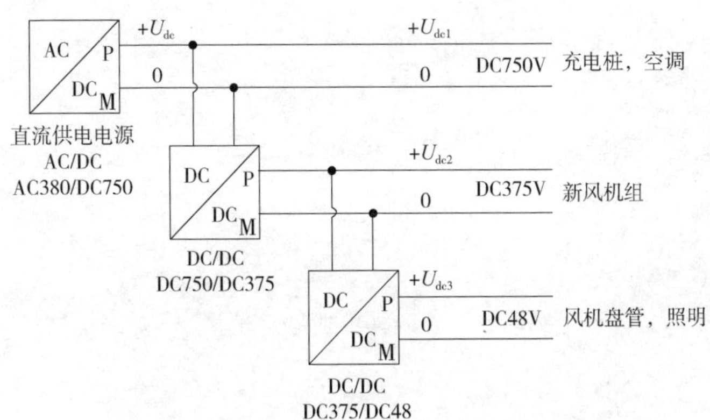

图 9-4-6　单极性、多级电压直流系统接线示意图

表 9-4-4　接地系统设计建议

IT 系统	IT 接地方式，单极结构，IMD（绝缘监测）提供保护
TN 系统	TN 接地方式，单极结构，RCD（剩余电流）提供保护
优化组合	正常状态：IT 接地方式，单极结构，IMD（绝缘监测）提供保护 单点故障：切换成 TN 接地方式，RCD（剩余电流）提供保护 故障排除：恢复接地

（6）低压直流系统的一般结构

低压直流系统的一般结构示意图如图 9-4-7 所示。

为了充分发挥分布式能源的效能，分布式电源往往采用微电网形式并入主网，即在直流配电网中，微电网将是最主要的运行方式。目前，微电网主要是以交流微电网的形式存在，而在直流配电网中，微电网的主要存在形式将为直流微电网。与交流微电网相比，直流微电网不需要对电压的相位和频率进行跟踪，可控性和可靠性进一步提高，因而更加适合分布式电源和负载的接入。

1）低压直流系统一般采用单母线结构。

2）交流网经过 AC/DC 变流器与直流母线相连。

3）光伏、储能等分布式电源通过 DC/DC 变流器连接在直流母线上。

4）DC40V、DC375V、DC220V 直流负荷（如照明灯具、直流插座、直流风机盘管等）通过 DC/DC 变流器连接在直流母线上。

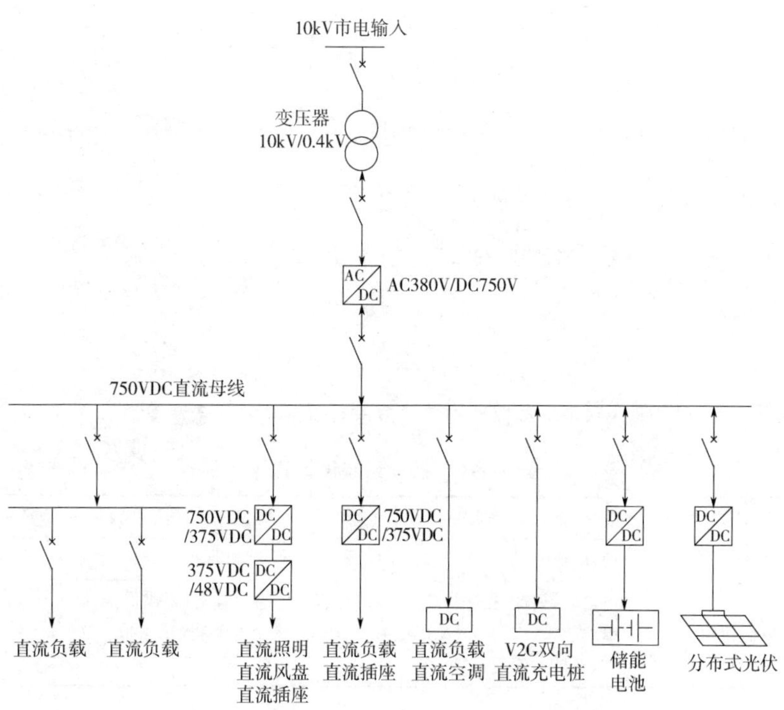

图 9-4-7　低压直流系统的一般结构示意图

5）DC750V 直流负荷（如直流充电桩、空调主机等）可直接连接在直流母线上。

6）通过分支线直接接入更多小负荷（DC750V）。

2. 柔性用电

通过柔性控制系统管理建筑中具有可调节、可转移、可中断特性的用电负荷，改变其运行规律，提高电力系统调峰能力。

柔性控制系统作为一种新型的电力系统管理技术，以其高度的智能化、集成化和可靠性，为电力系统的稳定运行提供了有力的保障。

柔性控制技术作为一种提高电力系统运行灵活性和适应性的关键技术，对于降低变压器装机容量、优化电力系统运行具有重要意义。

（1）原理

1）实时监测系统负荷：柔性控制技术能够实时监测电力系统的负荷变化，根据负荷特性调整变压器的运行状态。

2）优化变压器运行参数：通过调整变压器的电压、电流、功率因数等运行参数，实现其在满足系统需求的同时，降低实际容量需求。

3）变压器协同控制：对多个变压器进行协同控制，实现负荷在变压器之间的优化分配，降低整体容量需求。

（2）方法

1）动态电压调节：通过实时监测系统电压，根据负荷变化调整变压器的输出电压，使系统在满足电压质量的前提下，降低变压器容量需求。

2）动态无功补偿：根据系统无功功率需求，实时调整变压器的无功输出，提高系统的功率因数，降低变压器容量需求。

3）变压器分级运行：根据系统负荷大小，对变压器进行分级投切，实现负荷在各级变压器之间的优化分配，降低整体容量需求。

4）变压器组协同控制：对多个变压器进行协同控制，实现负荷在变压器组内的优化分配，降低整体容量需求。

9.5 智慧机电节能管理创新技术

9.5.1 智慧运维管理平台创新技术

智慧运维管理平台基于大数据、人工智能、物联网等信息化技术，用以实现对机电设备的精细化运维管理，可为运维决策提供数据和技术支撑，如图9-5-1所示。

1. 网络拓扑

运维管理系统的网络宜采用有线+无线结合的方式进行组网，主要通信方式包括串口、网口、4G/5G、微波、ZigBee、LoRa、电力载波等。

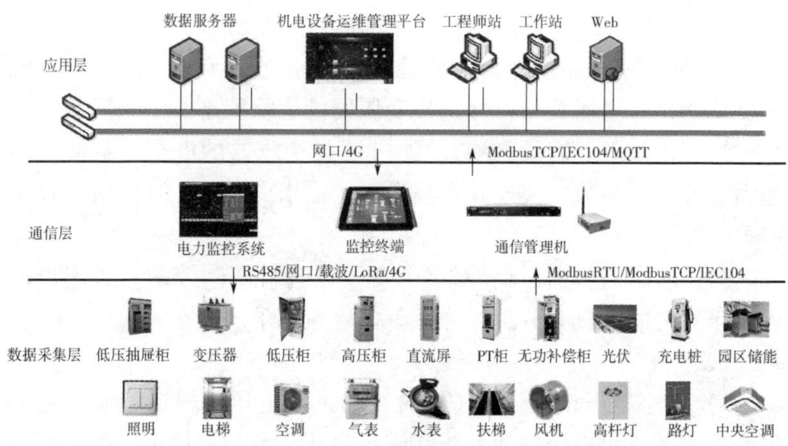

图 9-5-1　智慧运维管理平台

2. 平台建设原则

1）平台建设需要从企业自身运维基础出发。

2）平台建设需要企业夯实运维数据处理能力。

3）平台建设需要做好循序渐进的场景化建设。

3. 技术创新

（1）一体化数字平台，运维管理“平台化”

集数据采集、设备监控、流程引擎于一体，形成设备监控及业务流程自动化、标准化、数据化统一运维平台，实现机电设备生命期运维管理的管控一体、平台一体、联动一体。

（2）标准化巡检作业，任务“更清晰”

通过手机移动作业 APP，一键接收工单。APP 可自动记录巡视轨迹、自动上传归集巡视结果，在线查阅线路定位、设备台账等运行关键数据。

（3）设备生物码扫码，处置“更快速”

建立“设备 ID 生物识别码”，获得设备生命期的参数与状态信息，将设备生产见证、出厂试验、交接验收报告、运行状态等“数字化见证资料”与实物 ID“数字化移交”交互。

（4）智能远程专家系统，故障排查更高效

借助 AR 专家系统，提供远程的专家管理、实现音视频通话、知识库建设与知识图谱构建等功能，能实现在远程的维修指导、技能培训、售后服务等场景协助，快速完成技能提升、设备或系统故障的快速恢复，有效提高日常运维管理水平。

4. 技术展望

智能运维最终必然会演化为无人运维，需要一个类似人类大脑的“运维大脑”对系统进行支撑。上述需求首要任务是解决数据来源的安全、分布式算力整合调度、人机智能融合、智能免疫系统、信任体系价值网络和脑机操作接口等一系列难题，进而实现主动任务求解、自适应强化学习、虚拟场景重建、认知整合、数据应用闭环统一和价值交互模式。其核心技术主要包括：

数据聚合和价值交换：数据多方计算与隐私保护。

数据的关联与重构：数字孪生与注意力机制。

自主感知网络：算力网络、边缘智能、分布式决策。

场景认知整合：知识图谱、基于场景的模仿学习。

9.5.2 综合能源管理平台创新技术

结合大数据、物联网、人工智能等信息技术和创新管理模式，对各种能源的使用、设备的运行情况进行集中监管，并通过对各种数据的整合、处理、分析，合理计划和利用能源，降低能耗，提高能效，实现节能减排的信息化管理平台。

1. 网络架构

系统宜按四层架构部署，包括数据接入层、控制层、应用层、管理层，如图 9-5-2 所示。

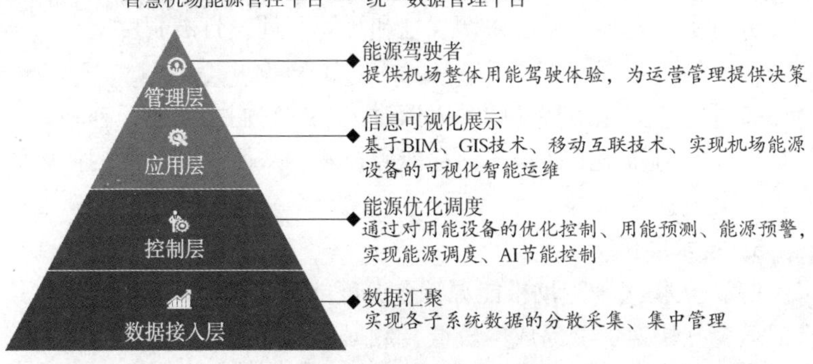

图 9-5-2 网络架构

2. 平台建设原则

1）安全可靠，确保能源供应的稳定性和安全性。

2）低碳零碳，通过能源选择、系统优选、参数优化、效率提升等方式，尽可能减低能耗，提高能源利用率。

3）绿色环保，促进可再生能源的利用和节能减排目标的实现。

4）智能化管理，实现能源消耗的实时监测和精准控制。

3. 发展趋势

（1）系统集成化

能源管理系统将成为覆盖能源应用全流程（供应、输配、消耗）、全要素（设备、工艺、工况）管理的综合能源管理系统。系统集成独立运行的能源管理系统、变配电监测系统、环境监测系统和运维管理系统，实现一个界面、一个数据库、一个APP、一个账号的统一管理。

（2）应用智能化

利用AI技术实现跨多系统的关联分析以及面向各种场景的数据应用。通过对能源系统数据进行建模、机器学习、智能分析、诊断预测，实现运行管理可视化、能源管理自动化、安全巡检高效化、设备维护信息化等功能，提高设备安全和环境品质、降低企业能耗成本和人工成本。

4. 技术及应用创新

（1）创新管理体制

努力实现多种能源的协调规划和统筹管理，打破制度壁垒。

（2）创新技术

通过对各类能源特性的深入探讨，评估它们之间的互补和替代关系。开发出新型的转换与储存能源技术，从而提升能源的使用效率，并突破技术障碍。

5. 技术展望

1）“互联网+”助推能源综合调度能力。“互联网+”平台具有信息交互快速、交易成本较低、数据量丰富等特点，可以成为综合能源服务的重要推手。

2）科技产业助力，打破能源调度行业壁垒。随着科技壁垒的逐渐打通，物联网、云计算、大数据、人工智能和5G等信息技术的广泛应用，在最大程度上观察、诊断、预测和解决问题，为综合能源服务的稳定发展提供强有力的支持。

3）双碳政策政府引导，能效发展将更加全面。

9.5.3 交直流柔性互联装置创新技术

利用多台区柔性互联技术打造电能互济系统，实现多台区间互联互供，提高区域电网灵活性，如图9-5-3所示。

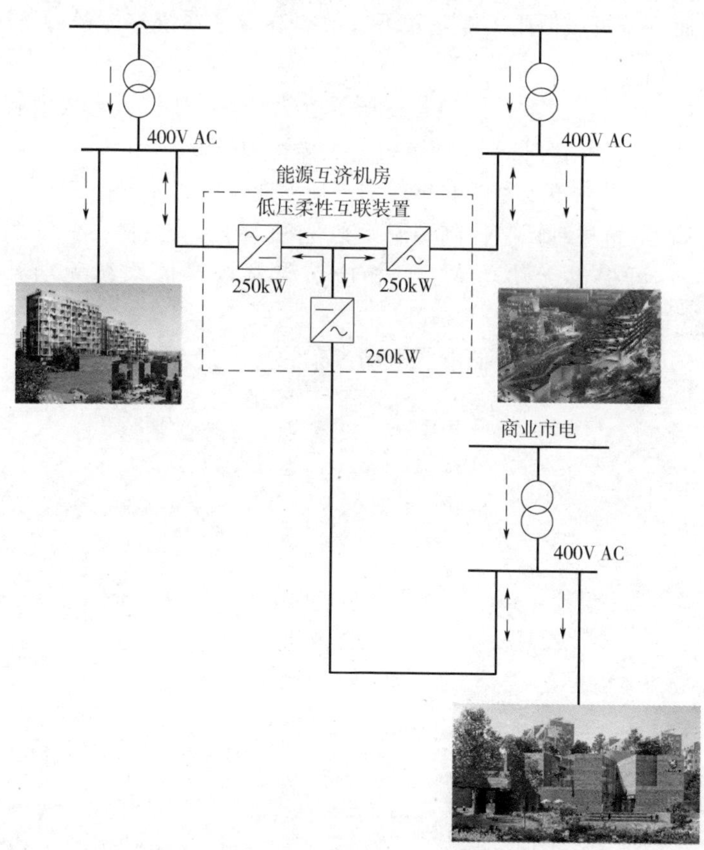

图9-5-3　多台区低压柔性互联系统示意图

大规模分布式光伏的并网接入及以电动汽车充电桩为代表的新型负荷的广泛普及，直接影响现有配电台区的电能质量和运行控制，大规模无序接入还将导致配电台区及电源线路容量不足的问题，需投入大量资金进行增容扩建。

同一区域内业态结构不一致导致各台区负载率差距较大，一些台区存在重载和过电压风险而又不便于通过变压器增容来解决，同一区域也存在负载较轻而未能充分利用变压器容量的情况。因此，同一区域多个台区间通过低压柔性互联装置可一定程度提高台区间负荷均衡和能量优化的能力，缓解变配电升级改造的压力。

通过点对点低压柔性互联可有效提高台区系统整体运行工况，具体包括：

1）互联台区系统中，各变压器互为“热备用”，大大节省了单台专变的备用容量，从而节省一次设备的投资。

2）可提高单个专变的负载率，减少变压器总体损耗。

3）通过主动调节控制潮流，实现潮流的灵活控制。

4）可提供无功功率，可相应节省常规台区系统无功补偿设备。

5）有利于光伏、储能、电动汽车的集中接入。

第10章 航站楼信息化系统

10.1 概述

10.1.1 设计思想与设计目标

1. 设计思想

建设智慧机场航站楼，建议从运行、服务、安全等几个机场业务层面来进行分析，从而形成“智慧机场航站楼”的全方位多维立体体系。

智慧机场航站楼就是运用信息和通信技术手段感测、分析、整合航站楼运行系统的各项关键信息，从而对包括服务、运营、安全等功能的各种需求做出智能响应。其实质是利用先进的信息技术达到信息的收集整理、共享互通、分析计算，实现机场智慧式管理和运行，提高机场运行效率，进而为旅客提供良好的服务，促进机场的可持续发展。

2. 设计目标

智慧机场航站楼需要实现机场智慧管理和运行，在全面保障机场安全的前提下，提高机场运行效率，进而为旅客提供良好的服务，促进机场的可持续发展，全面应对业务发展机遇、业务挑战以及操作层面的需求。同时优化信息技术在机场航站楼的应用和推广，从而在不断促进业务发展、提升旅客服务质量、持续提高盈利能力上扮演至关重要的角色。

(1) 业务协调高效

机场的业务始终是围绕安全、生产、服务等展开，同时各业务相辅相成，有机融合，共同支撑起机场的整体运行。首先，安全永远是机场永恒的主题，是机场一切业务稳定的基础。生产则是机场的根本业务，是所有机场运行流程围绕的核心。服务是机场的基本保障，是机场发展不可或缺的部分，是赋予机场竞争力的重要手段。运营是机场的管理基石，是指挥机场发展前进的关键。实现业务协调，即是要求人员协力、流程协作、业务协同，最终达到整个机场和谐。

(2) 数据融汇互通

机场内部生产、安全、服务及管理数据的集中、共享和利用是提升管理水平的关键。通过建立机场的基于大数据平台的数据中心，建设融合数据仓，对历史数据进行收集、清洗和存储，同时对实时数据进行收集、清洗和存储；大数据平台对历史数据和实时数据进行分析，为应用系统提供数据服务，不但可以为机场的管理、生产、经营的辅助决策，而且对机场运行各类实时事件提供处置辅助支撑。

(3) 应用智能便捷

应用智能便捷是提高业务高效运行的重要保障措施，智能化应用是建设智慧机场的重要环节。应用智能包括系统智慧运行、设备智能运行。

(4) 技术先进可靠

若想实现业务协调，数据互通、信息共享是关键。如今信息技术飞速发展，新技术层出不穷，为业务协调提供花样繁多的便捷手段，业务协调的实现方式即是应用先进的技术。但技术的更新换代也在逐渐频繁，所以要保持机场发展的步履不停，所应用的技术必须跟上发展的步伐。

10.1.2 本章主要内容

本章航站楼信息化系统内容主要包括一套基础设施建设和三个平台的设计。

1）一套基础设施包含云平台、融合赋能服务总线、智能数据中心、网络系统与信息安全系统，为全机场航站楼的信息系统提供基础支持服务。

2）三个平台为生产运行平台、安全业务平台与旅客服务平台。

①生产运行平台包含航班生产数据交换与共享平台、生产运行管理系统、离港系统、航班信息显示系统、公共广播系统、安检信息管理系统，实现主动、协同、高效、智能、一体化的生产运行。

②安全业务平台包含安全综合管理平台、视频监控系统、出入口控制系统、隐蔽报警系统，实现主动态势感知、风险预判、隐患防范的一体化、协同化、智能化安全管理和保障体系。

③旅客服务平台包含旅客运行管理系统、旅客服务体验系统、航站楼运行管理系统、旅客服务前端应用、呼叫中心系统，实现全流程、全自助、便捷舒适、个性化体验式的航旅服务。

10.2 机场航站楼基础设施

10.2.1 云平台

1. 系统概述

云平台是基于云计算技术，提供多样云计算服务的综合管理平台。云计算是一种提供资源的网络，把许多计算资源集合起来，通过软件实现自动化管理，让资源被快速提供。云计算的服务类型通常包括三类，基础设施即服务（IaaS）、平台即服务（PaaS）和软件即服务（SaaS）。机场云平台即是为机场各类信息弱电系统及人员提供云计算的服务平台，是支撑各类系统运行的重要基础设施平台。云平台可以统一管理调度计算、存储、网络等基础资源，实现集中的运营运维管理，按需向机场云用户提供基础设施环境、计算存储资源、应用运行框架、数据管理及灾备管理等云服务。

2. 系统架构

机场云平台的架构包括数据中心基础设施设备、云资源池、云服务及云管理平台等，可以提供各种云资源和云服务支撑，通过云管理平台构建面向机场的一云多域的统一云服务、统一运营运维的能力。

机场云平台按照 A 域、B 域两个数据中心机房部署，两域之间进行数据中心互联（Data Center Interconnect，DCI），满足访问高速增长和业务连续性需求。云平台在数据中心部署基础设施设备，主要包括机房内的服务器、存储设备、网络设备以及配套基础设施环境等，根据基础资源类型采用不同的虚拟化技术构建不同的云资源池，通过云管理平台为应用系统提供各类资源服务。

3. 系统功能

云平台一般具备基础设施即服务（IaaS）、平台即服务（PaaS）、软件即服务（SaaS）等功能，可通过云管理系统进行各层级功能的集成整合，见表 10-2-1。

表 10-2-1　云平台主要功能表

功能组件	功能描述
基础设施即服务(IaaS)	对基础资源的统一管理，具备资源池管理、资源分区、资源监控、安全管理等能力，可为上层应用系统提供灵活、稳定的底层资源支撑。云平台支持一云多芯、多种资源的灵活适配，满足业务多样性需求
平台即服务(PaaS)	为应用的开发、部署和运维管理提供支撑平台，实现应用服务交付和管理与基础设施资源的解耦。云 PaaS 可以提供应用共用组件模板(如数据库、中间件等)和应用 API 类型的服务，具备对云中的应用进行部署和管理的能力
软件即服务(SaaS)	通过网络向云用户按需提供软件应用程序服务，云平台可托管和管理软件应用程序，并允许其用户连接到应用程序并通过网络访问应用程序
云管理系统	可以同时管理多种云计算资源、多种类型云平台，如各种异构资源以及私有云、混合云的统一管理平台。云管理系统能够以在线自动化的方式面向用户提供应用运行、资源环境服务以及全生命周期管理，同时能够整合运维支撑工具，面向系统管理员提供多云环境下的运维、管控、运营服务

10.2.2 融合赋能服务总线

1. 系统概述

融合赋能服务总线是机场各应用系统数据与服务集成、注册、管理的核心基础平台，也是机场各应用系统信息交换的服务中介，通过将机场各应用系统提供的各种服务进行集成，使得构建在异构环境中的系统可以以统一、标准的方式进行数据交互与服务调用，实现数据与应用接口的服务化和复用，并可以将独立业务功能和数据开放为 API，从而提供新的业务功能或服务。

2. 系统架构

融合赋能服务总线包括数据集成、消息集成、服务集成以及应用集成等模块，各模块既能够单独运行也能并行运行，提供机场内部系统之间及与外部系统数据和服务交互的通路。

机场融合赋能服务总线采用分布式集群部署的架构，可分为内部总线与外部总线。机场内部系统通过内部总线实现接入，机场外部系统通过外部总线实现接入，内外总线通过安全数据网关连接在一起，由机场融合赋能服务总线统一实现内部系统间及内外系统间的数据交换、服务订阅、认证、发布、路由、流量控制和服务监管。

3. 系统概述

融合服务总线具备统一的集成平台能力，支持将数据、服务、消息等集成技术融合进行统一管理，提供统一集成平台，一站式满足数字资产的融合集成，提供负载均衡、协议转换、接口适配、鉴权、路由管理等服务，并提供能力服务的全生命周期管理，包括集成服务、消息中间件和 API 的设计、开发、上线、SDK 打包、生成、升级、删除等管理能力，同时配套提供一系列安全运维管理能力，如身份验证、运维监控、流量均衡与流量控制、访问控制策略、安全防护策略等。

10.2.3 智能数据中心

1. 系统概述

智能数据中心是机场数据汇聚与价值挖掘的核心系统，作为统一的大数据底座，对机场跨业务领域的数据进行整合，建立一套基于数据仓库、大数据分析处理平台和数据治理平台的综合数据管理平台，实现数据资源的统一采集、统一融合处理、统一数据治理、统一服务及运营，为业务系统及业务人员提供数据支撑，满足数据管理和业务智慧运营要求，既支持机场数据资产的数据运营及共享，也支持机场业务数据分析、智慧业务协同，最大程度地发掘机场数据资产的价值。

2. 系统架构

智能数据中心整体架构可分为基础平台层（大数据平台）、汇聚层（数据集成）、治理层（融合数仓、数据治理）、服务层（数据服务）、应用层（数据应用）等层次。智能数据中心以应采尽采为原则，实现数据资源的统一采集；通过融合处理与数据治理，为业务应用提供统一的数据服务；基于融合数据构建智能分析可视化综合展示、数据主题分析的数据应用；在实现机场数据资产的运营管理与共享服务的同时，也为机场业务的数据分析、智慧协同提供支撑。

3. 系统功能

智能数据中心通过建设大数据分布存储和计算平台为机场大规模计算处理业务提供海量、异构大数据聚集、融合、存储、管理与分析处理、展现等功能，实现复杂数据环境进行快速分析与应用。

智能数据中心具备机场的海量历史数据各种复杂分析的能力，如长期趋势分析和各类信息的综合对比等，系统基于数据仓库的海量数据，利用智能分析技术和数据挖掘技术进行数据价值发现，为决策支持提供数据支撑。

智能数据中心可利用智能分析工具、数据挖掘工具和机场综合视图工具，结合机场的不同业务场景的应用需求实现生产运行、旅客服务、安全管理、商业、能源、经营管理、货运物流的综合应用。

10.2.4 网络系统

1. 系统概述

网络系统是机场信息弱电系统的通信基础，是为各类系统提供网络互联的重要基础系统。机场网络系统采用成熟可靠的网络设备，如交换机、路由器，搭建高安全、高可靠、高性能的通信网络。

2. 系统架构图

网络系统采用星型拓扑结构，由数据中心网、核心骨干网、外联网、终端接入网和旅客无线接入网等组成，搭建二级或三级架构的交换式以太网系统，包括核心层、汇聚层、接入层，核心、汇聚、接入层的网络设备支持虚拟化技术、堆叠技术，基于 SDN 实现机场网络的智能化管理和运维，如图 10-2-1 所示。各区域网络之间部署防火墙等网络安全设备，实现网络安全管理。

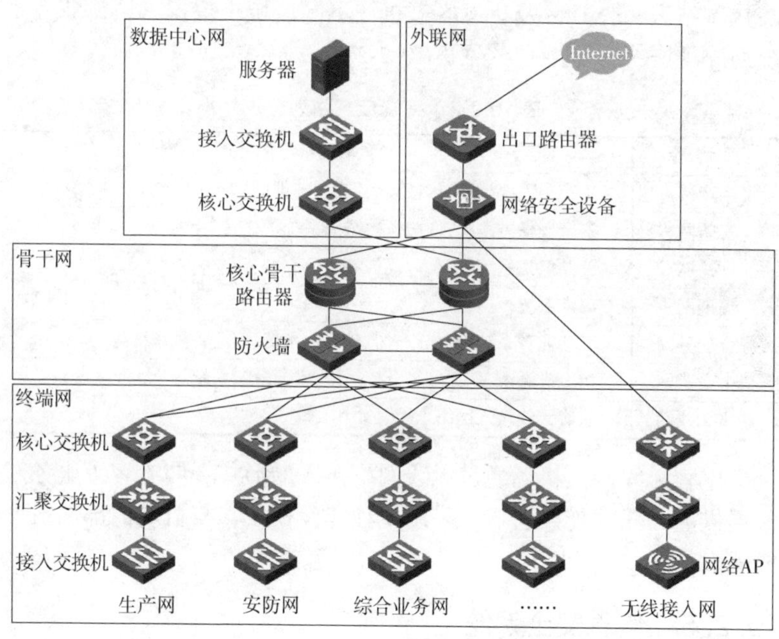

图 10-2-1　机场网络系统架构图

3. 系统功能

网络系统整体上由核心骨干网、数据中心网、外联网、运营管理网、终端接入网和旅客无线接入网组成。

核心骨干网是机场全场各区域及各业务网络之间互联互通的核心网络平台。

数据中心网为机场数据中心内部及数据中心之间提供基础网络平台。数据中心网络需与云平台实现云网融合，在网络架构上，大二层结构在数据中心内得到了广泛应用。

外联网为机场网络与外部网络如各合作单位网络、Internet 之间互联的网络接口。

运营管理网为数据中心服务器、存储资源的集中管理和网络支撑系统，如 DNS 系统、DHCP 系统、网络运维管理系统、统一用户身份管理系统、堡垒机、防病毒系统等的部署提供网络平台。

终端接入网为各类终端设备提供网络接入平台，终端接入网分布在航站区、公共区及货运区等机场不同区域，根据承载的业务系统划分子网，常见的划分见表 10-2-2。

表 10-2-2　终端接入网划分表

子网名称	承载系统
生产网	生产类系统，例如信息集成系统、航班信息显示系统等
安防网	安全安保类系统，例如视频监控系统、安防综合管理平台等
广播网	公共广播系统
离港网	离港系统
综合业务网	其他业务系统，例如旅客服务管理系统、商业管理系统等
机电设备网	机电类系统，例如行李分拣系统、安检分层系统等
旅客无线网	旅客无线接入网络

旅客无线网是机场通过无线网络接入的形式，向旅客等服务对象提供的互联网连接通道，采用单独建设模式，与机场内部网络形成隔离。

10. 2. 5　信息安全系统

1. 系统概述

信息安全系统是为机场全场业务提供全面的网络安全防护的重要基础系统。机场信息安全系统需符合国家网络安全等级保护制度的相关要求，从基础设施安全、数据安全、应用安全等多个层面切入，建立区域边界安全、通信网络安全、计算环境安全、终端安全、应用系统安全、数据安全等多类网络安全系统，并将网络安全技术进行整合、关联分析，建设一套立体化全方位的信息安全防御系统，把控机场整体信息安全态势。

2. 系统架构

信息安全系统包括区域边界安全、通信网络安全、计算环境安全、终端安全、应用系统安全、数据安全等多个网络安全子系统，在提供覆盖云、网、端的基础信息安全设备及系统之上，通过统一的管理平台进行信息安全管理的集成整合，实现云网安全的协同管理。

3. 系统功能

1）网间安全：物理数据中心各子网之间，物理数据中心与云数据中心各子网之间建立安全防护和监测机制，以管控好各分离的网络之间的交互通道的安全及云边界的安全。

2）云内安全：建立云内安全防护机制，针对不同安全域内信息系统的安全诉求部署相应的云安全服务。

3）外网防入侵：将分布在多处的与外网互通的边界出口收拢，针对不同的出口所面临的风险进行针对性防护，统一内/外出口，收窄攻击面，加强 APT 检测。

4）终端接入安全：针对不同的终端类型和用户类型通过安全组（如用户身份分组，终端使用场景分组）的划分，以精细化地进行不同类型终端间隔离和接入访问控制，并可进行动态策略管控，实现基础的终端接入安全保障。

5）安全管理：构建全网态势感知能力，实现设备管理、策略集中管控和策略协同处置；按照内网业务互访关系，按需配置严格访问控制策略；实现安全监测、安全响应、协同联动到业务恢复的安全闭环落地。

10.3 航站楼生产运行平台

10.3.1 航班生产数据交换与共享平台

1. 系统概述

航班生产数据交换与共享平台（IMF）是与生产运行平台逻辑

引擎集成于一身的管理平台，为生产运行平台核心中的核心。航班生产数据交换与共享平台是基于事务处理完整性控制的消息存储转发系统，IMF 中间件对内包含与机场运行信息集成各子系统的接口，对外包含与机场融合服务总线的接口，实现与外部单位，如空管、航空公司、货运公司等的数据交互。

2. 系统架构

IMF 是生产运行平台航班生产数据交换的核心主件，生产运行平台内各系统基于 IMF，通过发布服务和消费服务，建立起基于 SOA 的 IT 体系架构。生产运行平台的内部系统数据和服务交互通过 IMF 内接口完成，生产运行平台的内部系统与其他外部系统数据和服务交互通过 IMF 外接口来完成。

3. 系统功能

通过建设 IMF，实现位置透明和协议独立，实现了接口服务的重用、管理和配置，从而有效地降低了 IT 成本。航班生产数据交换与共享中间件中的航班相关数据、旅客相关数据、行李相关数据、生产相关数据、运营保障相关数据、机场协同决策相关数据等均通过 IMF 实现交互。IMF 是由一系列的中间件产品组成，这些产品是成熟的、商品化的并遵循当前的公开标准格式或业界标准，并支持负载均衡功能，以满足大容量应用的需求。

10.3.2 航班生产运行管理系统

1. 系统概述

航班生产运行管理系统是生产运行平台的核心系统，它以 AODB 为核心，使各信息弱电系统均在 AODB 统一的航班信息之下自动运作。它能支持机场各生产运行部门在运行指挥中心的统一协调、调度、指挥下，实现机场最优化的生产运行，为机场安全高效的生产运行提供信息化、自动化手段，并能为航空公司等驻场单位的业务管理提供及时、准确、完整的航班信息服务。

2. 系统架构

航班生产运行管理系统由运行数据库（AODB）、航班信息源处理、航班信息管理、航班运行资源管理、航班运行监控、航班信息查询发布系统组成。

3. 系统功能

航班生产运行管理系统主要功能见表 10-3-1。

表 10-3-1 航班生产运行管理系统主要功能

主要功能	功能描述
机场运行数据库(AODB)	AODB 是整个机场运营的中心,管理、存储着对机场每日运营至关重要的所有数据,特别是航班数据、资源数据、运营数据、基础数据、业务数据和历史数据等,这些数据可被授权的系统用户、内部系统和外部系统使用
航班信息源处理	AODB 完成对外部航班信息源的独立存储,系统接收通过融合服务总线转发的空管航班信息和气象信息、空管转发的报文、航空公司的航班信息后进行格式转换,自动生成系统所需的航班信息和气象信息存入 AODB
航班信息管理	航班信息管理负责管理机场航班及其资源的季度计划、日计划和历史计划。通过航班信息管理,机场管理人员可以查询、人工修改、增加和删除机场航班计划,调整航班所使用的机场资源
航班运行资源管理	航班运行资源管理具备从利用航班季度计划开始做出资源预分配,至使用航班日计划乃至航班动态运营信息做出实时分配
航班运行监控	航班运行监控管理用于监控和管理完整的航班生产运行流程中的生产活动和各种保障服务。系统通过提供一个实时、同步的航班生产活动“视图”实现对航班运行状态以及全流程保障进程进行监控
航班信息查询发布系统	航班信息查询发布系统给机场范围内工作人员提供有个性化航班信息的查询与动态提示信息功能,系统数据至少包括航班信息;楼资源分配和动态信息;航空公司数据;飞机数据;城市/机场数据;航站楼数据;其他数据等

10.3.3 离港系统

1. 系统概述

离港系统是航空公司及其代理、机场地面服务人员在处理旅客登机过程中，用来保证旅客顺利、高效地办理值机手续，轻松地使旅客登机，保证航班安全正点起飞的一个面向用户的实时的计算机事务处理系统。

2. 系统架构

离港系统由公共用户旅客处理系统、公共用户自助服务系统、本地备份离港功能、离港前端应用系统、离港配载应用系统、自助值机应用、自助登机验证应用和中转服务系统组成。

3. 系统功能

离港系统主要功能见表10-3-2。

表10-3-2 离港系统主要功能

主要功能	功能描述
公共用户旅客处理系统	公共用户旅客处理系统能为应用和系统功能的连接运行提供开放的标准接口。系统支持航空公司各种离港终端应用，包括值机、登机、控制等基本功能，以及远程值机等特性功能、备份离港、离港航班控制应用等扩展功能
公共用户自助服务系统	离港系统提供一个共享平台，允许不同的航空公司标准公共用户自助服务应用使用此共享平台。在国际区域和国内区域分别部署具有触摸式功能的旅客自助值机设备，用于旅客本人交互式自助操作，办理值机手续，实现对电子客票的支持
本地备份离港功能	在主机离港控制系统正常工作时，本地备份离港系统数据库中自动备份存储离港主机有关旅客和航班的最新的离港数据，当无法正常使用主机离港控制系统时，使用最新的本地备份离港系统数据继续进行航班的值机和登机处理工作
离港前端应用系统	系统为机场和航空公司人员提供一个图形化的用户界面，支持主机离港和备份离港操作，完成值机、登机、控制等功能，系统应符合机场/航空公司对旅客处理的完整业务流程
离港配载应用系统	配载平衡系统是为机场提供航班配载平衡服务的核心系统，实现机场集团的集中式配载业务，支持更加精细化的航班重量管理，更加智能化的业载预测，自动采集各种业务数据，能进行自动配平和全流程自动化操作
自助值机应用	离港系统提供旅客自助值机应用，为机场提供基于多航空公司共享自助值机系统，用于旅客交互式自助操作值机，达到提高旅客离港处理效率、节约运营成本、提高服务质量的目的
自助登机验证应用	自助登机验证应用是离港控制系统中的登机控制模块的逻辑延伸。旅客使用设置在登机口的闸机，通过人脸识别、扫描纸质登机牌或者电子二维码登机牌等手段，办理登机手续

（续）

主要功能	功能描述
中转服务系统	中转服务系统是航空公司、机场针对购买联程机票的旅客提供的一种快捷、高效的便捷化服务协同应用。通过航空公司与机场中转服务系统的信息交互、共享，机场能够获取旅客信息，旅客在中转机场对更换登机牌、行李联程等环节均有相应配套的信息化系统进行服务支撑

10.3.4 航班信息显示系统

1. 系统概述

航班信息显示系统是通过高速的计算机网络和各种先进的信息显示设备，7×24h 不间断运行，集准确性、实用性和先进性为一体的机场航班信息发布系统。航班信息显示系统通过分布在航站楼的显示终端设备，提供值机手续办理引导、值机柜台引导、候机引导、登机引导、到港航班行李提取引导、离港航班与到港航班实时动态信息、向工作人员提供进出港航班的行李输送带的分配信息、显示通知公告、根据需要显示气象信息等。

2. 系统架构

系统主要由服务器、存储、应用软件、终端显示设备和操作终端等组成。

3. 航显屏幕配置原则

航显屏幕尺寸参照表见表 10-3-3。

表 10-3-3　航显屏幕尺寸参照表

显示屏尺寸/in	长宽比		尺寸/in			尺寸/cm		
	长	宽	对角线	长	宽	对角线	长	宽
42	16	9	42	36.61	20.59	106.68	92.98	52.30
46	16	9	46	40.09	22.55	116.84	101.83	57.28
48	16	9	48	41.84	23.53	121.92	106.26	59.77
49	16	9	49	42.71	24.02	124.46	108.48	61.02
50	16	9	50	43.58	24.51	127.00	110.69	62.26

（续）

显示屏尺寸/in	长宽比		尺寸/in			尺寸/cm		
	长	宽	对角线	长	宽	对角线	长	宽
55	16	9	55	47.94	26.96	139.70	121.76	68.49
60	16	9	60	52.29	29.42	152.40	132.83	74.72
65	16	9	65	56.65	31.87	165.10	143.90	80.91
70	16	9	70	61.01	34.32	177.80	154.97	87.17
80	16	9	80	69.73	39.22	203.20	177.10	99.62

根据航显屏尺寸，本系统设定 40 ~ 42in LCD 显示屏显示 12 ~ 15 条航班信息；50 ~ 55in LCD 显示屏显示 18 ~ 22 条航班信息；65in LCD 显示屏显示 25 ~ 30 条航班信息。

航显屏幕显示信息与布置规则如下：

（1）值机引导信息显示

1）安装位置：安装于值机大厅及其他出发公共区域。

2）显示内容：航班号（含共享航班）、目的地、经停站、计划起飞时间、值机时间、值机区域和备注。备注的显示内容包括登机、起飞、延误和取消等航班状态信息。

3）显示原则：单组屏应至少同时显示 2h 内的高峰小时出发航班量。

4）设置原则：使用 TFT-LCD 组合屏，分别显示国内航班信息和国际航班信息。

（2）值机柜台信息显示

1）安装位置：安装于值机柜台上方。

2）显示内容：对于非开放式柜台终端显示设备应根据值机柜台分配结果显示在该柜台办理值机手续的航班信息，包括航班号（含共享航班）、目的地、经停站和办票时间，对于开放式柜台终端显示设备应显示预设的固定信息。

3）配置原则：每个值机柜台上方配置 1 块 LCD 屏。

（3）安检信息显示

1）安装位置：安装于安检区域。

2）显示内容：显示安检的告示或通知信息。

3）配置原则：每条安检通道上方配置1块LCD屏。

（4）候机引导信息显示

1）安装位置：安装于出发候机厅。

2）显示内容：航班号（含共享航班）、目的地、经停站、登机口、计划起飞时间和备注。备注的显示内容包括登机、起飞、延误和取消等航班状态信息。

3）配置原则：单组屏应至少同时显示2h内的高峰小时出发航班量。

（5）登机口信息显示

1）安装位置：安装于登机口区域。

2）显示内容：分为正在登机显示和登机等待显示。正在登机显示内容用醒目的文字显示该登机口正在登机或即将登机的航班信息。登机等待显示内容显示该登机口后续登机航班信息和登机口变更信息，包括航班号（含共享航班）、目的地、经停站、计划起飞时间和备注。备注的显示内容包括登机、起飞、延误和取消等航班状态信息。

3）配置原则：每个登机口配置2块LCD屏。

（6）中转引导信息显示

1）安装位置：中转区域。

2）显示内容：中转公告及服务信息。

3）配置原则：到达通道中转旅客分流处配置1块LCD屏。

（7）中转柜台信息显示

1）安装位置：安装于中转柜台上方。

2）显示内容：航空公司徽标、中转柜台及预设的固定信息等。

3）配置原则：每个中转柜台上方配置1块LCD屏。

（8）LED大屏

1）采用显示设备：国际/国内到港航班动态信息显示。

2）安装位置：航站楼国际/国内迎客大厅内。

3）显示内容：航空公司标志、航班号、始发站、经停站、到达时间、备注等。

4）配置原则：应至少同时显示1h内的高峰小时到达航班量。

5）显示范围：预计到达时间在规定时间范围内的正常航班，未到达的延误航班，取消的航班。

6）显示说明：每屏能显示标题，标题为中英文对照，每屏能显示20条航班记录，具体显示行数可调，中英文换屏和同屏显示，停留时间可由用户设定。显示输出按预计到达时间和航班号排序。当显示的航班记录不在当前的显示范围之内时，系统能自动消除该记录，按顺序递补下一航班记录。

（9）行李提取引导信息显示

1）安装位置：行李提取区域。

2）显示内容：航班号（含共享航班）、始发站/经停站、行李转盘号。

3）配置原则：单组屏应至少同时显示1h内的高峰小时到达航班量。行李提取厅的入口附近，配置2块LCD屏。

（10）行李提取指示信息显示

1）安装位置：行李提取区域。

2）显示内容：航空公司徽标、航班号（含共享航班）、始发站/经停站。

3）配置原则：每个行李提取厅转盘处配置2块背靠背LCD屏。

（11）到达行李装卸引导信息显示

1）安装位置：安装于到达行李分拣厅的车辆入口附近。

2）显示内容：航班号（含共享航班）、始发站/经停站、行李转盘号。

3）配置原则：单组屏应至少同时显示1h内的高峰小时到达航班量。在行李分拣厅车辆入口、主要车辆分流处各配置1块LED屏。

（12）到达行李搬运信息显示

1）安装位置：安装于到达行李分拣厅转盘处。

2）显示内容：航班号（含共享航班）、始发站/经停站、计划到达时间。

3）配置原则：在每个到达行李搬运转盘处配置2块背靠背LED屏。

（13）到达行李输入设备

1）安装位置：安装于到达行李分拣厅转盘旁，应便于工作人员操作。

2）配置原则：每个到达行李搬运转盘处配置1个行李输入设备。

（14）出发行李分拣信息显示

1）安装位置：安装于出发行李分拣厅转盘处。

2）显示内容：应根据出发行李分拣厅转盘分配结果显示在该出发行李分拣厅转盘的航班信息，包括航班号（含共享航班）、目的地、经停站、计划起飞时间、机位。

3）配置原则：在每个出发行李分拣转盘处配置2块背靠背LED屏。

10.3.5 公共广播系统

1. 系统概述

公共广播系统是消防紧急广播与机场业务合二为一的广播系统，在平时作为机场业务广播使用，在有火灾报警信号时，切换为消防广播使用。业务广播主要包括播送航班动态信息、例行广播、机场或航空公司服务信息，消防广播主要播送消防自动语音库的内容，以及消防控制室内人工呼叫广播。

2. 系统架构

公共广播系统采用全数字音频网络系统，分布式数字音频矩阵系统处理结构。公共广播系统主要有公共广播服务器、系统管理服务器、广播录音服务器、音频矩阵设备、语音合成服务器等后台设备，前端设备主要包括网络功放、功放倒备设备、监听音箱、消防广播接口设备、电源强切设备、噪声探测接口机、串口服务器，以及现场各类扬声器、广播呼叫站、噪声探测器、音量调节器等。

3. 扬声器布置规则

广播前端扬声器按机场业务流程和不同业务场景进行布置，并根据航站楼业务流程的要求进行广播分区，在不同的分区内进行不同内容的广播。主要包括到达区、出发区、中转区、VIP 休息区、行李提取区、行李分拣区、工作区、设备机房、陆侧广播区、空侧广播区。

1）出发车道边，见表 10-3-4。

表 10-3-4　出发车道边

前端设备名称及规格	安装场景	安装方式	有效半径	备注
号角扬声器	航站楼入口大门、车道旁等人流集中且无吊顶的区域	墙面壁挂安装、立柱或立杆安装	10 ~ 12m	安装高度不低于 2. 2m

2）出发大厅，见表 10-3-5。

表 10-3-5　出发大厅

序号	前端设备名称及规格	安装场景	安装方式	有效半径	备注
1	吸顶扬声器	有吊顶，净高 4m 以下	吊顶吸顶安装	3 ~ 4m	1) 安装高度不低于 2. 2m 2) 根据安装高度与密度决定使用功率
2	壁挂扬声器	无吊顶，工作人员区域	墙面壁挂安装	6m	
3	音柱扬声器	餐厅等人流集中且无吊顶的区域	墙面壁挂安装	10 ~ 12m	安装高度不低于 2. 2m
4	有源线阵列扬声器	陆侧出发层等大空间区域	墙面壁挂安装	20m、32m	区域单独配消防电源，接电源线

（续）

序号	前端设备名称及规格	安装场景	安装方式	有效半径	备注
5	号角扬声器	系统机房	墙面壁挂安装	20m、32m	用于背景噪声大的机房

3）安检区，见表 10-3-6。

表 10-3-6　安检区

前端设备名称及规格	安装场景	安装方式	有效半径	备注
音柱扬声器	安检通道人流集中且无吊顶的区域	壁挂安装	10～12m	安检区域广播单独设置一个回路

4）候机区，见表 10-3-7。

表 10-3-7　候机区

序号	前端设备名称及规格	安装场景	安装方式	有效半径	备注
1	吸顶扬声器	有吊顶，净高 4m 以下	吊顶吸顶安装	3～4m	1）安装高度不低于 2.2m 2）根据安装高度与密度决定使用 3W 还是 6W
2	壁挂扬声器	无吊顶，工作人员区域	墙面壁挂安装	6m	
3	音柱扬声器	候机厅、餐厅等人流集中且无吊顶的区域	墙面壁挂安装	10～12m	安装高度不低于 2.2m
4	有源线阵列扬声器	候机大厅等大空间区域	墙面壁挂安装	20m、32m	区域单独配消防电源，接电源线
5	号角扬声器	机房	墙面壁挂安装	20m、32m	用于背景噪声大的机房

5）廊桥，见表10-3-8。

表10-3-8 廊桥

前端设备名称及规格	安装场景	安装方式	有效半径	备注
吸顶扬声器	有吊顶，净高4m以下	吊顶吸顶安装	3～4m	1）安装高度不低于2.2m 2）根据安装高度与密度决定使用3W还是6W

6）中转区，见表10-3-9。

表10-3-9 中转区

序号	前端设备名称及规格	安装场景	安装方式	有效半径	备注
1	吸顶扬声器	有吊顶，净高4m以下	吊顶吸顶安装	3～4m	1）安装高度不低于2.2m 2）根据安装高度与密度决定使用3W还是6W
2	音柱扬声器	中转区人流集中且无吊顶的区域	墙面壁挂安装	10～12m	安装高度不低于2.2m

7）行李提取大厅，见表10-3-10。

表10-3-10 行李提取大厅

前端设备名称及规格	安装场景	安装方式	有效半径	备注
音柱扬声器	行李提取大厅人流集中且无吊顶的区域	墙面壁挂安装	10～12m	安装高度不低于2.2m

8）到达大厅，见表10-3-11。

表 10-3-11 到达大厅

序号	前端设备名称及规格	安装场景	安装方式	有效半径	备注
1	吸顶扬声器	有吊顶，净高 4m 以下	吊顶吸顶安装	3～4m	1）安装高度不低于 2.2m 2）根据安装高度与密度决定使用 3W 还是 6W
2	音柱扬声器	到达通道等人流集中且无吊顶的区域	墙面壁挂安装	10～12m	安装高度不低于 2.2m
3	有源线阵列扬声器	到达大厅等大空间区域	墙面壁挂安装	20m、32m	区域单独配消防电源，接电源线

9）到达车道边，见表 10-3-12。

表 10-3-12 到达车道边

前端设备名称及规格	安装场景	安装方式	有效半径	备注
号角扬声器	航站楼出口大门、车道旁等人流集中且无吊顶的区域	墙面壁挂安装、立柱或立杆安装	10～12m	安装高度不低于 2.2m

10）工作区，见表 10-3-13。

表 10-3-13 工作区

序号	前端设备名称及规格	安装场景	安装方式	有效半径	备注
1	吸顶扬声器	有吊顶，净高 4m 以下	吊顶吸顶安装	3～4m	1）安装高度不低于 2.2m 2）根据安装高度与密度决定使用 3W 还是 6W
2	壁挂扬声器	无吊顶，工作人员区域	墙面壁挂安装	6m	

（续）

序号	前端设备名称及规格	安装场景	安装方式	有效半径	备注
3	号角扬声器	各类机房	墙面壁挂安装	20m、32m	音质差，声音响，用于背景噪声大的机房、行李分拣区、行李装卸区等工作区

10.3.6 安检信息管理系统

1. 系统概述

安检信息管理系统是集旅客及工作人员身份验证、肖像采集、人脸识别比对、行李状态验证、安检过程录像查询、行李 X 射线照片查询、行李开包录像查询、安检人员管理和布控信息管理于一体的综合性安检信息管理系统。

2. 系统架构

系统前端由工作站、读卡器、三合一阅读器、指纹仪、人脸识别摄像机等设备组成。

3. 系统功能

安检信息管理系统主要功能见表 10-3-14。

表 10-3-14 安检信息管理系统主要功能

主要功能	功能描述
安检验证	安检验证主要工作是验证旅客身份(含人脸比对)、检查旅客交运行李安检状态，并且能根据相关安检检查单位旅客黑名单，对可疑旅客进行拦截，系统可以根据机场业务需求进行全自助模式和人工模式灵活切换
交运行李开包子系统	当开机员发现旅客交运行李在 X 射线机内发现异常时，开机员发出开包指令，将当前此 X 射线机图片发送至交运行李开包工作站中，开包检查员扫描此交运行李条码，同时显示交运行李信息及所属旅客详细信息或者通过接口获取的 X 射线机图片及行李条信息，通过人包对应图在系统中直接关联找出旅客详细信息，在工作站中填写开包情况和处理结果，并将开包结果及此可疑图片随同此旅客的相关信息一并存储

（续）

主要功能	功能描述
手提行李开包子系统	当开机员发现旅客手提行李在 X 射线机内发现异常时，开机员发出开包指令，将当前此 X 射线机图片发送至手提行李开包工作站中，开包检查员扫描此旅客登机牌，显示旅客详细信息，并在工作站中填写开包情况和处理结果，并将开包结果及可疑图片随同此旅客的相关信息一并存储
登机口二次复查	旅客登机扫描登机牌时，系统根据扫描到的登机牌信息调用旅客的安检信息，当验证没有通过时，系统给出声音和文字告警提示，并拒绝此旅客登机
综合管理查询	综合管理查询子系统可进行旅客的基本信息、同行旅客、托运行李、托运行李开包、验证记录、手提行李开包、登机记录和安检各环节的录像联运查询，验证记录手提行李开包联动信息、登机记录、旅客和手提行李信息的链接打印等

10.4 航站楼安全业务平台

10.4.1 安全综合管理平台

1. 系统概述

机场安全保卫涵盖飞机、乘客、机组人员和机场基础设施等多种元素，因此，集成所有安全元素相关信息和数据，是有效的保卫机场安全的必要条件。安全综合管理平台其核心是通过创建机场情境智能整体解决方案，使机场主管部门具备实时、准确的情境意识，实现先进的机场安全集成。

2. 系统架构

安全综合管理平台主要由平台应用软件、各类应用服务器、工作站、便携式终端等组成。安全综合管理平台功能主要由机场安防综合管理数据库、全场视频统一管理、安保报警事件管理、安全运行管理组成。

3. 系统功能

安全综合管理平台主要功能见表 10-4-1。

表 10-4-1　安全综合管理平台主要功能

主要功能	功能描述
机场安防综合管理数据库(SODB)	SODB 存储的数据应包括安全业务相关数据、航班相关数据、旅客相关数据、安全资源相关数据、用户管理相关数据等。SODB 具备至少 3 年历史数据的在线存储能力,并支持把历史数据导出的功能
全场视频统一管理	全场视频统一管理首先完成机场视频监控系统的整合,还包含统一视频操控与显示、视频智能检索、视频质量诊断、视频智能分析、视频监控方向追踪等
安保报警事件管理	安保报警事件管理是建立在视频监控(报警)、出入口控制(巡更)、安防视频管理上的网络化报警集成管理平台。系统负责配置、联动、控制各环节的响应逻辑,调度被集成系统的联动响应
安全运行管理	安全运行管理提供一个安全信息共享环境,使各安全类系统均在 SODB 统一的安全信息之下自动运作,使各类安防系统在机场的安全防范和管理中最大限度地发挥作用

10.4.2　视频监控系统

1. 系统概述

建设一个先进的、易操作、易维护的视频监控系统，使其作为一个有机的整体对机场航站楼进行监控和管理。利用监控系统的可视手段满足监督管理要求及发生案件后的查证；从而有效地提高预防和抵抗事故、灾害的发生和加强防御控制的能力。

2. 系统架构

系统主要由应用软件、服务器、存储设备、摄像机、显示设备、工作站等组成。视频监控系统是对航站楼进行视频监控，采用高清网络摄像机，摄像机通过网口接入网络交换机；存储方式采用视频云存储。全景摄像机、固定摄像机做区域覆盖；云台摄像机做细节追踪和区域巡查。

3. 前端摄像机点位设计

（1）视频采集设备覆盖原则

根据《民用运输机场安全保卫设施》（MH/T 7003）与《民用运输机场航站楼安防监控系统工程设计规范》（MH/T 5017）的说

明，应对航站楼内旅客和行李所经过的主要场所、工作人员通道、重要部位（如机房、设备间、核心控制室、小件行李寄存处等）和区域实施有效的视频监控。

（2）音频采集设备覆盖原则

根据《民用运输机场航站楼安防监控系统工程设计规范》（MH/T 5017）的说明，应对旅客业务办理等交互环节实施有效的音频采集。

4. 存储设计

（1）存储策略

根据存储策略，对所有摄像机的图像信息和拾音器的音频信息进行存储；图像存储策略的设置与执行由管理服务器、存储系统完成；用户可根据不同的检索策略，查询所需的录像；视频及音频存储要求：本系统所涉及的视频以及音频存储期限为90天。

（2）存储配置

每台IP摄像机按3M码流，90天存储，考虑冗余。

存储计算：∑[摄像机数量×在该图像质量下相应帧率每秒所产生的视频流量×3600×24×存储时间（单位：天）/8/1024/1024]=视频实际存储容量（T），按n路摄像机，90天存储时间并考虑冗余，视频实际存储容量为：$(n\times3\times3600\times24\times90)/8/1024/1024\approx n\times2.78T$（BYTE）。

10.4.3 出入口控制系统

1. 系统概述

出入口控制系统的作用在于管理人群进出管制区域，限制未被授权人员进出特定区域，并使已被授权者在进出上更便捷。前端识别可以采用多种手段来实现，也可以采用几种手段的组合，实现更严密的门禁管理，前端识别分为读卡器加密码或读卡器加生物识别等方式。

2. 系统架构

出入口控制系统主要由识读部分、传输部分、控制部分和执行部分以及相应的系统软件组成。识读部分可以根据实际使用要求选择合适的识别技术或多种识别技术的组合。传输部分由前端设备与控制设备之间的传输线缆和控制设备与出入口控制服务器之间的数据传输设备组成。执行部分由电动闭锁装置、闭锁状态感知器、开启装置等现场设备组成。

3. 前端点位设计

出入口控制系统点位设置需参照《民用运输机场安全保卫设施》（MH/T 7003）、《民用运输机场航站楼安防监控系统工程设计规范》（MH/T 5017）、《安全防范工程通用规范》（GB 55029）中关于前端设备布置的规定执行。

（1）区域安全等级

陆侧公共区 < 陆侧办公区 < 空侧公共区 < 空侧办公区 < 站坪区域。

（2）区域间布置原则

1）陆侧公共区与陆侧办公区之间采用刷卡加密码门禁点（双向）。

2）陆侧公共区与空侧公共区之间的红线门采用常闭锁加声光报警方式（双向）。

3）陆侧公共区与空侧公共区之间的楼梯采用刷卡加密码门禁点（双向）。

4）陆侧公共区与空侧公共区之间的员工通道采用刷卡加人脸门禁对员工进行验证。

5）陆侧办公区与空侧办公区之间的红线门采用常闭锁加声光报警方式（双向）。

6）空侧公共区与空侧办公区之间采用刷卡加密码门禁点（双向）。

7）空侧公共区与站坪区域之间采用刷卡加人脸识别门禁点（双向）。

8）空侧办公区与站坪区域之间采用刷卡加人脸识别门禁点（双向）。

（3）房间划分

1）功能中心 TOC、IT 运维室、分布设备间 DCR、主设备间

PCR 等采用刷卡加人脸识别门禁点（单向）。

2）设备小间 SCR、控制室、运行管理中心、消防控制室、站坪照明监控室、目视放停靠引导监控室等采用刷卡加密码门禁点（单向）。

3）弱电进线间、UPS 机房、电池间、变电所、柴油发电机房等采用刷卡加密码门禁点（单向）。

4）应急疏散通道的门禁与设备间的门禁，在疏散方向的内侧设置应急开启装置，并设置声光报警灯联动。

10.4.4 隐蔽报警系统

1. 系统概述

隐蔽报警系统用于指定区域工作人员在发现可疑或危险的人或物品时以隐蔽方式向公安执勤室发出报警信息。

2. 系统架构

隐蔽报警系统通常由隐蔽报警装置、传输设备、处理/控制/管理设备和显示/记录设备四部分构成。

3. 前端点位设计

航站楼内每个乘机手续人工办理柜台、安全检查通道、行李寄存处、登机口验证柜台、行李开包台、服务/问询柜台等需要设置隐蔽报警设施，隐蔽报警设施应位于视频监控覆盖范围内。需隐蔽报警的每个工位设 1 个隐蔽报警按钮，隐蔽报警按钮安装在柜台台面。具体部署区域：

1）防爆检测区。

2）服务/问询柜台。

3）订票柜台。

4）值机柜台。

5）安检验证柜台。

6）托运行李开包台。

7）手提行李开包台。

8）登机口柜台。

9）行李寄存处。

10）其他需要隐蔽报警的位置及区域。

10.5 机场航站楼旅客服务平台

10.5.1 旅客运行管理系统

1. 系统概述

旅客运行管理系统是以提升机场旅客服务水平为目标的信息管理系统，通过汇聚旅客动态数据，按照旅客运行的数据分析规则，通过分析旅客运行保障的各项要素，充分利用网络平台为旅客提供及时全面的信息、方便快捷的服务，让旅客享受到方便快捷的出行体验，进而提升和优化机场的旅客运行水平和品牌形象。

2. 系统架构

旅客运行管理系统主要由旅客流向分析与服务调度、旅客运行及服务管理、旅客服务质量执行测量等多个应用模块组成，围绕旅客运行业务分析规则，通过收集与分析各种旅客运行测量的各种数据，为旅客服务业务提供精准实时的信息支撑。

3. 系统功能

旅客运行管理系统综合存储各类机场旅客数据信息，并加以有效组织、管理和维护，从而对旅客运行管理应用及服务提供可靠的数据支持，对旅客运行环节的安全、环境、效率和质量进行综合管理。

10.5.2 旅客服务体验系统

1. 系统概述

旅客服务体验系统通过移动互联网的应用为旅客提供全链条的场景服务，作为前端交互应用的后台，旅客可通过机场 APP、公众号、自助综合查询终端等前端交互应用调用旅客服务体验的相关功能，完成信息查询等服务。

2. 系统架构

旅客服务体验系统由数据层、支撑层、应用层、接入层、呈现层等部分组成，数据层主要来自旅客运行管理系统；支撑层由各种服务引擎组成，提供支撑功能；应用层提供系统所有旅客服务业务功能；接入层主要负责前端设备、应用的接入管理和提供负载均衡功能；呈现层主要包含各类终端应用及设备等多种呈现方式。

3. 系统功能

系统主要通过旅客手机 APP、机场公众微信平台、机场自助综合服务终端、呼叫中心、智能机器人等手段为旅客提供服务。服务类型主要包括航班查询、会员服务、商业导航与服务、交通服务、信息推送等功能。该系统将实现旅客与机场之间的信息共享、实时互动。系统将为旅客提供更好的出行体验。

10.5.3 航站楼运行管理系统

1. 系统概述

航站楼运行管理系统是通过信息采集和整合，结合旅客服务部门日常工作质量的需要，构建面向航站楼日常运行状态监控与服务品质巡查管理的系统，系统以数字化手段提供航站楼运行相关的一整套管理流程，能够展示整个航站楼及旅客运行的态势，高效有序地组织管理航站楼的生产与服务，有效提高机场的运行效率及管理水平。

2. 系统架构

航站楼运行管理系统由数据层、支撑层、应用层等部分组成，可以汇聚机场航站楼内各类保障资源的实时动态变化数据，通过大数据平台的支撑，利用智能分析手段，生成针对楼内管理、楼内旅客服务、楼内资源分配、综合交通、旅客等不同对象的预警数据、预测数据和决策数据，形成楼内与资源分配部门、楼内与综合交通、楼内各服务部门之间的协同决策，帮助优化航站楼业务流程，提升航站楼运行管理效率。

3. 系统功能

航站楼运行管理系统对航站楼各区域设施设备状态（通过数据接口方式获得）、资源状态（包括但不限于柜台资源、安检通道资源、转盘资源、登机口资源等）、区域容量等数据的采集与整合，具备对航站楼日常运行及应急情况下对各类型运行事件进行了解、沟通、指挥、协调、调度等管理能力。

航站楼运行管理系统可针对航站楼综合运行场景，进行综合视图展示，对航站楼整体运行状态进行监控，可以实时处理和显示旅客、保障资源、人员运行轨迹、设施设备的状态等信息，以及对航站楼运行态势进行实时的综合分析、预测和预警。

10.5.4 旅客服务前端应用

1. 系统概述

旅客服务前端应用是旅客服务体验的呈现层，通过接入管理 Web 服务调用旅客服务体验后台的应用服务功能，实现旅客与机场之间的信息共享与实时互动，为旅客提供更好的出行体验。

2. 系统架构

旅客服务前端应用主要包括旅客手机 APP、第三方应用、机场自助综合服务终端、呼叫中心、智能机器人等各种类型的前端应用及设备，为旅客提供的服务类型主要包括航班查询、会员服务、商业导航与服务、交通服务、信息推送等功能。该系统将实现旅客与机场之间的信息共享、实时互动，为旅客提供更好的出行体验。

3. 系统功能

机场手机 APP、第三方应用（微信公众号、微信小程序）等通过接入管理 Web 服务调用旅客服务体验后台的应用服务功能，与旅客进行信息交互和呈现。手机 APP 包含的功能包括但不限于：航班服务、导航服务、旅客服务、虚拟航站楼、机场商业、预订服务、会员管理、机场交通、失物招领、投诉建议、服务评价等。

旅客可在自助综合服务终端通过人脸识别或证件识别的方式实现身份认证，从而在终端实现上述的机场服务、机场交通服务、爱心服务、便利工具服务、智能行程服务、优惠券、个人中心、航班服务、地图服务、WiFi 取号等功能。

10.5.5 呼叫中心系统

1. 系统概述

呼叫中心系统是一个集成的综合信息服务平台，提供热线电话服务、移动APP服务、微信服务、网站在线服务和现场智能机器人服务等多渠道于一体的服务。

2. 系统架构

呼叫中心系统基于移动互联网、人工智能、大数据等技术，对客户服务需求实现“统一受理、统一工单、统一管理”的统一化、一站式客户服务体系支持平台，对外将为客户提供电话、微信、移动APP、网站在线和线下机器人等多样化服务接入渠道，对内采用统一的客户服务界面、统一的服务标准、统一的客服号码呼出和呼入，为机场与旅客之间架起高效沟通的桥梁。

3. 系统功能

呼叫中心系统能够为客户提供包括热线电话、移动APP、微信、网站在线客服、现场机器人服务在内的多种服务渠道。

呼叫中心系统具备人工智能服务能力，全面应用AI机器人为所有渠道优先提供高效、优质的自动化服务，减轻人工服务压力。

呼叫中心系统整合所有对外服务号码，实现码号和渠道的对外统一；对客户的服务需求，利用呼叫中心的TTS、ASR、IVR及数据分析查询等技术进行信息的先期处理和过滤，共性问题直接处理，特殊个性个例再转接至具体业务岗位。

呼叫中心系统具备座席、IVR等业务应用的分布式部署和整合的能力；能够随着机场业务和功能的完善，将涵盖机场其他信息、商业信息、延伸服务、驻场服务等机场范围内的所有业务的查询和沟通全部整合到呼叫中心完成。

10.6 智慧信息专用系统创新技术

10.6.1 智慧面部视频分析创新技术

面部视频分析技术是基于人脸识别和ReID（跨镜追踪）等技术，在全量视频数据中，通过拟合算法（人脸和人体的拟合算法)，进行结构化分析处理，详细刻画出旅客的精准活动轨迹，从而快速定位找到未登机或失联的旅客，提升寻人效率的同时，节省人力资源投入。

系统支持重点人员、特殊旅客的信息接入，根据证件照片和摄像机抓拍照片相似度的比对和分析，展示疑似查找人员信息列表。用户可选择并确认实际相关人员点位信息，标注在 GIS 地图上，形成查找人员的行为轨迹，系统将轨迹进行存储。

用户可以通过查找到的人员行为轨迹，将人员信息、地点信息进行下发操作。信息下发到佩戴 AR 眼镜和 APP 端的现场工作人员处后，现场工作人员可以通过佩戴 AR 眼镜进行人员查找。系统通过 AR 眼镜的信息回传做到数据分析、数据比对等创建模型分析，实现人脸识别功能。当 AR 眼镜拍摄范围内识别到被查找人员后，在 AR 眼镜中会进行高亮提示工作人员，由工作人员进行现场确认，以达到快速找人的功能。

10.6.2 数字孪生创新技术

数字孪生是指现实世界以及利用数字化技术营造的与现实世界对称的数字化镜像，以数字化方式拷贝一个物理对象，模拟对象在现实环境中的行为。

数字孪生充分利用物理模型、传感器更新、运行历史等数据，集成多学科、多物理量、多尺度、多概率的仿真过程，在虚拟空间中完成映射，从而反映相对应的实体装备的全生命周期过程。数字孪生是一种超越现实的概念，可以被视为一个或多个重要的、彼此依赖的装备系统的数字映射系统。

数字孪生技术可以被视为物理世界和数字世界之间的桥梁，可以实现物理世界和信息世界的交互融合。数字孪生技术可通过大数据分析、人工智能等新一代信息技术在虚拟世界的仿真分析和预测，从而以最优的结果驱动物理世界的运行。

数字孪生技术具有精准映射、虚实交互、软件定义、智能干预四个特点。通过数字孪生技术，可在应用于物理世界的虚拟环境中吸取经验教训并在问题发生之前就及时解决，也可以发现更多机会，最终改变业务。

数字孪生技术可以用于模拟训练，工人上岗之前，可以在虚拟环境中进行模拟操作训练，这样就不会让错误影响到真实生产。

10.6.3 AI 技术中台创新技术

中台技术是一套可持续让数据用起来的机制，一种战略选择和组织形式，是依据特有的业务模式和组织架构，通过有形的产品和实施方法论支撑，构建一套持续不断把数据变成资产并服务于业务的机制，基于现有业务的数据处理系统、数据服务中台应用以及业务应用前台等多层级架构，达到数据融合、业务协同、标准统一的目标。数据中台技术对所需的大量数据进行采集、梳理、加工，存储为平台统一的标准数据，形成大数据资产层，根据业务需求和数据特点，将各类数据打包封装，结合定制开发的功能模块，变为各类个性化或可复用的应用，进而为平台用户提供丰富的数据服务。这些数据服务中的一部分与机场的业务有较强的关联性，是业务和数据的沉淀，同时另一部分将通用性的功能整合，避免重复建设，降低业务协作的成本。平台所提供的应用服务既能是部门独有的，与业务强相关的，也能是可复用的，可为多种业务提供普适性功能，并且具备强大的灵活性，可适应不断变化的业务，迅速响应功能需求，方便快捷地生成新应用。

10.6.4 AI 无源光局域网技术

无源光局域网（POL）是基于无源光网络（PON）技术的局域网组网方式。该组网方式采用无源光通信技术为用户提供融合的数据、语音、视频及其他智能化系统业务。POL 系统由光线路终端（OLT）、光分配网络（ODN）、光网络单元（ONU）和核心交换设备、出口设备、网络管理单元组成。POL 系统与入口设施、终端共同组成建筑物和建筑群的网络系统，基本架构如图 10-6-1 所示。

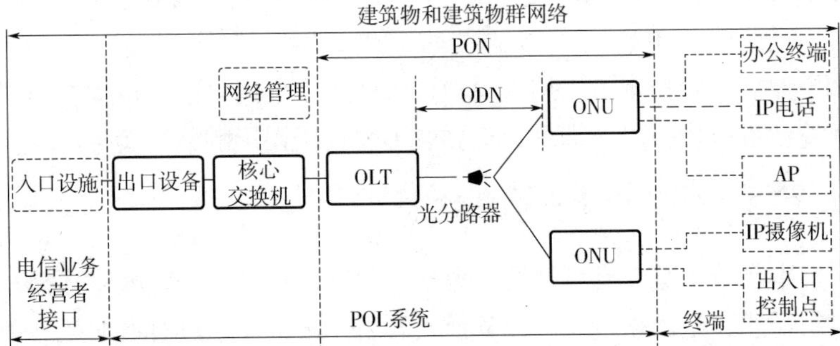

图 10-6-1　基本架构

无源光局域网适用于新建、改建和扩建的航站楼或园区建筑群系统，尤其是建筑面积大、终端信息点位多、传输距离远的应用场景，具有简架构、高可靠、易演进、大带宽和智运维等特点。

第11章　优秀机场航站楼建筑案例

11.1　国内大型航站楼案例汇总

国内大型航站楼案例汇总见表11-1-1。

表11-1-1　国内大型航站楼案例汇总

序号	1	2	3	4	5
项目名称	北京大兴国际机场	广州白云国际机场二号航站楼项目	浦东国际机场T2航站楼	重庆江北国际机场新建T3A航站楼	厦门翔安新机场T1航站楼
建设地点	北京	广东广州	上海	重庆	福建厦门
建筑面积/万m^2	78	65.87	55	54.4	55
柴油发电机	14900kW	9000kW	7168kW	14346kW	14500kW
变压器总装机容量	105800kVA	126520kVA	74000kVA	78200kVA	96675kVA
单位面积变压器安装指标	136VA/m^2	161.6VA/m^2	135VA/m^2	143.7VA/m^2	146VA/m^2
设计单位	北京市建筑设计研究院有限公司	广东省建筑设计研究院	华东建筑设计研究院	中国建筑西南设计研究院有限公司	中国建筑设计研究院有限公司
竣工时间	2019年6月	2018年2月	2008年3月	2017年8月	2025年底

（续）

序号	6	7	8	9	10
项目名称	首都国际机场 T3 航站楼	昆明长水国际机场	成都天府国际机场（T2）	郑州新郑国际机场 T2 航站楼工程	青岛新机场建设项目
建设地点	北京	云南昆明	四川成都	河南郑州	青岛胶州
建筑面积/万 m^2	98.6	54.8	70.66	48.4	47.8
柴油发电机	20552kW	16100kW	22400kW	6936kW	12900kW
变压器总装机容量	187620kVA	68520kVA	119400kVA	58600kVA	79800kVA
单位面积变压器安装指标	190VA/m^2	125VA/m^2	168VA/m^2	121VA/m^2	167VA/m^2
设计单位	北京市建筑设计研究院有限公司	北京市建筑设计研究院有限公司	中国建筑西南设计研究院有限公司	中国建筑东北设计研究院有限公司	中国建筑西南设计研究院有限公司
竣工时间	2008 年 2 月	2011 年 12 月	2021 年 12 月	2015 年 12 月	2020 年 12 月
序号	11	12	13	14	15
项目名称	武汉天河机场	上海浦东国际机场三期扩建工程卫星厅	乌鲁木齐地窝堡国际机场	西安咸阳国际机场二期扩建工程 T3A 航站楼	济南遥墙机场 T2 航站楼
建设地点	湖北武汉	上海	新疆乌鲁木齐	陕西咸阳	济南
建筑面积/万 m^2	49.5	62	55	29	60
柴油发电机	7200kW	10500kW	10400kW	3600kW	18600kW
变压器总装机容量	61800kVA	86400kVA	71900kVA	38350kVA	104810kVA
单位面积变压器安装指标	147VA/m^2	140VA/m^2	146VA/m^2	128VA/m^2	174.6VA/m^2
设计单位	中南建筑设计院股份有限公司、中信建筑设计研究总院有限公司	华建集团华东建筑设计研究总院	华东建筑设计研究院	中国建筑西北设计研究院有限公司	中国建筑设计研究院有限公司
竣工时间	2017 年 7 月	2019 年 9 月	2024 年 7 月	2012 年 5 月	2026 年

（续）

序号	16	17	18	19	20
项目名称	沈阳桃仙国际机场T3航站楼	南京禄口国际机场二期工程T2航站楼	深圳机场卫星厅	天津滨海国际机场T2航站楼	厦门高崎国际机场3号、4号航站楼
建设地点	沈阳	南京	深圳	天津	福建厦门
建筑面积/万 m^2	25	23	24.8	22	23.7
柴油发电机	4000kW	47800kW	4000kW	4000kW	5400kW
变压器总装机容量	35200kVA	28400kVA	38400kVA	22000kVA	43800kVA
单位面积变压器安装指标	140VA/m^2	123VA/m^2	181VA/m^2	100VA/m^2	185VA/m^2
设计单位	中国建筑东北设计研究院有限公司	华建集团华东建筑设计研究总院	广东省建筑设计研究院	中国民航机场建设集团有限公司	T3：华东建筑设计研究院；T4：中国民航机场建设集团公司
竣工时间	2013年6月	2014年7月	2021年		2014年12月

11.2 北京新机场航站楼（大兴机场）建筑案例介绍

11.2.1 项目概况

北京新机场场址位于北京市正南方向大兴区榆垡镇，距天安门直线距离46km。新机场按照本期年旅客吞吐量4500万（2025年7200万人次）、货邮吞吐量200万t、飞机起降量63万架次的目标设计，飞行区等级指标为4F。

航站区由航站楼、陆侧交通路桥、东西停车楼、综合服务楼、地下轨道交通等主要建设项目组成。其中航站楼与综合服务楼组成了一个直径1200m、六指廊中心放射的整体构型，建筑采用金属屋面覆盖，最高点50m，向周边起伏下降至25m。

航站楼由主楼和五条指廊组成，主楼地上共4层，采用了上部双出发层-下部双到达层的基本楼层功能设置，并配置了双层出港高架桥。中央指廊为国际指廊，采用了下夹层到港的分流模式，其他四条为国内指廊，采用了进出港混流模式，航站楼近机位共78个，在国内国际交界的西南和东南指廊根部设有可转换使用的近机位。综合换乘中心与航站楼一体化设计，交通连接功能完全整合到了航站楼的整体设计当中，地下一层设置轨道进出站的连接过厅和轨道站厅，连接地下二层的两条城际铁路线和三条城市地铁线。航站楼和综合换乘中心建筑面积共约78万m^2，航站区范围内的轨道交通工程面积约21.9万m^2。效果图如图11-2-1所示。

图11-2-1　北京新机场航站楼效果图

11.2.2　电气系统配置

项目设置了10kV开闭站及变配电系统、电力系统、自备电源系统、照明系统、线路敷设及管网综合、防雷接地及安全保护系统、智能楼宇管理系统、火灾自动报警及联动控制系统等。

1）此项目共设计4个10kV开闭站和1个行李及APM开闭站，22个公共变配电所及UPS室，4个行李变配电所，9个发电机房，341个配电间及弱电间，MCC室79个，96个SCR/DCR及25个UPS间。位置示意图如图11-2-2所示。外电源拟由规划新建的上级1#和2#110kV/10kV中心变电站馈出10kV电源向楼内开闭站供电。每个开闭站外线分双路10kV电源进线，每路2根300mm^2高压电缆并接，设计申请采用双重电源分别取自 2 个不同的上级电站，要求 10kV 外电源除非有不可抗拒的原因，任一路电源进线故障，均不允许对另一路进线缆线造成损害。为此，楼内贯穿东西的电气管廊中预留 2 层高压电缆槽盒。

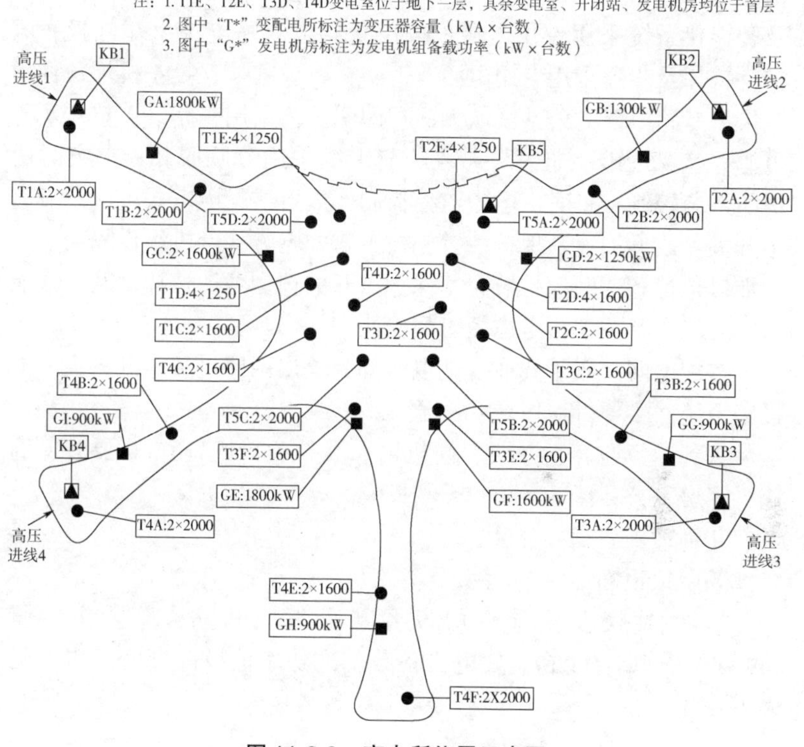

图 11-2-2　变电所位置示意图

2）电力系统涉及空调采暖与冷却系统、生活热水系统、通风与空调系统、水系统（生活给水、雨水回收、消防给水及排水）设备供配电系统、电梯及自动扶梯自动步道供电系统。一般负荷单电源供电；消防及重要负荷双电源供电。

配电干线采用放射与树干相结合的配电方式，按配电区域规划设置配电间及 MCC 室，根据配电系统设动力电源（一般电源、应急、弱电、信息及智能化）、照明电源（一般 A 或 B 电源、应急）、信息及智能化电源等配电箱（柜），一关三检等联检单位的专用电源单独送至相应的区域。容量大的设备及机房采用直接放射方式，就地设配电柜。变配电所配出线路至末端配电点电压降损失按不大于5%计算。根据负荷等级确定干线冗余，一级特别重要负荷采用双路电源（市电+市电/自备应急柴油发电机组）末端互投；信息及智能化系统采用专用电源，按设备需求双路电源末端互投；电梯、扶梯及步道采用专用电源，消防梯电源末端互投；机坪各种用电采用专路电源；公共区域大面积照明负荷采用双路（A电源和B电源）交叉配电。非消防一般负荷干线采用分励脱扣，火灾时由消防系统控制，平时由电力监控控制。放射式配电方式进线设隔离主开关；或增加速断保护装置；树干式配电方式，进线设隔离主开关加过负荷和速断保护装置。保护类开关选型考虑选择性及分断能力；功能类开关选型考虑短时耐受能力。

在配电间一级干线或变配电所部分配出回路设置电气火灾漏电报警系统。主要针对区域：

①到达、迎客、办票、候机区、联检、VIP、CIP及要客、商业、客房等公共区。

②管理、后勤办公区。

③屋顶顶棚。

3）航站楼及换乘首层设置9处发电机房，总装机容量14900kW，共计11台。发电机备载基准功率值及配套变配电所见表11-2-1。

表11-2-1 发电机备载基准功率值及配套变配电所

序号	发电机房编号	设置区及层号	发电机组备载基准功率	配套变配电所编号
1	GA	C区F1层	1800kW	T1A、T1B
2	GB	G区F1层	1300kW	T2A、T2B
3	GC	AL区F1层	2×1600kW(并机)	T1C、T1D、T1E
4	GD	AR区F1层	2×1250kW(并机)	T2C、T2D、T2E
5	GE	BL区F1层	1800kW	T3F、T4D、T4C
6	GF	BR区F1层	1600kW	T3C、T3D、T3E

（续）

序号	发电机房编号	设置区及层号	发电机组备载基准功率	配套变配电所编号
7	GG	D区F1层	900kW	T3A、T3B
8	GH	F区F1层	900kW	T4E、T4F
9	GI	E区F1层	900kW	T4A、T4B
	总计		14900kW	

每个变配电所配置1个UPS室，承担负荷所辖范围内供配电系统测量、显示与控制电源，以及电力监控管理系统、智能照明监控管理系统、电梯扶梯步道监控管理系统、建筑设备监控管理系统、IBMS所涉及的网络、通信等重要设备的不间断供电，市电电源停电或意外中断供电时，在线式静态交流不间断电源UPS持续供电时间不小于30min。UPS配置容量估算见表11-2-2。电池安装于专用电池柜内，采用阀控式密封铅酸蓄电池，电池额定电压6V。

UPS装置具有标准接口（如RS232/RS485等），并有专业的软件包，支持MODBUS-RTU、TCP/IP等协议，开放接口通信协议编码表，通过网络适配器接入电力监控管理系统网络前端通信处理机。双路市电断电后起用应急柴油发电机组供电，由电力监控管理系统通过备用应急电源管制平台确定是否缓时或立即给UPS提供应急电源。

表11-2-2 UPS配置容量估算

位置	T1A、T1B	T1D、T1E、T2D、T2E	T1C、T2A、T2B、T2C、T3A、T3B、T3C、T3D、T3E、T3F、T4A、T4B、T4C、T4D、T4E、T4F	备注
估算容量/kW	50	40	30	

4）照明按使用性质分一般照明、局部重点照明、值班工作照明、应急照明（疏散指示标志及照明、备用照明、安全照明）、光艺术环境景观照明以及航空障碍标志等。航站楼及换乘中心公共区、非公共区域、机电用房、管理办公等场所按照度标准设计布置及选用灯具；值机、验证及服务柜台附加局部重点照明；值班巡视维护场所及值班室设值班控制工作照明；公共场所、疏散通道及消

防用机房设置消防应急照明；钟点客房、高端休息区、出租商业零售等区域设置备用照明；配合建筑装饰及造型构建光艺术环境景观照明。

照明配电采用放射与树干式配电相结合方式，分区域配电间设置照明配电柜（箱）、应急照明配电柜（箱）开闭站、变配电所、独立区域、办公用房等就地设照明配电分盘。屋顶顶棚内配电箱柜安装在联络马道上。联检大厅、旅客候机大厅等公共空间照明均提供 A、B 电源，提高区域照明的可靠性。公共区域旅客所能触及的场所原则上不设置配电箱（柜），否则加强防电击保护的防护措施。

公共空间设照明控制系统，采用支路控制方式，控制器等内置在照明箱（柜）内，采用 KNX 或 RS485 总线协议产品开放接口通信协议编码表并有专业的软件包支持，管理层采用以太网支持 TCP/IP、OPC 等标准协议，通过交换机接入 IBMS；支路控制模块采用模块化结构，与 MCB 断路器一起在标准导轨上安装，支路可自锁有状态及电流反馈功能；可预置无源触点接收模块与建筑设备监控系统连接遥控场景。控制模块应满足 LED 灯、荧光灯、金卤灯、换气扇、风机、风机盘管（三速风机）等负荷特性的要求，供货厂商应调试好程序交集成商测试确认。大空间照明调光控制基于 DALI 总线，采用 PWM 调光技术。

广告灯箱、标识灯箱、卫生间换气扇通过照明配电系统控制。屋顶电动窗由照明系统供电，专用控制器控制开启及调节。开关、插座和照明灯具靠近可燃物时，应采取隔热、散热等防火措施。

5）高压配电系统线路分别在东西 4 个指廊端部规划 10kV 高压进户外线引入点，B1 层埋地排管引入室内，经专用电缆槽盒引至对应 KB1、KB2、KB3、KB4 和 KB5。外墙排管引入部分做防水处理，室内设计预留 10kV 高压电缆外线至开闭站的敷设槽盒。另地下电气管廊预留 2 层东西贯通的高压外线槽盒位置。从开闭站配出到各变配电所高压柜及变压器的高压电缆选用环保型，防白蚁及防鼠咬，无卤低烟成束阻燃超 A 类交联聚乙烯绝缘聚烯烃护套铜芯电力电缆，敷设在封闭式高压电缆槽盒内。

变配电所低压柜配出干线主要通过首层、地下水平电气管廊及竖向电缆小间与配电点连通。配电点包括配电间、MCC 室、现场配电柜。不同母线段配出干线均敷设在专用主干电缆槽盒内，即至相同配电柜的双路电源干线电缆尽量分槽盒敷设，敷设在同一槽盒内时应加隔板，入柜末端段除外。变配电所电缆夹层采用梯架布线方式；BTTZ、BTYR 虽可明敷设，但考虑施工工序先期占用敷设空间，设计也规划梯架布线方式。发电机房低压柜配出干线电缆敷设在专用主干电缆槽盒内送至变配电所。至登机桥固定端配电间的干线沿桥下吊顶内敷设，机坪用电均在登机桥固定端配电间分界，埋地进出线外墙进行防水处理。

电气管廊采用多层槽盒（梯架）分系统主干电缆敷设方式。一般由上而下配置高压、低压、弱电按顺序分层配置；有条件强弱电分两侧对面布置，电力电缆；当受条件限制时，楼宇、消防、综合布线光缆可与低压配置在同一层支架上。阻火墙上的防火门应严密，孔洞应封堵；阻火墙两侧 2 ~ 3m 长的区段槽盒（梯架）应施加防火包封堵。电气管廊内除敷设条件不可避免，尽可能不采用排管明敷设。明敷管线应综合规划，便于检修与维护，兼顾美观。照明灯具（含疏散指示标志）、消防手报（含对讲）、空气采样报警器、配电箱等的安装应结合现场情况，设置安装支吊架。电气管廊多层槽盒（梯架）采用落地龙门架安装，龙门架立柱采用 10#或 8#工字钢，横担采用 8#槽钢，立柱与底板、管廊夹层板分别固定，立柱、支吊架均应做防腐处理。当在隔震区且无夹层板时，应再底板与侧壁同时固定。

6）建筑物按整体防雷新概念设计，采用传统的法拉第笼式防雷体系，结合新技术新产品多重设防。依据 GB 50057 计算建筑物年预计雷击次数 $N = 47.7$ 次/年，确定建筑物按第二类防雷建筑物设防。依据 GB 50343 计算防雷装置拦截效率 $E = 0.999$ 确定建筑物电子信息系统雷电防护等级 A 级。防雷分区除靠外墙的电气机房、设备机房及屋顶顶棚内特定区域划分为 LPZ1 区外，开闭站、变配电所、发电机房、配电间、罗盘箱、PCR/DCR/SCR、管理控制室、地下电气管廊等电气用房划分为 LPZ2 区。强电、弱电及建筑物防雷各系统的接地，采用共用接地装置，主要利用基础底板承台桩基内的结构钢筋自然做接地装置，设计共用接地极电阻值不大于0.5Ω。

7）智能楼宇管理系统通过集成各子系统信息，协调各子系统共享资源、优化运行和管理，以达到最佳、高效运行，有效节能的目的。上层规划IBMS，通过管理相关的内外部系统集成架构一个标准化、有限开放式的系统，对其接口、配置及功能的要求符合新机场整体业务管理及网络模型规划需求，IBMS系统架构如图11-2-3所示。智能楼宇管理系统包括IBMS（能源、电梯、维护、应急四个管理平台）、建筑设备监控管理系统、智能照明监控管理系统、电力监控管理系统、电梯/扶梯/步道监控管理系统等。

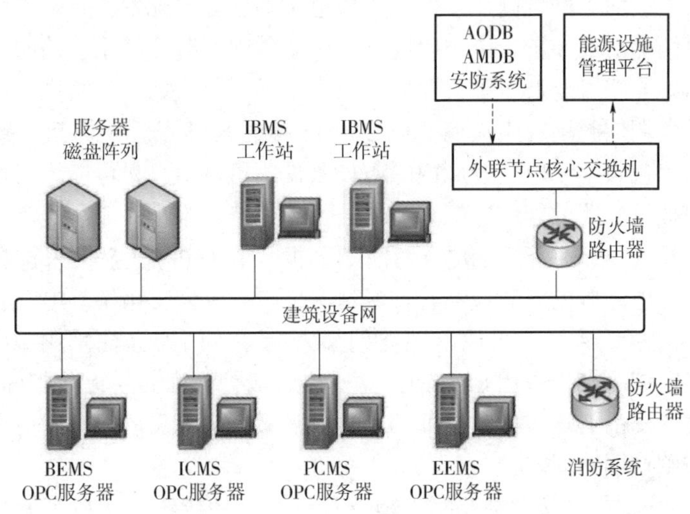

图11-2-3 IBMS系统架构

8）火灾自动报警系统（FAS）采用控制中心报警系统，设计成一个中央及分布式集散控制管理系统，消防总控制室设在航站楼西北指廊，位置示意图如图11-2-4所示，为达到有效的管控半径，构建系统可靠全面便捷的管理，在东、南2个方向再分设2个消防分控制室。现场设置火灾报警复示屏（区域电子地图或模拟地图、手报及对讲机）。系统包括火灾自动报警系统集中操控管理设备、通信网络设备、报警及联动控制主机、图形显示装置、消防专用对讲电话及通信系统、消防紧急广播系统、消防应急照明及疏散指示系统、水及气体灭火控制系统、电气火灾报警系统、消防设备电源监视和防火门监视系统、消防应急电源系统等。

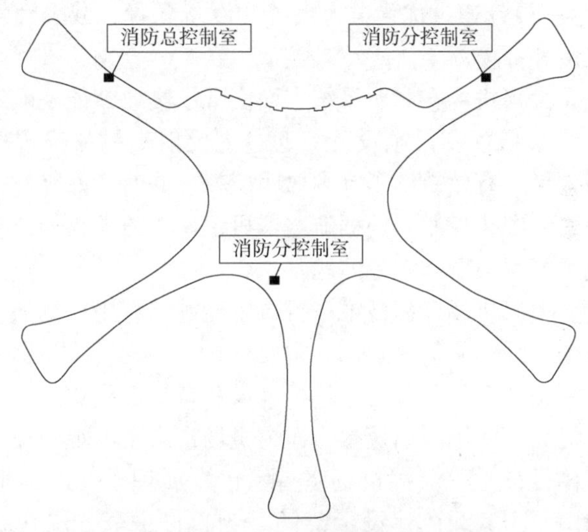

图 11-2-4　消防控制室位置示意图

针对特殊区域，设置空气采样烟雾报警系统、可燃气体报警系统、水炮灭火控制系统等。厨房设置感温探测器、可燃气体泄漏探测器；楼板洞口设置线型光束对射感烟探测器；开闭站、变配电所设置光电感烟探测器、感温探测器，联动气体灭火；迎客大厅设置反射型线型光束感烟探测器、线型光束对射感烟探测器；PCR/DCR/SCR 弱电间设置光电感烟探测器、差定温感温探测器；电气管廊（B1 层机电管廊，出线夹层）设置空气采样探测器、线型感温探测器；燃气表间设置隔爆感温探测器、隔爆可燃气体泄漏探测器等。

11.2.3　低碳节能系统

大兴机场在电气低碳节能设计方面采取了多项有效措施，通过优化供电系统、照明系统和推广可再生能源应用等手段，实现了能

源的高效利用和减少碳排放的目标。这些举措不仅有助于提升机场的运营效率和经济效益，也为推动绿色低碳发展做出了积极贡献

首先，大兴机场在供电系统方面采用了高可靠性设计，确保年平均停电时间不高于5min，高可靠性供电区域户均停电时间不高于30s。这一设计通过优化电力系统和设备配置，减少因停电造成的能源浪费和环境污染。

其次，大兴机场在照明系统方面实现了高效节能。航站楼内采用了先进的C形柱和吊顶设计，通过高反射率材料实现均匀、柔和的照明效果，有效节约了室内照明能耗。同时，停机坪智能照明系统实现了精细化控制，根据航空器机位使用需求自动调节照明状态，避免了能源浪费和眩光问题。

此外，大兴机场还积极推广可再生能源的应用。例如，停车楼光伏发电项目采用光伏薄膜作为主要材料，实现光伏与屋面景观绿化的结合，预计每年可节约大量标准煤和减少二氧化碳排放。这一项目不仅提高了能源利用效率，还为机场带来了可观的经济效益。

在整体设计上，大兴机场坚持绿色发展理念，以“世界水准绿色新国门、国家绿色建设示范区”为目标，全方位开展绿色低碳机场建设。通过运用多种创新科技手段，大兴机场在绿色建筑、绿色能源、绿色环境、绿色交通、绿色机制等方面取得了显著成果，成为绿色低碳机场的先行者。

11.3 广州白云国际机场T2航站楼建筑案例介绍

11.3.1 项目概况

此项目是国家十二五规划广东省和广州市重点建设项目，包括T2航站楼、交通中心及停车楼（GTC）以及配套市政工程。总建筑面积86.57万m^2。2018年5月投入使用。年旅客吞吐量8000万人次、货邮吞吐量250万t、飞机起降量62万架次，运输能力位居国内机场第三。

T2航站楼包括地下设备管廊、主楼及东5、东6指廊和西5、

西6指廊及北指廊，总建筑面积65.87万m^2，地上4层，局部地下为设备管廊，建筑高度43.8m；建筑类别为一类，耐火等级为一级。GTC为换乘交通中心、设备中心及停车库，建筑面积20.7万m^2，地下2层、地上3层，为一类建筑。项目效果图如图11-3-1所示。

图11-3-1 项目效果图

此项目体量大、人流多、功能复杂、建设标准高，电气设计综合考虑了建筑功能性、使用的安全舒适性、运营管理的科学性等需求，体现了先进性与适用性、经济性相统一，功能性与舒适性相统一，美观性与绿色节能相统一。设计理念先进，创新应用适用的新技术，采取各种有效的技术措施，在供配电系统高可靠性、消防系统的安全有效性、LED点光源大空间照明应用、机电设备的精细化管理等方面有所创新，解决了大型航站楼电气负荷的确定、供配电系统各环节容灾冗余技术措施、大空间火灾探测的有效性、大体量建筑火灾自动报警与联动控制系统的架构与监控模式、大空间大面积LED照明的效率与均匀度等一系列技术难题，对提高我国建筑电气设计水平具有一定的指导意义和推动作用。

11.3.2 电气系统配置

项目设置了变配电系统、低压配电系统、自备电源系统、配电线路布线系统、电气照明系统、民用建筑物防雷及接地系统、火灾自动报警系统等。

1）变配电系统

①T2 航站楼共设置 6 个主变电所，每个主变电所从新建 110kV/10kV 变电站不同变压器母线段引来两路 10kV 电源，同时工作、100% 互为备用。10kV 拓扑图如图 11-3-2 所示。各分变电所 10kV 电源由主变电所放射式供电。设备中心共设置 2 个主变电所，共引入 6 路 10kV 电源供电。每个区域主变电所分别从新建 110kV 变电站不同变压器（变电站共设 3 台主变压器）母线段引来三路 10kV 电源，三路电源两用一备，备用回路能备用其中一路主用的 100% 负荷。各变电所变压器两台一组，采用单母线分段运行方式，每组变压器两路 10kV 电源分别直接引自同一个区域主变电所不同的 10kV 母线段。T2 航站楼内，正常时两台变压器各带约 50% 负荷，平均负荷率小于 50%；当一台变压器故障时，由另一台变压器带两段母线上全部负荷。

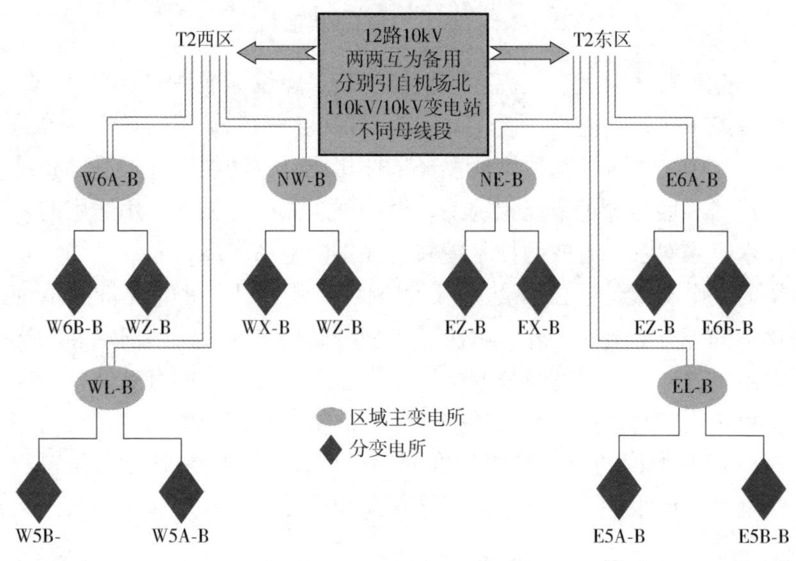

图 11-3-2　T2 航站楼 10kV 拓扑图

②T2 航站楼内共设 18 个 10kV/0.4kV 变电所（包括区域变电所及分变电所），均设于首层，其中 16 个公用变电所、2 个行李系

统专用变电所，共安装 76 台变压器。GTC 设备中心共设 4 个 10kV/0.4kV 变电所，设于负二层，其中 2 个空调制冷系统专用变电所、2 个停车楼专用变电所，共安装 14 台变压器。共采用 10kV KYN 型中置式金属铠装开关柜 336 面，低压抽屉式配电屏 826 面。

2）在低压配电系统设计中，T2 航站楼常规变压器，除 E5A 及 W5A 变电所的 B3 变压器外，每两台变压器一组，采用单母线分段运行方式，正常时两台变压器各带约 50% 负荷，平均负荷率小于 50%。当一台变压器故障时，由另一台变压器带两段母线上全部负荷。当两路市电进线中的一路或一台变压器故障时，低压母联开关采用自投不自复方式。两路进线与联络断路器之间采取电气联锁措施，保证三台断路器不能同时处于合闸状态。E5A 及 W5A 两变电所 B3 变压器仅带二级负荷，平时独立运行，当该变压器故障退出运行时，手动分闸该进线开关后，合上与 B2 间设联络开关。T2 航站楼备用变压器：采用单母线运行方式，平时变压器负荷率小于 50%。平时正常运行时由备用电源系统 10kV 市电电源供电，当市电故障或火灾时由发电机 10kV 备用电源供电；平时当备用变压器故障或检修时，该 0.4kV 母线段由变电所内市电母线段供电。

低压配电系统采用分励脱扣器，失压信号取自变压器低压出口两组电压继电器，延时 2.5 ~ 4s 跳进线断路器，电压值取 30% U_e 作为无压判据，作为变压器进线失压分闸、闭锁母联自投，自投时间滞后于进线断路器失压脱扣时间不小于 0.5s，保证配电的连续与可靠性。备用变压器平时带载运行，避免自备应急电源系统由于平时长期不用引起故障的风险，同时减少变压器总安装容量、节省投资。

3）在设备中心设置 5 台常用功率为 1800kVA 的高压发电机组作为备用电源，并在航站楼东、西连接楼分别设置一个 10kV 备用电源二级配电室，向各变电所备用变压器供电。用于保障航站楼及 GTC 内特别重要负荷、消防设备、弱电系统、应急照明等负荷在市电故障时的连续供电。备用电源系统由一路市电与一路发电电源供电，其中市电从新建机场北 110kV 变电站专线引来。平时由市电供电，当其市电故障时或发生火灾时，发电机备用电源在 15s 内完成 5 台机组的并车及送电，并自动投入使用。每座变电所分别设置一台备用电源变压器，备用变压器电源引自航站楼东西两侧的备用电源 10kV 配电室。低压母线段平时由备用变压器供电，当备用变压器故障或检修时由本变电所内市电变压器母线段供电。

此项目自备电源还兼顾防灾负荷外的部分重要负荷，如登机桥电力、行李主系统动力、贵宾室等，在极端情况下可维持航站楼不间断运营。在室外设置 15m^3 埋地储油罐，确保备用电源系统连续满载运行超过 6h。避免在航站楼内分散设置多个发电机房引起环保、维护难问题，也解决机组供油补给问题，提高系统的可靠性。火灾发生时，无论市电是否正常，均启动备用电源系统，并空载运行。另外，火灾市电停电时，15s 后只要完成并车 4 台机组，系统就自动送电。提高火灾时发电机备用电源系统可靠供电的反应速度。平时备用变压器带载运行，避免自备应急电源系统由于平时长期不用引起故障的风险，同时降低变压器安装容量、节省投资。

4）采用放射与树干相结合的配电方式，分区设置配电竖井与楼层配电间。根据负荷类别及管理要求，分类设置公共区照明、公共区地面用电、应急照明、办公区用电、公共区域送排风动力、空调通风动力、生活水动力、排水动力、自动扶梯与步道、电梯、消防动力、弱电系统 UPS、航显标识用电、联检、贵宾、两舱休息室、广告、商业、机坪各种用电等专用低压回路与区域配电箱（柜）。其中设备机房及容量大的设备采用放射式供电，其他设备以配电数据为单位采用树干式供电。针对机场航站楼电气设计子系统多、管线种类多（包括 10kV、380V、民航类弱电、建筑类弱电、自动报警、通信等），以及电气系统可靠性要求高、冗余量大，各系统主干管线数量也特别多，后期改造频繁等特点，设置大型的电气综合管廊。电气综合管廊直接贯通连接变电所、消防控制中心、弱电主机房、强弱电间及管井，与主要电气用房深度融合。在电气管廊与配电竖井内采用电缆梯架安装；矿物绝缘电缆采用梯架（包括顶棚内）敷设；其他低压电缆采用桥架敷设。安检大厅、联检大厅等专用设备配电线路采用地面线槽敷设。电气综合管廊如

图 11-3-3 所示。

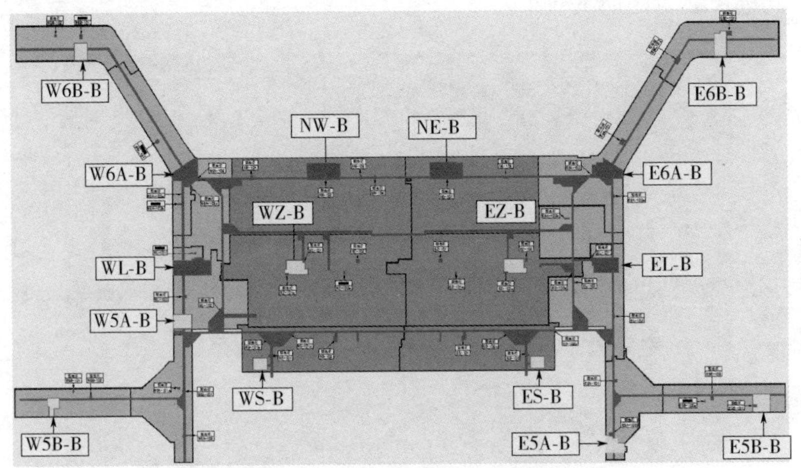

图 11-3-3　T2 航站楼电气综合管廊

5）公共空间照明采用 LED 投光灯、LED 筒灯、LED 条形灯、LED 射灯为主要光源。针对航站楼高大空间人工照明能耗高、照明舒适度低等照明节能关键技术问题，构建了航站楼“长大带形天窗 + 渐变旋转式吊顶”自然采光系统，解决长、大、高空间采光和防眩光问题。根据建筑空间与装修顶棚特点，研发并应用了防眩光高效照明灯具，并将灯具建材化、建筑化实现功能照明，构建了采用以直接照明为主、间接照明为辅照明方式与照明、装饰、建筑及结构一体化的“智能高效调光”节能技术，实现见光不见灯的照明效果，结合调光控制方式，强化建筑的空间感，烘托空间氛围，对一些低矮空间起到消除压抑感的作用，以提升舒适性与节能效果。

办公区、设备管理用房采用三基色 T5 荧光灯盘或支架；公共区通道采用 LED 筒灯与三基色 T5 荧光灯盘结合的方式。使用超过 7 万套 LED 灯，其中大功率 LED 投光灯超过 1.2 万套将这座“巨无霸”之城点亮。同时设计中通过屋面结构上合理的设置采光天窗，充分引入自然采光，使得高大公共空间在晴朗的白天不需要人工照明就能实现照明效果，如图 11-3-4 所示。设计实现照明与空间、装修深度融合、照明与节能相平衡、自然与人工相结合、舒适与健康兼得的完美效果。

图 11-3-4 天然采光示意图

应急照明以竖井为单位在区域配电间内集中设置应急电源装置（EPS）供电，EPS 持续供电时间为 90min，应急供电转换时间不大于 0.5s。公共空间照明采用两路电源交叉供电的方式，提高照明系统的可靠性。采用开关控制、0～10V 调光控制、DALI 调光控制、DMX512 调光控制等多种智能照明控制方式。采用集中控制型疏散指示照明系统，在后勤区、办公区等非旅客活动区域设置集中控制型段式（按配电回路监控）疏散标志灯，在旅客活动区域设置集中控制型点式（按灯监控）疏散标志灯，在楼梯间、前室等区域设置集中控制型应急照明灯，疏散标志灯、应急照明灯均采用 DC24V 供电。

6）T2 航站楼预计年雷击次数 16.1 次/年，属二类防雷建筑物；信息系统防雷装置拦截效率为 0.999，电子信息系统雷电防护等级为 A 级。此工程的防雷、电气、消防、弱电、信息系统及安全保护接地共用一组接地装置，利用地梁、底板和桩基础钢筋焊接连通作接地装置，接地电阻要求不大于 1Ω。

在二层结构楼板上变电所范围内设置钢筋屏蔽网，屏蔽网采用不小于Φ8 的钢筋（可利用结构楼板内的钢筋）按不大于 100mm ×

100mm 网格布置，网格中横向与纵向的钢筋应采用焊接保证电气连通，并就近与电气引上线连接。

该项目接闪器设置在金属屋面和张拉膜屋面上。金属屋面时，将建筑金属屋面（厚度为 0.9mm 的铝合金板，表面无绝缘层）及钢结构屋架与钢结构柱、混凝土柱引下线焊接作接闪器。张拉膜屋面时，利用张拉膜钢拉索及钢构架间电气连通作接闪器。

7）火灾自动报警采用控制中心报警系统，“全面探测、分区监控、集中管理”的模式，对建筑进行全面的火灾探测报警、消防设备联动控制及人员疏散导引。航站楼消防总控中心设于主楼首层西南区，另在东五、东六、西五、西六指廊的连廊、主楼东南区及 GTC 首层共设 6 个消防分控中心。每个分控中心均具备完整的报警与联动控制功能。设置的子系统包括火灾自动报警系统、联动控制系统、气体自动灭火控制系统、水炮自动灭火控制系统、高压细水雾自动灭火系统、火灾消防通信系统、电气火灾报警系统、消防电源监控系统、防火门监控系统、集中控制疏散指示照明、应急广播系统、排烟窗控制系统、视频监控系统（辅助）。

该项目合理选择布设火灾探测器，如图 11-3-5 所示。针对建筑空间特点，合理选择布设各类火灾报警探测器，实现火灾探测全覆盖，并将视频监控系统作为火灾确认的辅助手段，提高火警处置响应能力。消防设备通过总线自动联动、连锁控制；消防水泵、防烟排烟风机、正压送风机、电动排烟窗等重要消防设备直接硬线控制接入各分控中心联动控制盘。高大公共空间采用红外对射全覆盖探测、重点部位设置吸气式探测器补充，并利用全覆盖的视频监控摄像机与红外对射探测器报警后联动，将报警区域视频信号切换至消防中心监视屏上作为火灾报警确认的辅助手段的报警探测方案。

11.3.3 电气低碳节能系统

此项目在对 T1 航站楼 10 余年的实际运行电气数据进行深入分析的基础上，结合 T2 航站楼的需求，精确计算各类各级用电负荷，合理确定变压器容量，变电所深入负荷中心，选用环保节能型设备，有效降低供配电系统自身损耗，符合平安、绿色机场的要求。

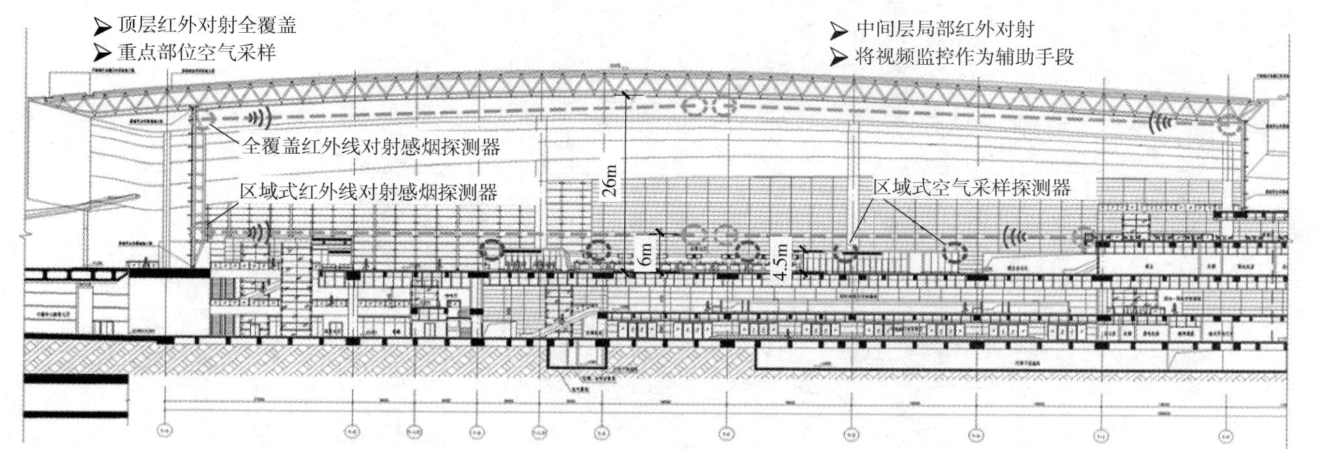

图 11-3-5　主楼办票大厅火灾探测器选型

根据超大型航站楼屋面设计特点，利用湿热地区气象数据，通过模拟计算确定屋面可安装光伏系统容量及设置位置，结合金属屋面构造节点，形成“光伏建筑一体化”安装方案。将光伏系统安装于标高为31.2m的安检大厅顶部钢结构金属屋面，装机总容量2.2MW，光伏组件转化率达到16.51%，系统总效率80%。项目建成后年均发电量211万度，减少CO_2排放量2043t，成为了首个在主体建筑金属屋面实现光伏建筑一体化的航站楼。根据超大型航站楼屋面设计特点和平面布局，通过计算确定屋面光伏系统可安装位置。同时为尽可能降低太阳光被光伏电池镜面反射而形成的光污染，选用表面镀有吸光材料的光伏组件，核心部分有陷光结构，透光率可达91.5%，反射率低于3%，能够有效吸收太阳光，减少光污染。

西五、西六指廊端部幕墙外侧设置电动遮阳百叶，东五、东六指廊端部与东连廊幕墙内侧设置电动遮阳百叶，大大减少夏季室内太阳辐射的热量，降低建筑能耗，提高候机舒适度。公共空间幕墙上设置气动排烟（通风）窗，以促进建筑过渡季利用自然通风，改善建筑用能效率和提高室内空气品质。

根据建筑空间布局及功能分区，通过采光天窗、内天井引入自然光线，改善室内照明，降低照明功耗，既经济又环保。公共空间照明均采用LED光源。在营造良好的灯光环境的同时，也尽可能降低照明功耗并最大限度地延长灯具寿命，实现长远的经济效益，以及绿色环保的示范作用。在功率密度值低于现行国家标准目标值的情况下，各项照明技术指标均优于国家标准。实际检测数据相比T1航站楼平均照度值从100lx提升至200lx、照明功率密度从$20W/m^2$降低至$4.96W/m^2$，年节约照明能耗435.45万kWh，减少CO_2排放163t。

11.3.4 智慧机场

智慧机场是一种多元化的概念，它将现代信息技术和物联网技术应用于机场的各个领域，实现机场的数字化、网络化和智能化管理。这种现代化机场以提高旅客体验为核心，通过数据的采集、分析和应用，实现机场各环节的智能化管理，使航空交通更加安全、高效、智能。广州白云国际机场 T2 航站楼在智慧机场设计方面有着丰富的创新和应用。

首先，在自助服务方面，T2 航站楼展现了高度的智能化。例如，设有大量的自助值机设备，使得旅客可以更加便捷地完成值机手续，大大减少了人工柜台的压力，同时也减少了旅客的排队等候时间。此外，还配备了自助行李托运设备，为旅客提供了简单、快速的行李交运服务。自助登机门也是 T2 航站楼的一大亮点，使得旅客可以更加自主地完成登机流程。

其次，在智能化信息系统方面，T2 航站楼通过先进的科技手段，实现了对机场运行状况的实时监控和管理。这包括对电气系统的实时监测、对旅客流量的统计和分析等，以便机场管理层能够做出更加科学、合理的决策。研发云桥综合设备管理系统，实现登机桥活动端及桥载设备运行数据采集、传输、存储、展示的有效融合。通过采集登机桥活动端、飞机空调、400Hz 电源运行数据，分析设备运行状态，实时推送故障信息，支撑飞机 APU 替代设施使用率提升到 100%；利用登机桥历史运行、航班、操作员操作节点与行为习惯等数据，针对不同机位及机型，利用 AI 算法形成登机桥靠接航空器的最优行走路径，实现精准靠接，使登机桥平均靠接时间从 120s 降低到 85s。建立基于深度学习的飞机滑行时间预测模型，通过模型，在获得飞机到达时间的基础上精确预测航班到达机位时间，对登机桥操作员进行优化调度，其提前到位等待时间从 40min 减少到 15min，实现人均保障航班架次提升 30%。此外，结合机场实时航班信息、登机桥及 APU 替代设施监控数据，自动生成电子签单，利用智能匹配算法，确定每个航班使用电量，结合航班使用航油时长，全方位掌握所有航空公司的飞机能耗使用情况，计算碳排放量，在绿色机场节能减排方面提供数据支撑。

再次，T2 航站楼在装饰风格上也体现了智慧机场的理念，以“简约”为主题，通过色彩搭配和细节处理来打造一个清新、舒适的空间环境。同时，在灯光设计上注重营造氛围和提升舒适度，为旅客提供了一个更加宜人的候机环境。

最后，值得一提的是，T2 航站楼在设计时充分考虑了与交通中心的无缝对接。无论是民航、城轨、地铁还是高速公路，都能实现顺畅的转换，这大大提升了旅客的出行效率和体验。

总的来说，广州白云国际机场 T2 航站楼在智慧机场设计方面展现出了高度的前瞻性和创新性，为旅客提供了一个更加便捷、舒适、高效的出行环境。

参考文献

[1] 郑清明. 智能化供配电工程 [M]. 北京：中国电力出版社，2007.

[2] 王兆安，刘铁军，王跃，等. 谐波抑制和无功功率补偿 [M]. 3版. 北京：机械工业出版社，2016.

[3] 住建部. 民用建筑电气设计标准：GB 51348—2019 [S]. 北京：中国建筑工业出版社，2019.

[4] 国家标准化管理委员会. 电力变压器能效限定值及能效等级：GB 20052—2020 [S]. 北京：中国标准出版社，2020.

[5] 国家标准化管理委员会. 重要电力用户供电电源及自备应急电源配置技术规范：GB/T 29328—2018 [S]. 北京：中国标准出版社，2018.

[6] 中国民用航空局. 飞机地面空调机组：MH/T 6019—2014 [S]. 北京：中国民航出版社，2014.

[7] 住建部. 电力装置的继电保护和自动装置设计规范：GB/T 50062—2008 [S]. 北京：中国计划出版社，2008.

[8] 国家标准化管理委员会. 电能质量 电压暂降与短时中断：GB/T 30137—2013 [S]. 北京：中国标准出版社，2013.

[9] 中国航空规划设计研究总院有限公司. 工业与民用供配电设计手册 [M]. 4版. 北京：中国电力出版社，2016.

[10] 全国电线电缆标准化技术委员会. 阻燃和耐火电线电缆或光缆通则：GB/T 19666—2019 [S]. 北京：中国标准出版社，2019.

[11] 全国消防标准化技术委员会防火材料分技术委员会. 电缆及光缆燃烧性能分级：GB 31247—2014 [S]. 北京：中国标准出版社，2015.

[12] 中国工程建设标准化协会电气专业委员会. 低压母线槽应用技术规程：T/CECS 170—2017 [S]. 北京：中国计划出版社，2017.

[13] 中国工程建设标准化协会电气专业委员会. 钢制电缆桥架工程技术规程：T/CECS 31—2017 [S]. 北京：中国计划出版社，2017.

[14] 李国会，张晶. 民用建筑内消防用电设备的供电时间要求对供电线路的影响探讨 [J]. 现代建筑电气，2019 (8)：16-20.

[15] 住建部. 建筑物防雷设计规范：GB 50057—2010 [S]. 北京：中国建筑工业出版社，2010.

[16] 张学庆. 论防雷设计中年平均雷暴日和地闪密度的取值 [J]. 建筑电气，2022 (9)：19-24.

[17] 住建部. 建筑物电子信息系统防雷技术规范：GB 50343—2012 [S]. 北京：中国建筑工业出版社，2012.

[18] 谭武光. 浅谈电力系统中性点接地方式 [J]. 云南电力技术，2002（9）：17-19.

[19] 杨小琴，李家志，李玲慧. 某国际机场航站楼电气设计要点剖析 [J]. 建筑电气，2021（3）：55-60.

[20] 杨建华. 柴油发电机组在建筑配电中的选择与机房设计 [J]. 中华建设，2012（7）：140-141.

[21] 冯宁. 铁路站场照明配电系统接地形式和保护探讨 [J]. 智能建筑电气技术，2022（10）：59-60，66.

[22] 钟景华. 数据中心接地问题研究 [J]. 智能建筑，2018（4）：56-58.

[23] 邱玉英，陈春景. 浅谈电子计算机机房防雷接地系统 [J]. 福建建筑，2008（7）：98-100.

[24] 褚震杰. 城市综合管廊中爆炸危险区域划分的分析和建议 [J]. 现代建筑电气，2018（9）：25-28.

[25] 金大算. 上海环球金融中心电气设计 [J]. 智能建筑电气技术，2010（5）：15-21.

[26] 陈伟. 机场防雷智能在线监测系统设计与应用 [J]. 现代建筑电气，2021（12）：67-69.

[27] 包炳生，张晓东. 低压线路在线 SPD 安全性能检测及监测探讨 [J]. 建筑电气，2009（3）：30-33.

[28] 中国建筑设计研究院有限公司. 建筑电气设计统一技术措施：2021 [M]. 北京：中国建筑工业出版社，2021.

[29] 中国建筑设计研究院有限公司. 零碳建筑机电系统设计导则 [M]. 北京：中国建筑工业出版社，2023.

[30] 中国建筑节能协会建筑电气与智能化节能专业委员会，中国勘察设计协会建筑电气工程设计分会. 中国建筑电气与智能化节能发展报告 2018 [M]. 北京：化学工业出版社，2019.

[31] 陈建飚，钟世权. 广州白云国际机场二号航站楼 [J]. 智能建筑电气技术，2020，14（4）：86-92.

[32] 钟世权. 大型机场航站楼办票大厅照明设计 [J]. 照明工程学报，2019，30（3）：102-110.

[33] 钟世权，周小蔚，申雨佳. 交通建筑高大空间火灾探测器实用性分析 [J]. 智能建筑电气技术，2018，12（6）：30-34.

[34] 罗晓慧. 浅谈云计算的发展 [J]. 电子世界，2019（8）：104.

[35] 王雄. 云计算的历史和优势 [J]. 计算机与网络，2019，45（2）：44.

[36] 郭亮. 数据中心发展综述 [J]. 信息通信技术与政策，2023，49（5）：2-8.

[37] 王雄. 云计算的历史和优势 [J]. 计算机与网络，2019，45（2）：44.

[38] 蒋炜，钱声攀，邱奔. 数据中心网络拓扑结构设计策略研究 [J]. 中国电信业，2021（SI）：73-78

[39] 中国勘察设计协会电气分会．智慧数据中心电气设计手册［M］. 北京：机械工业出版社，2021.

[40] 中国勘察设计协会电气分会．智慧酒店建筑电气设计手册［M］. 北京：机械工业出版社，2022.

[41] 中国建筑节能协会电气分会．中国建筑电气节能发展报告：2021 版［M］. 北京：机械工业出版社，2022.

[42] 沈育祥．空港枢纽建筑电气及智慧设计：关键技术研究与实践［M］. 北京：中国建筑工业出版社，2022.

[43] 孙成群．建筑电气设计导论［M］. 北京：机械工业出版社，2022.

[44] 李慧，孙兰，徐嘉伟，等．地闪密度对建筑物雷电防护的影响分析［J］. 建筑电气，2022（7）：7-16.